"十四五"高等职业教育计算机类专业系列教材

Linux
基础与应用

王洁松　刘　畅　易文泉◎主　编
王　海　杨　洋　何佳鹏◎副主编

Linux

中国铁道出版社有限公司
CHINA RAILWAY PUBLISHING HOUSE CO., LTD.

内 容 简 介

本书是“十四五”高等职业教育计算机类专业系列教材之一，详细介绍了 Linux 操作系统的基础知识及其在大数据运维与开发中的应用。全书内容紧跟行业发展趋势，涵盖了从 Linux 操作系统的基本安装配置到文件系统管理、用户管理以及软件包管理等方面，为学生提供了一个从零基础到专业技能提升的完整学习路径。

本书采用了“一律一导一尺”的创新编写模式，遵循学生认知规律，在降低学习难度的同时，通过产教融合确保内容的实用性和针对性。同时，依据国际权威认证标准 RHCSA/RHCE 来控制知识难度，强化学生的专业竞争力。此外，教材配套丰富的数字化资源，支持多样化的教学模式，以提高教学效果。

本书适合作为高等职业院校大数据技术专业的教材，也适合希望从零开始学习 Linux 操作系统基本操作的初学者，也可作为 Linux 基本操作的工作手册。

图书在版编目（CIP）数据

Linux 基础与应用 / 王洁松，刘畅，易文泉主编. -- 北京 : 中国铁道出版社有限公司，2025. 4. --（“十四五”高等职业教育计算机类专业系列教材）. -- ISBN 978-7-113-31829-1

Ⅰ. TP316. 89

中国国家版本馆 CIP 数据核字第 2025RC8845 号

书　　名：Linux 基础与应用
作　　者：王洁松　刘　畅　易文泉

策　　划：汪　敏　张围伟　　　　编辑部电话：（010）51873135
责任编辑：汪　敏　包　宁
封面设计：郭瑾萱　尚明龙
责任校对：刘　畅
责任印制：赵星辰

出版发行：中国铁道出版社有限公司（100054，北京市西城区右安门西街 8 号）
网　　址：https://www. tdpress. com/51eds
印　　刷：河北燕山印务有限公司
版　　次：2025 年 4 月第 1 版　2025 年 4 月第 1 次印刷
开　　本：787 mm×1 092 mm　1/16　印张：17.25　字数：523 千
书　　号：ISBN 978-7-113-31829-1
定　　价：59. 80 元

前　言

党的二十大报告强调，“必须坚持科技是第一生产力、人才是第一资源、创新是第一动力”。在这一精神指引下，大国工匠和高技能人才作为实施人才强国战略的关键力量，在推动国家现代化进程中扮演着不可或缺的角色。肩负培养此类专业人才重任的高等职业教育，近年来取得了显著的进步与广泛的普及。它不仅是连接教育与市场需求的桥梁，更是锻造具备精湛技艺、职业操守和社会责任感的高素质技术技能人才的摇篮。通过不断优化教育资源配置，深化教育教学改革，高等职业教育正积极回应时代呼唤，为实现中华民族伟大复兴的中国梦注入源源不断的动力。

随着大数据技术的飞速发展，Linux 操作系统在大数据运维与开发岗位中的基石作用日益凸显。在积极贯彻“三全育人”教育理念的过程中，我们通过优化 Linux 课程的教学，培养学生坚实的专业素养和综合能力，以从容应对未来大数据行业的各项挑战。

根据“三教改革”的指导精神，我们在高职大数据技术专业中对 Linux 课程进行了深入的教学改革与创新。针对大数据技术专业与计算机网络技术专业在人才培养目标和岗位需求上的显著差异，本教材打破传统的教学模式，构建了“一律一导一尺”的教材编写新模式：

（1）“一律”，即考虑到高职学生作为大数据运维与开发领域的新生力量，遵循其对岗位必备 Linux 技能认知的发展规律，我们精心重塑教材的知识结构，有效降低了传统 Linux 课程的入门难度，实现从零基础到专业起步的平稳衔接，从而达成全员、全程、全面育人的教学愿景。教材设计不仅适用于 Linux 操作系统基本操作零基础的初学者，也能够作为 Linux 操作系统基本操作的工作手册，供从业者随时查阅学习。

（2）“一导”，即坚持产教融合、校企合作的原则，广泛开展企业实地多元调研，精确锁定教材知识点，紧贴大数据运维、大数据开发实际工作场景的需求来规划教学内容，保证教材既具有极高的针对性和实用性，又能解决传统 Linux 课程内容覆盖面广而不精、实践应用导向不明晰的问题，有力推动教育与产业发展的深度交融。

（3）“一尺”，即参照国际权威的 Linux 行业技能认证标准——RHCSA 和 RHCE，严格把控教材的知识难度和实战案例环节，旨在稳固强化学生的专业核心竞争力，助其在大数据运维与开发岗位中崭露头角。

此外，本教材积极响应“三教改革”的倡导，同步提供了丰富的数字化教学资源，涵盖微课视频、课程标准、课程思政元素、授课 PPT 以及习题参考答案等（可登录中国铁道出版社教育资源数字化平台 https://www.tdpress.com/51eds 下载），有力支撑“翻转课堂”和“混合课堂”教学模式的改革实践，充分体现“教师、教材、教法”的整体改革策略。

我们期待借助对本教材的学习，高职大数据技术专业的学子们不仅能熟练掌握 Linux 基础知识，更能在学习过程中塑造优良的职业素养和创新意识，顺利步入大数据运维与开发的职业通道，成长为具备社会责任感和精湛技艺的高素质技术技能人才。

本书主要内容概述如下：

模块 1 从为什么学习 Linux 操作系统开始，逐步引导读者了解并实践如何安装 VMware Workstation、创建虚拟机以及安装 CentOS 7.9。通过本地和远程登录 Linux 服务器的实际操作，深入浅出地介绍了 Linux 命令行的基本结构及其使用方法。

模块 2 详细介绍 Linux 的目录结构、常用命令（如 cd、mkdir、touch 等），并进一步讲解了如何进行文件或目录的复制、移动、删除等操作。此外，还涉及链接文件、查找文件等内容，让读者对文件管理有一个全面的认识。

模块 3 涵盖查看文件内容、文本处理工具（如 grep、sed、awk）的使用、正则表达式的应用等方面的知识点，帮助读者高效地处理文本信息。

模块 4 至模块 10 依次深入探讨了 Linux 操作系统中用户和权限的管理、磁盘分区与挂载、软件的安装与卸载、进程和服务的控制、网络配置及 SSH 安全登录等重要主题，提供了详尽的操作指南和技术解析。

模块 11 介绍了 Shell 脚本的基础知识，包括变量、条件判断、循环语句、函数定义等，旨在培养读者编写自动化脚本的能力，提升工作效率。

附录部分包括 MySQL 安装及远程连接、Nginx 官网 YUM 安装教程等实用指南，为实际工作中的部署和配置提供了详细步骤。

本书由王洁松、刘畅、易文泉任主编，王海、杨洋、何佳鹏任副主编，由王洁松统稿定稿。本书配套微课视频由王洁松、杨洋、王海录制。

由于编者水平有限，在本书的选材和内容安排上难免存在疏漏和不妥之处，恳请读者批评指正！

编　者

2024 年 12 月

目　录

模块 1

Linux操作系统安装及基本操作

学习目标

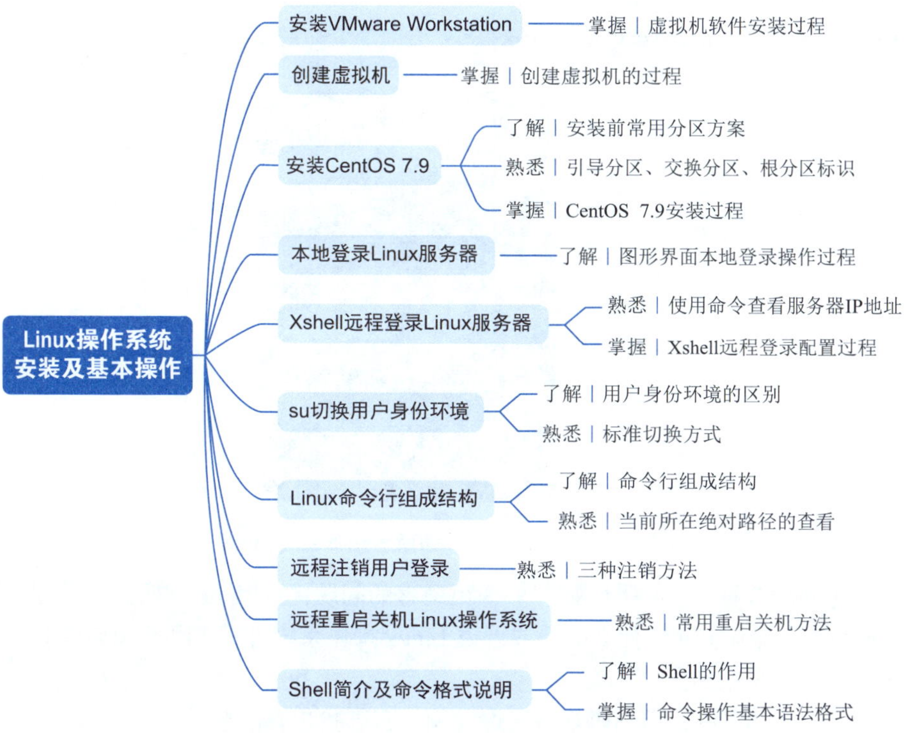

合抱之木，生于毫末；九层之台，起于累土；千里之行，始于足下。

——春秋·老子《道德经·第六十四章》

在学习 Linux 操作系统之初，恰如古语所云："合抱之木，生于毫末；九层之台，起于累土；千里之行，始于足下。"要精通 Linux 操作系统下的各类开发与运维工作，必须从最基础的部分着手，即扎实掌握 Linux 操作系统的安装配置及其基本操作。

1.0　为什么学习 Linux 操作系统

【问题 1】：在我们开始学习 Linux 操作系统基本操作前，有人可能会问，我们平时个人计算机上主要使用 Windows 操作系统，还有部分人群使用的是 Mac 操作系统，那为什么要学习使用 Linux 操作系统呢？

注： Windows、Linux、Mac 操作系统 Logo 如图 1-1 所示。

图1-1　Windows、Linux、Mac操作系统Logo

【问题 2】： Linux 操作系统是何时诞生的？ Linux 之父是谁？ Linux 与开源软件又是什么关系？什么是 GNU 计划？

注： Linux 之父 Linus Torvalds（林纳斯 · 托瓦兹）如图 1-2 所示。

图1-2　Linux之父——林纳斯 · 托瓦兹（Linus Torvalds）

视频　为什么学习Linux操作系统

【问题 3】： 你可能仍然有一个很疑惑的问题："Linux 我听过，但是学习 Linux 操作系统，能在上面干什么呢？或者说 Linux 操作系统可用于哪些领域？ Linux 操作系统的主流版本有哪些？"

带着上述疑问，请扫码观看微课视频，自己找找答案吧！

1.1　安装 VMware Workstation

视频　安装VMware Workstation

VMware Workstation（以下简称 VM）是一款功能强大的桌面虚拟计算机软件，可在一台**宿主机**上运行不同的多个操作系统**虚拟机**。

图 1-3 所示为中文版 VM 16.2 安装包的图例。读者可登录 VMware 官网下载 VM 16.2 安装包。

图1-3　VM 16.2 安装包

由于软件兼容性问题，在 Windows 新版本操作系统中安装 VM 官网推荐的相适应版本，否则使用 VM 软件过程中可能出现蓝屏问题。

在 Windows 11 操作系统上推荐安装使用 VM 17 版本。

Step1：VM 软件的正常使用，首先需要宿主机的 **CPU 必须支持硬件虚拟化技术**（virtualization technology，VT），即 Intel-VT 或 AMD-V 技术（Intel 的酷睿系列 CPU、AMD 的 CPU 大多支持 VT 技术，但一些型号较老的奔腾或赛扬系列 CPU 则有可能不支持 VT 技术）。

在此以宿主机使用 Windows 10 操作系统为例进行讲解。在 Windows 10 操作系统中，要查看宿主机是否启用虚拟化技术，可打开 Windows 10 操作系统的任务管理器，选择“性能”选项卡，如图 1-4 所示，若“虚拟化”项显示“已启用”，表示宿主机支持 VT 功能并已开启；若显示“未启用”，表示宿主机 CPU 不支持 VT 功能或宿主机 BIOS 中的 VT 功能未开启，则需进入宿主机 BIOS 查看是否支持 VT 功能，并将其开启。不同品牌计算机进入 BIOS 的方法不尽相同，可通过互联网查阅对应计算机型号进入 BIOS 的方法。

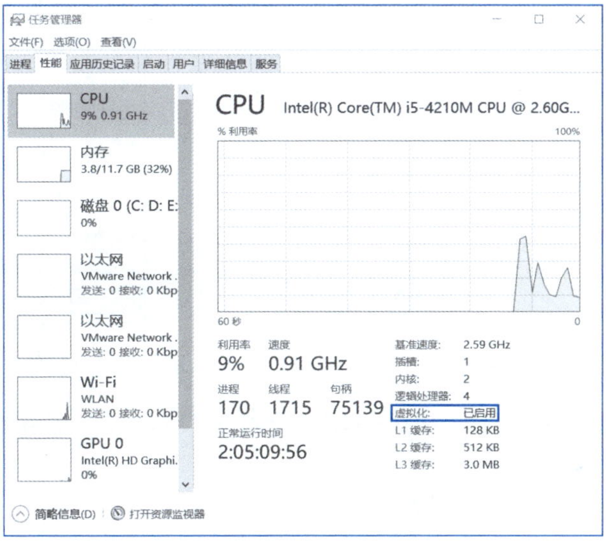

图1-4　查看虚拟化功能是否已启用

Step2：在安装 VM 软件前，**务必**先关闭 Windows 操作系统的防火墙，防止在安装过程中，Windows 防火墙将图 1-5 所示的 VMware Network Adapter VMnet1 和 VMnet8 两块虚拟网卡自动删除（**常见故障**）。

图1-5　VMnet1和VMnet8两块虚拟网卡

如图 1-6 所示，在 Windows 设置窗口中输入“防火墙”，选择“防火墙和网络保护”选项，打开图 1-7 所示的“Windows 安全中心”窗口。默认情况下防火墙均为打开状态，需依次关闭“域网络”“专用网络”“公用网络”的防火墙。

以关闭“域网络”防火墙为例，在图 1-7 中单击“域网络”，打开图 1-8 所示界面，单击“开”按钮，如图 1-9 所示，“域网络”防火墙为关闭状态。

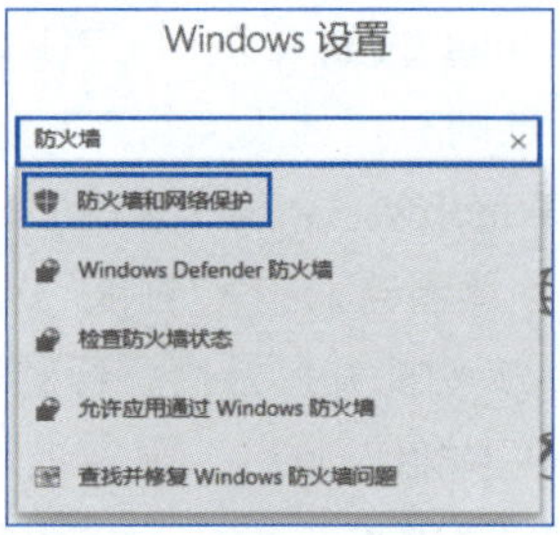

图1-6 “Windows设置”窗口

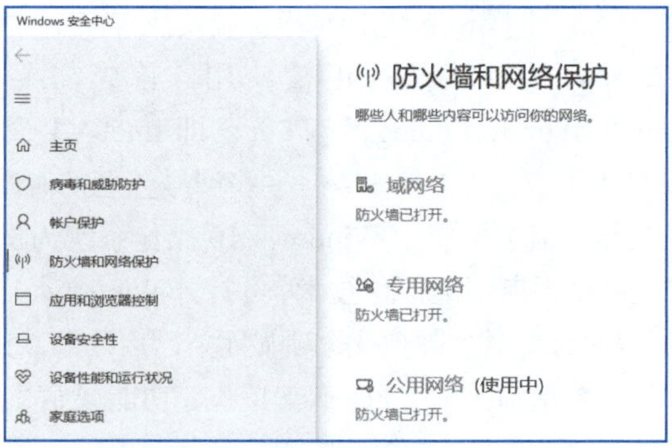

图1-7 “Windows安全中心”窗口

图1-8 “域网络”防火墙打开状态

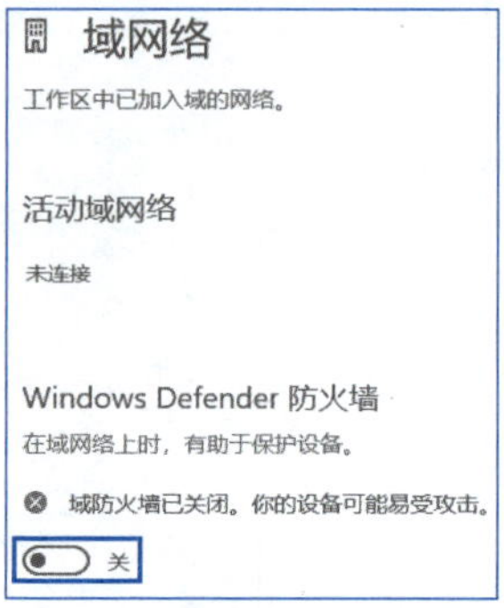

图1-9 “域网络”防火墙关闭状态

Step3：如图1-10所示，右击VM安装包，在弹出的快捷菜单中**务必**选择“以管理员身份运行”命令安装VM安装包。

Step4：如图1-11所示，单击“下一步”按钮。

Step5：如图1-12所示，勾选“我接受许可协议中的条款”复选框，单击“下一步”按钮。

Step6：如图1-13所示，默认安装路径为C盘，可单击“更改”按钮安装在其他盘区，勾选“增强型键盘驱动程序”复选框，单击“下一步”按钮。

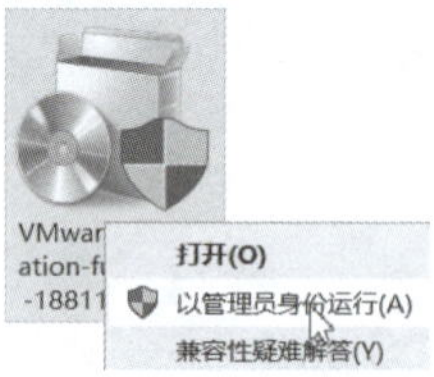

图1-10 以Windows管理员身份运行VM安装包

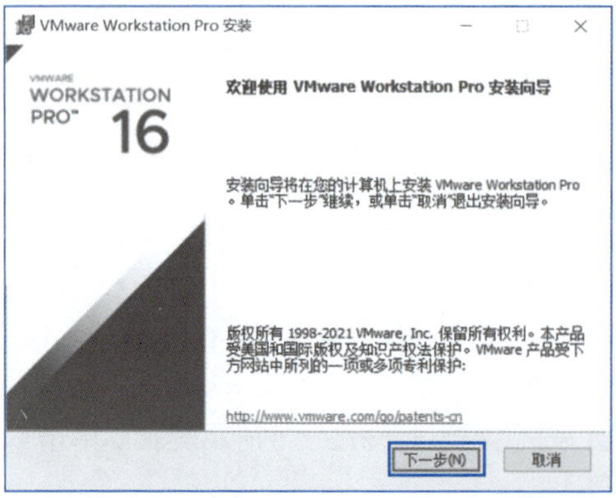

图1-11 “欢迎使用VMware Workstation Pro安装向导”对话框

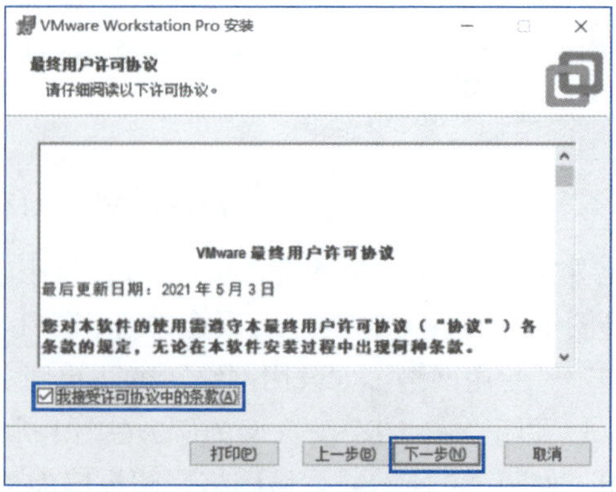

图1-12 “最终用户许可协议”对话框

Step7：如图 1-14 所示，取消勾选“启动时检查产品更新”和“加入 VMware 客户体验提升计划”复选框，单击“下一步”按钮。

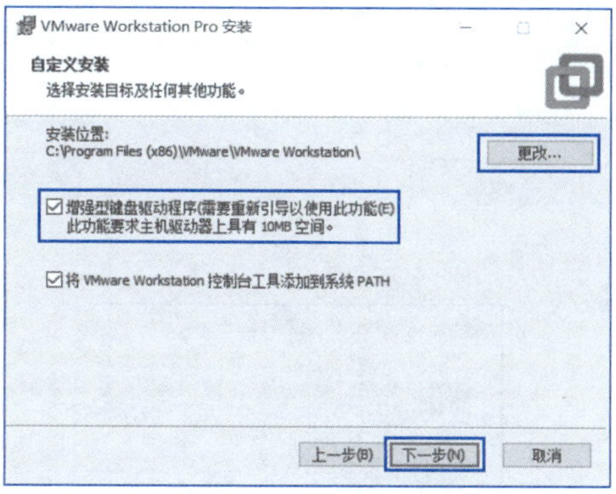

图1-13　“自定义安装”对话框

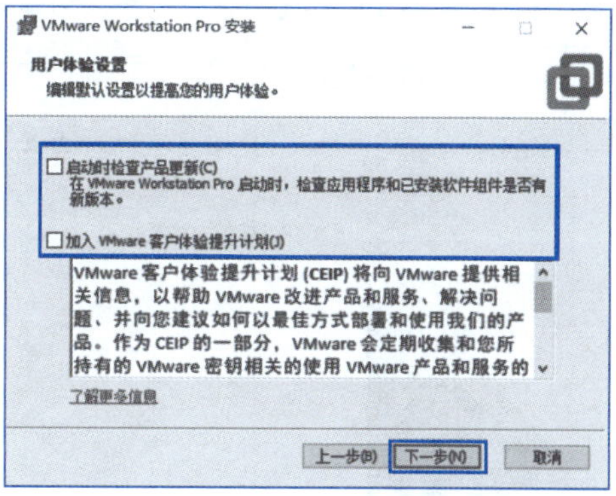

图1-14　“用户体验设置”对话框

Step8：如图 1-15 所示，单击“下一步”按钮。

Step9：如图 1-16 所示，单击“安装”按钮（安装过程需要一段时间）。

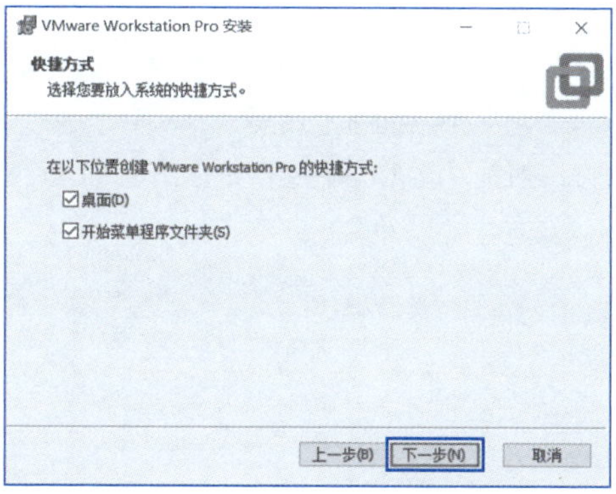

图1-15　“快捷方式”对话框

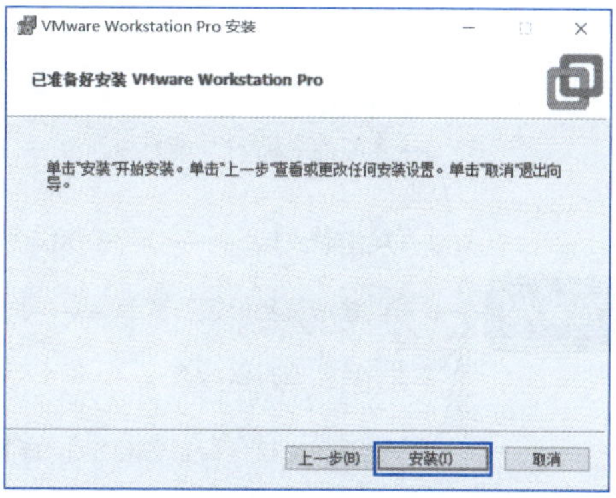

图1-16　“已准备好安装VMware Workstation Pro”对话框

Step10：如图 1-17 所示，单击“许可证”按钮，准备激活软件。

Step11：如图 1-18 所示，输入许可证密钥，单击“输入”按钮完成软件激活。

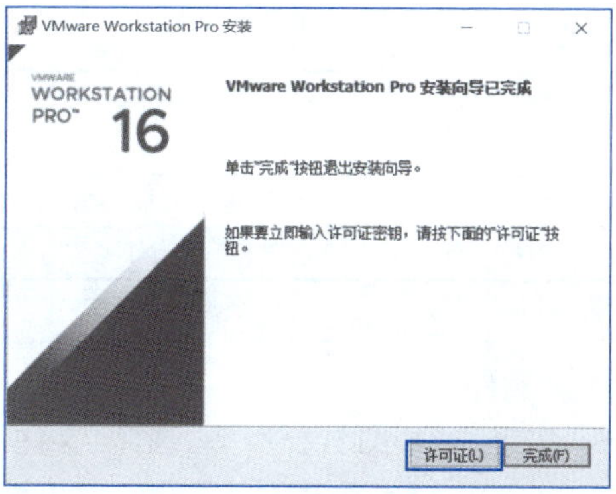

图1-17　“VMware Workstation Pro安装向导已完成”对话框

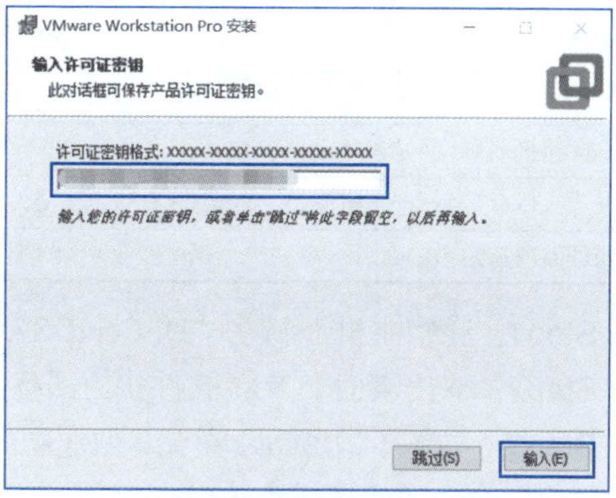

图1-18　“输入许可密钥”对话框

Step12：如图 1-19 所示，单击“完成”按钮。

Step13：如图 1-20 所示，单击“是”按钮，重启 Windows 操作系统，检查宿主机的网络适配器下是否有图 1-5 所示的两块虚拟网卡。若有，表示 VM 软件安装成功。

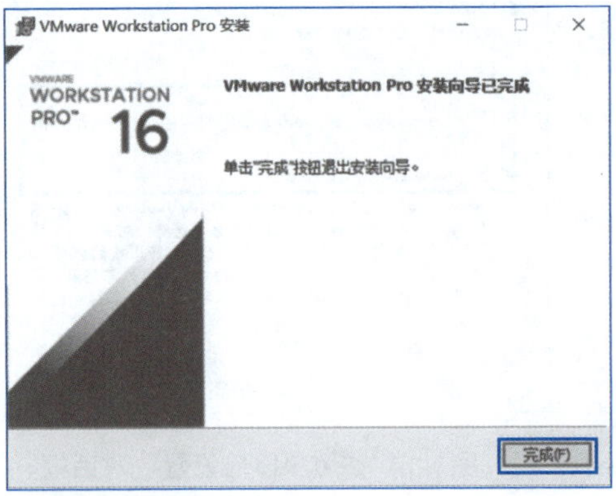

图1-19 “VMware Workstation Pro安装向导已完成”对话框

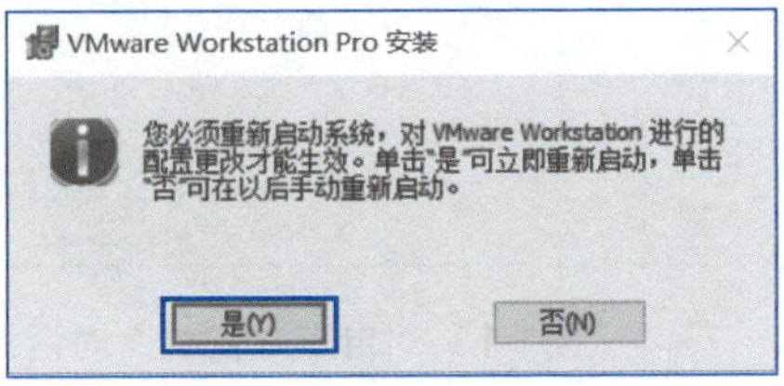

图1-20 重新启动系统对话框

思维导图小结

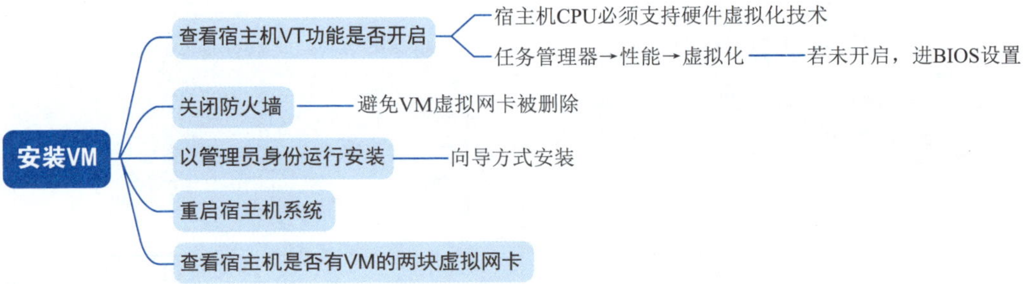

视 频

创建虚拟机

1.2 创建虚拟机

根据表 1-1 所示配置方案，在 VM 中新建虚拟机，用于后续安装 CentOS 7.9 操作系统使用。

表1-1 配置方案表

参 数	说 明	参 数	说 明
虚拟机名称	Master	虚拟内存	2 GB
虚拟机保存位置	宿主机“D:\CentOS7.9”文件夹	网络类型	NAT（网络地址转换）模式
处理器内核总数	1	磁盘大小	20 GB、单个文件

Step1：在宿主机上新建“D:\CentOS7.9”文件夹，用于存放创建的虚拟机。

Step2：双击桌面上 VM 软件快捷图标，启动 VM 软件。

Step3：如图 1-21 所示，单击“创建新的虚拟机”按钮，或如图 1-22 所示，选择“文件”|“新建虚拟机”命令（快捷键为【Ctrl+N】）。

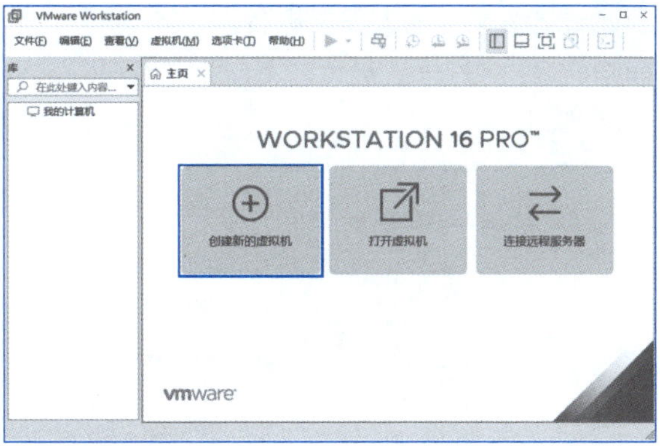

图1-21　创建新的虚拟机

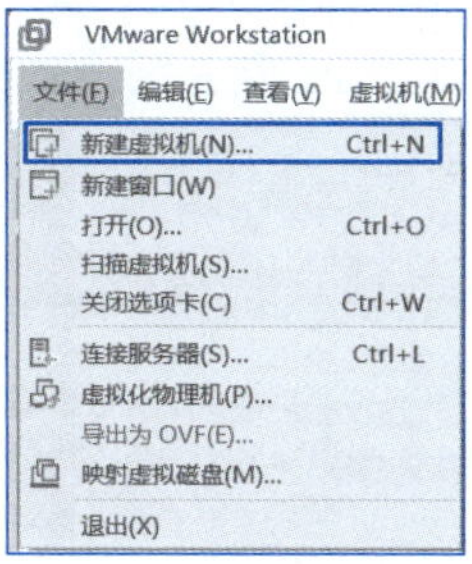

图1-22　新建虚拟机

Step*4*：如图 1-23 所示，选择“自定义（高级）”单选按钮，单击“下一步”按钮。

Step*5*：如图 1-24 所示，单击“下一步”按钮。

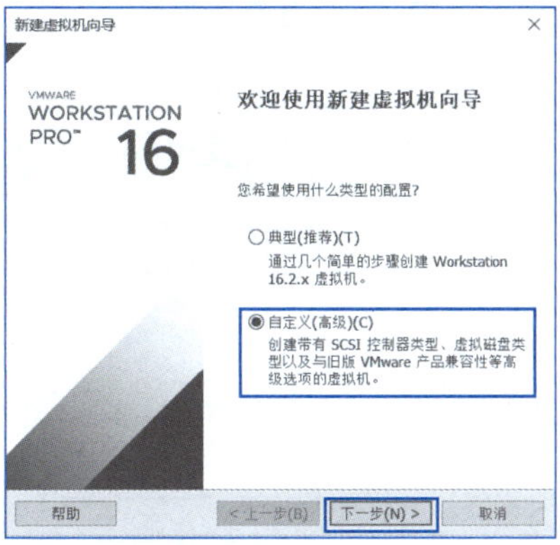

图1-23　新建虚拟机向导

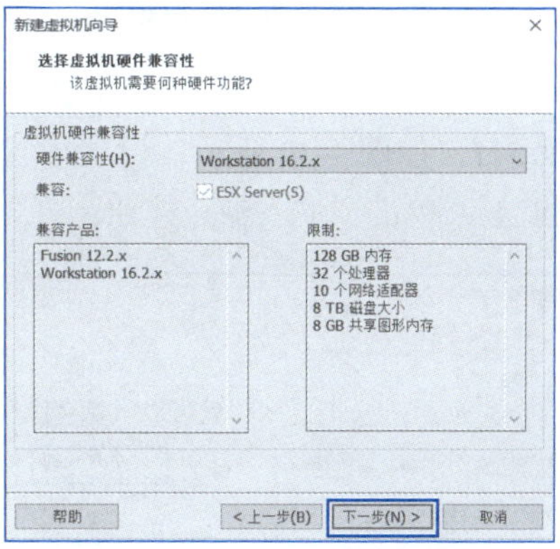

图1-24　选择虚拟机硬件兼容性

Step*6*：如图 1-25 所示，选择“稍后安装操作系统”单选按钮，单击“下一步”按钮。

Step*7*：如图 1-26 所示，客户机操作系统选择“Linux”，版本选择“CentOS 7 64 位”，单击“下一步”按钮。

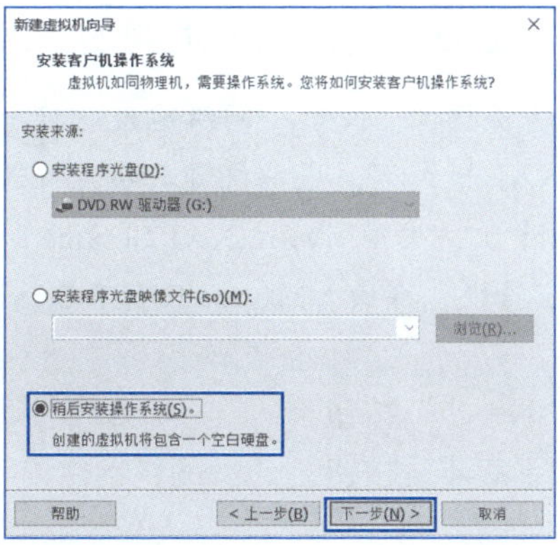

图1-25　安装客户端操作系统

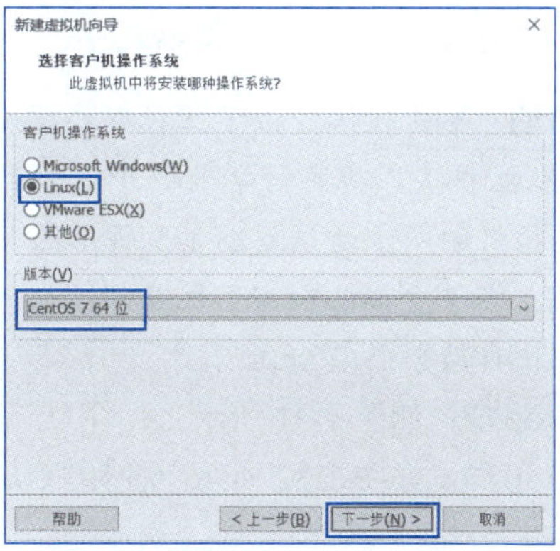

图1-26　选择客户机操作系统

Step8：如图 1-27 所示，根据表 1-1 所示配置方案，输入虚拟机名称“Master”，单击“浏览”按钮，选择在 Step1 中创建的“D:\CentOS7.9”文件夹，单击“下一步”按钮。

Step9：如图 1-28 所示，单击“下一步”按钮。

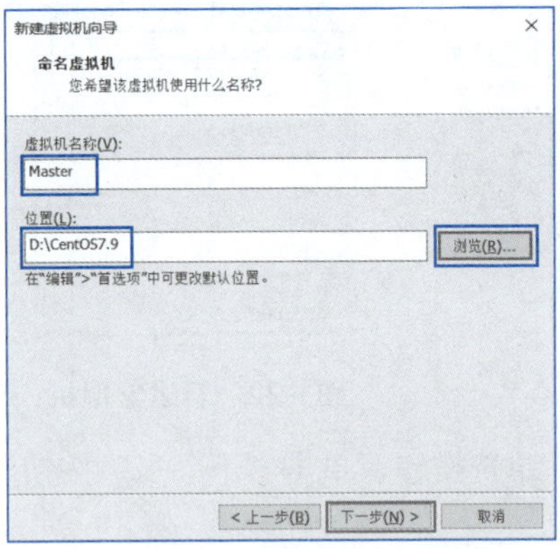

图1-27　命名虚拟机

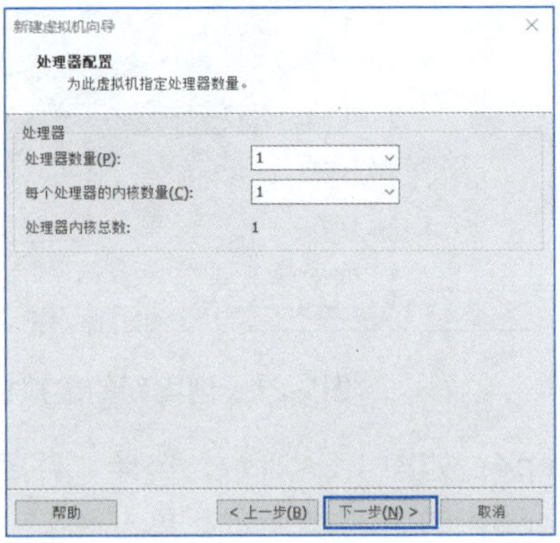

图1-28　处理器配置

Step10：如图 1-29 所示，设置虚拟机的内存大小（后续仍可调整），单击“下一步”按钮。

Step11：如图 1-30 所示，设置虚拟机网络类型为“使用网络地址转换（NAT）”（后续仍可调整），单击“下一步”按钮。

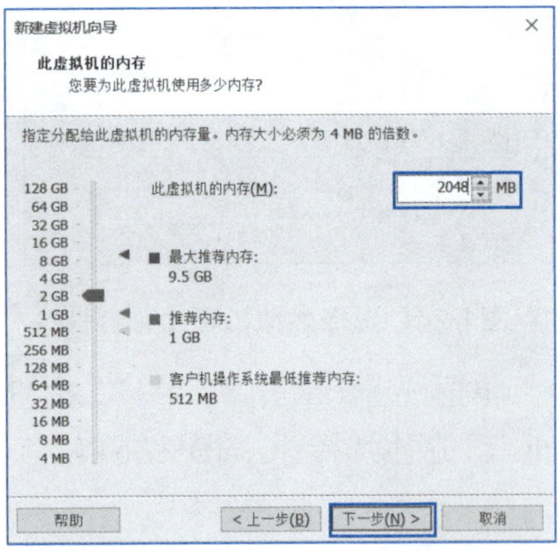

图1-29　设置虚拟机内存大小

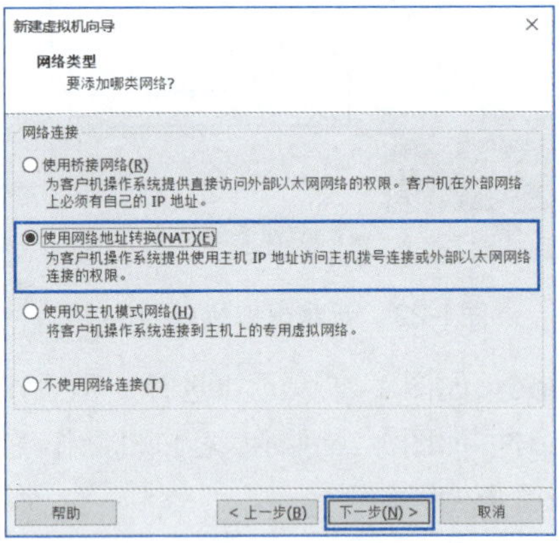

图1-30　设置虚拟机网络类型

说明： VM 软件提供了三种网络类型，即 bridged（桥接）、NAT（网络地址转换）、host-only（仅主机）。推荐初学者刚开始使用 NAT 模式。NAT 模式下，虚拟机可与宿主机通信并上网（虚拟机的网卡连接到图 1-5 所示的 VMnet8 虚拟网卡上，由 VMware NAT Service 服务充当路由器，实现虚拟机和宿主机或网络之间数据包的地址转换，可由 VMware DHCP Service 服务为虚拟机自动分配 IP 地址）。

Step12：如图 1-31 所示，使用默认设置，单击“下一步”按钮。

Step13：如图 1-32 所示，使用默认设置，单击“下一步”按钮。

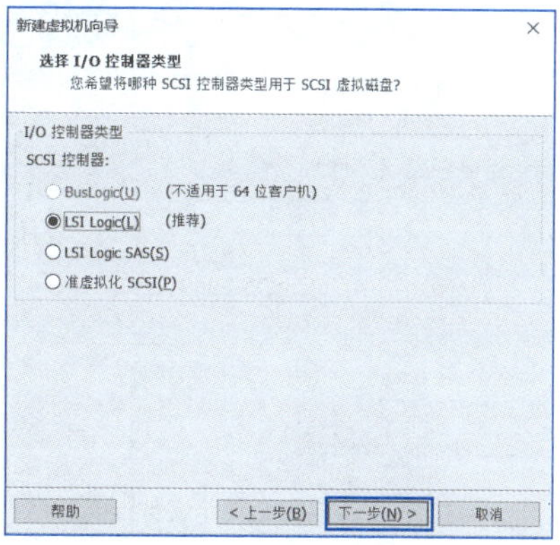

图1-31　选择I/O控制器类型

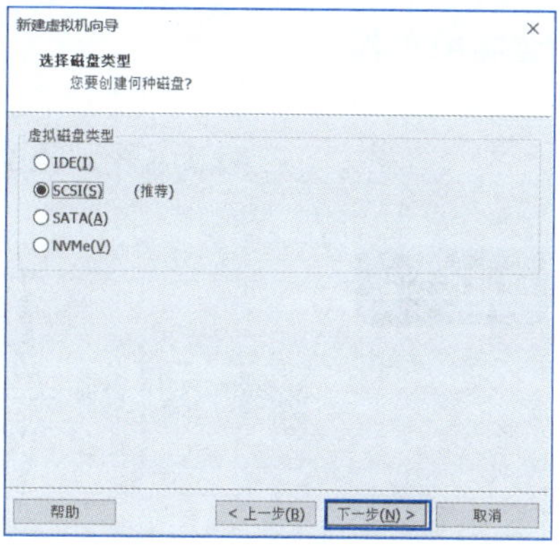

图1-32　选择磁盘类型

Step14：如图 1-33 所示，选择“创建新虚拟磁盘”单选按钮，单击“下一步”按钮。

Step15：如图 1-34 所示，选择“将虚拟磁盘存储为单个文件”单选按钮，千万不要勾选“立即分配所有磁盘空间”复选框，单击“下一步”按钮。

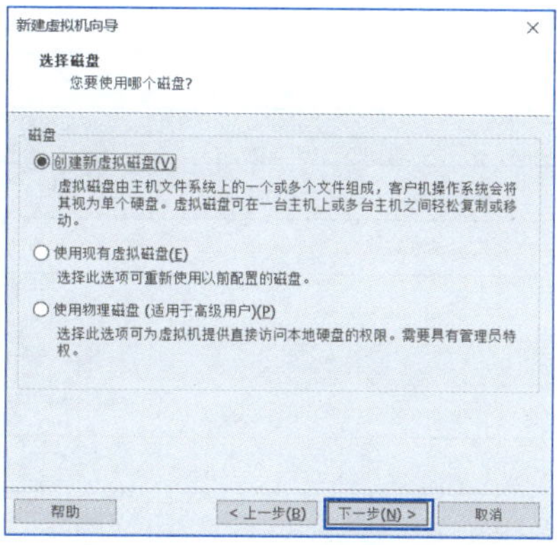

图1-33　选择磁盘

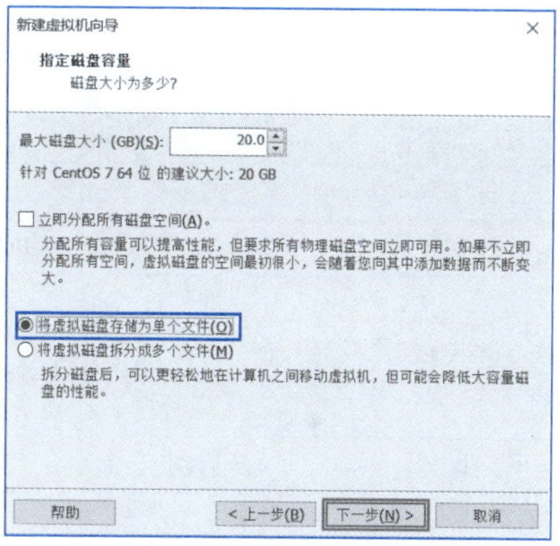

图1-34　指定磁盘容量

Step16：如图 1-35 所示，单击“下一步”按钮。

Step17：如图 1-36 所示，单击“完成”按钮。

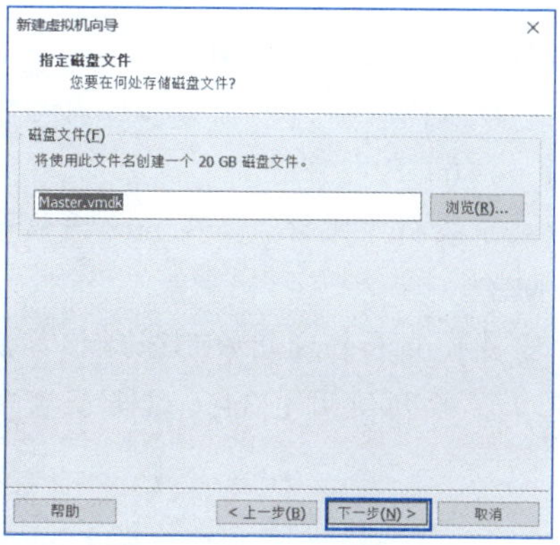

图1-35　指定磁盘文件

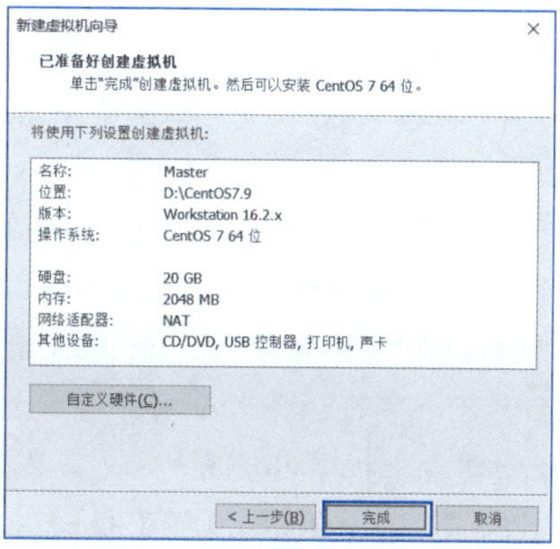

图1-36　已准备好创建虚拟机

思维导图小结

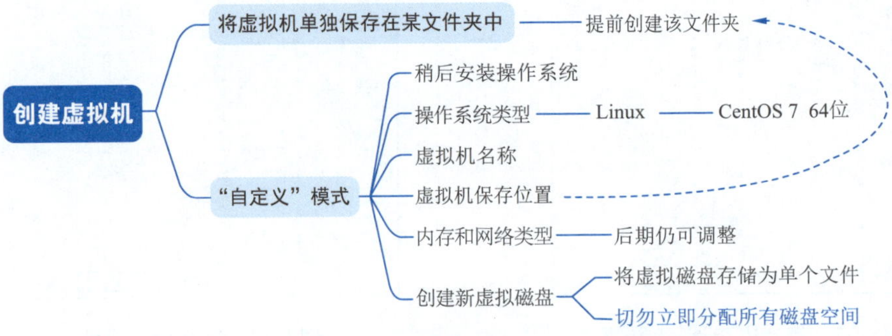

视 频

安装 CentOS 7.9

1.3 安装 CentOS 7.9

在 1.2 节所创建虚拟机上，根据表 1-2 所示安装方案，安装 CentOS 7.9 操作系统。

表1-2 安装方案

配 置 项	说 明
安装过程语言	英语
时区	上海
软件安装	带GUI（KDE）的服务器
分区方案	标准分区： /boot（引导分区）：1 024 MB swap（交换分区）：虚拟机内存的2倍 /（根分区）：其余存储空间
网络设置	开启网卡
设置超级账户root密码	123456
创建一个普通用户	自定义账户名，如自己姓名首字母缩写，密码123456

说明：

（1）分区方案需根据服务器的实际用途进行规划，表 1-2 所示安装方案仅用于初学者学习使用，Linux 操作系统对分区的基本要求如下：

- 最少要有一个根（/）分区，用来存放系统文件及程序，其大小在 5 GB 以上。
- 一个 swap 交换分区，相当于 Windows 操作系统中的虚拟内存，一般为物理内存容量的 2 倍，当物理内存大于 8 GB 时，swap 分区配置 8 ～ 16 GB 即可。
- /boot 分区，Linux 操作系统的引导分区，用于存放系统引导文件，如 Linux 内核等，对于 CentOS 7 操作系统，推荐该分区设置为 1 024 MB。

（2）在实际生产环境中，CentOS 服务器的超级管理员 root 和普通用户都强烈推荐使用强密码（至少 8 个字符，含大小写字母、数字、特殊符号），此处使用 123456 这类弱密码只是为了方便初学者上机学习使用。

Step1：下载 CentOS 7.9 的 ISO 镜像文件。

从 CentOS 官网下载，速度会相对较慢。推荐在国内稳定的开源镜像网站下载，如 163 开源镜像站（http://mirrors.163.com/），如图 1-37 所示。

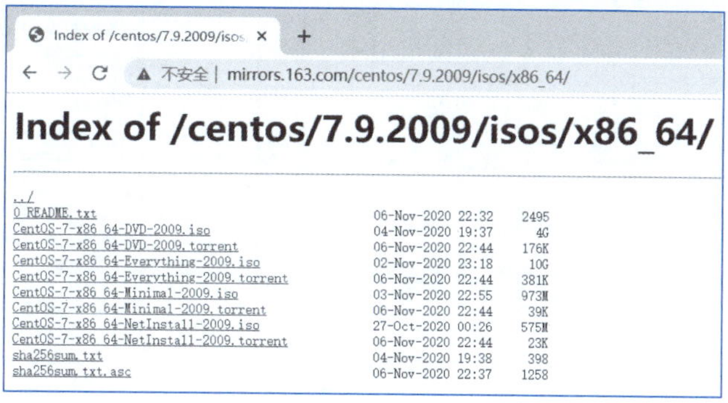

图1-37　163开源镜像站下载CentOS 7.9的ISO镜像文件

在图 1-37 中：

- DVD 版本：标准安装盘，推荐下载其对应的种子文件。
- Everything 版本：对完整版安装盘的软件进行补充，集成所有软件。
- Minimal 版本：最小安装盘，只有必要的软件，自带的软件最少。
- NetInstall 版本：网络安装镜像。
- .torrent 为各版本相应的种子文件，下载后需使用迅雷等工具下载对应的完整文件。

Step2： 虚拟机中加载 CentOS 7.9 的 ISO 镜像文件。

如图 1-38 所示，单击 Master 虚拟机的“编辑虚拟机设置”命令，打开“虚拟机设置”对话框。如图 1-39 所示，在“硬件”选项卡中选中“CD/DVD”设备，选中“使用 ISO 映像文件”单选按钮，单击“浏览”按钮，在列表中选中宿主机已下载好的 CentOS 7.9 的 ISO 镜像文件（CentOS-7-x86_64-DVD-2009.iso）。

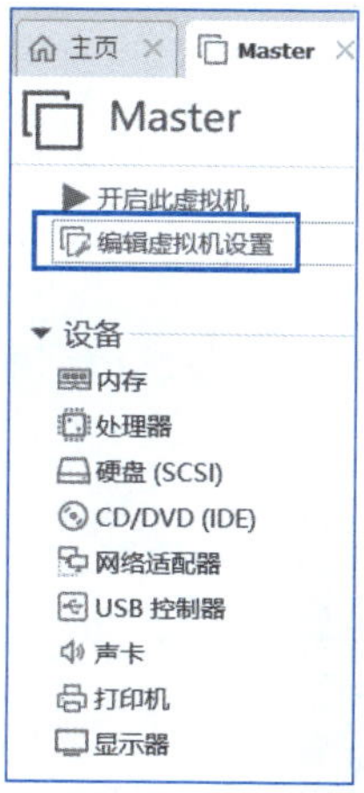

图1-38　Master虚拟机

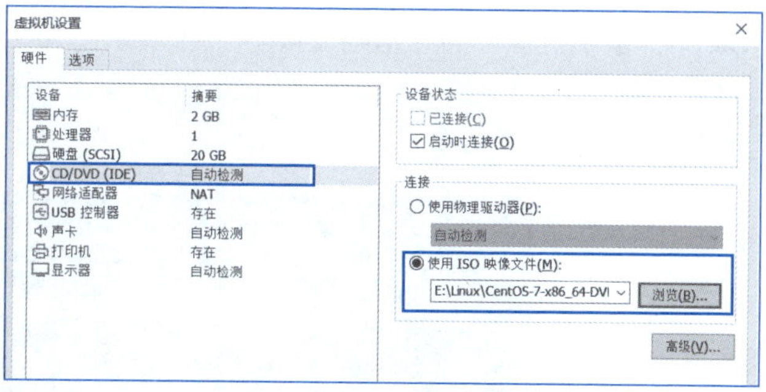

图1-39　加载ISO镜像文件

如图 1-40 所示，在“选项”选项卡的“增强型键盘”下拉列表中选择“在可用时使用（推荐）”选项，单击“确定”按钮。

Step3： 开启 Master 虚拟机。

如图 1-41 所示，单击 Master 虚拟机的“开启此虚拟机”命令，或单击菜单栏中的▶按钮。

Step4： 选择系统引导方式。

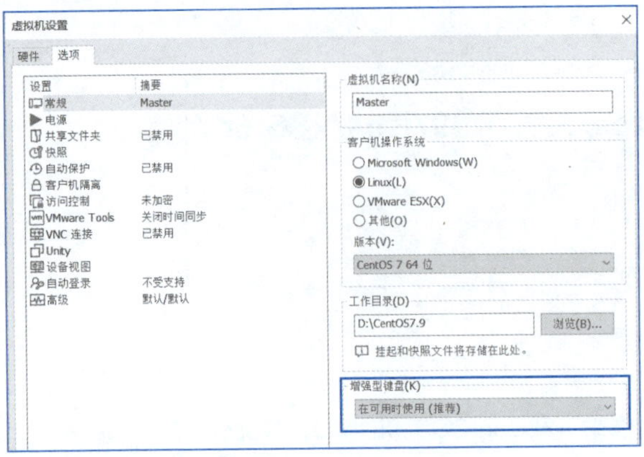

图1-40　使用增强型键盘

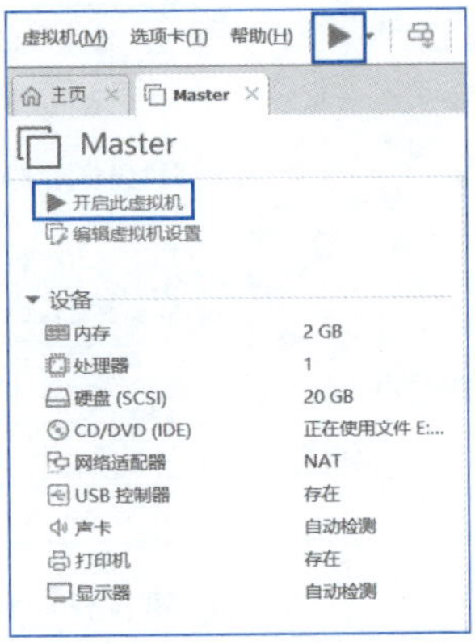

图1-41　开启Master虚拟机

首先使用宿主机鼠标单击图 1-42 所示的系统安装引导界面，然后使用宿主机上下键（↑ ↓）在三个选项中进行选择。这里选中第 1 个选项（白色字体为选中状态），按【Enter】键即可。图 1-42 中三个选项的含义如下：

- Install CentOS 7：安装 CentOS 7。
- Test this media & install CentOS 7：测试安装媒体，并安装 CentOS 7。
- Troubleshooting：故障修复。

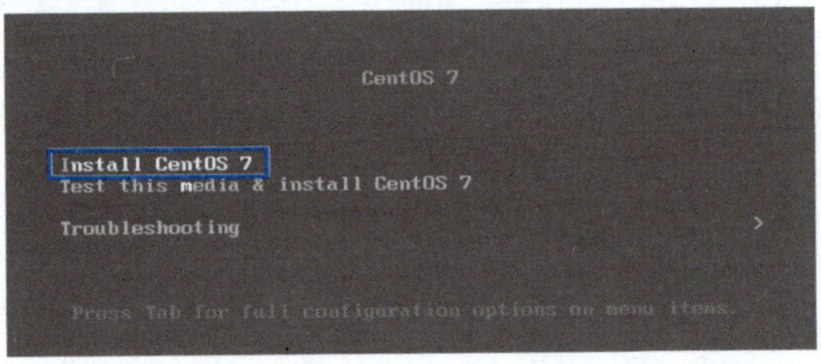

图1-42　系统安装引导界面

Step5：系统自检和加载基础设备。

如图 1-43 所示，根据系统提示按【Enter】键后，界面显示的文本信息为系统内部的一些自检和加载相关设备等操作。

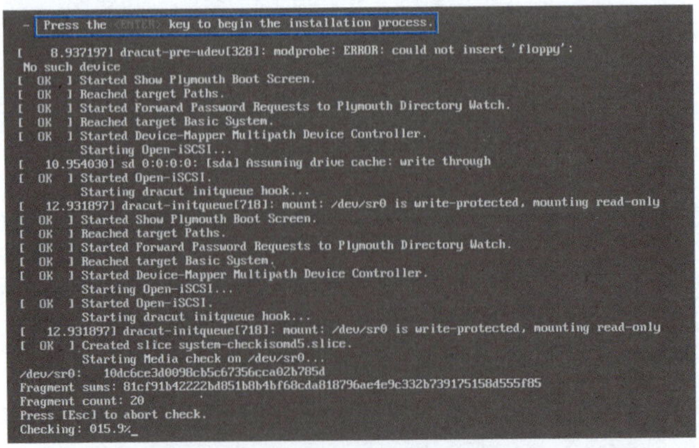

图1-43　系统自检和加载基础设备

Step6：选择安装过程语言。

如图 1-44 所示，默认安装语言为英语“English”，单击“Continue”按钮（想要驾驭好 Linux 操作系统，需要初学者积累 Linux 运维中的常用英文单词），进入图 1-45 所示的安装摘要（INSTALLATION SUMMARY）界面。

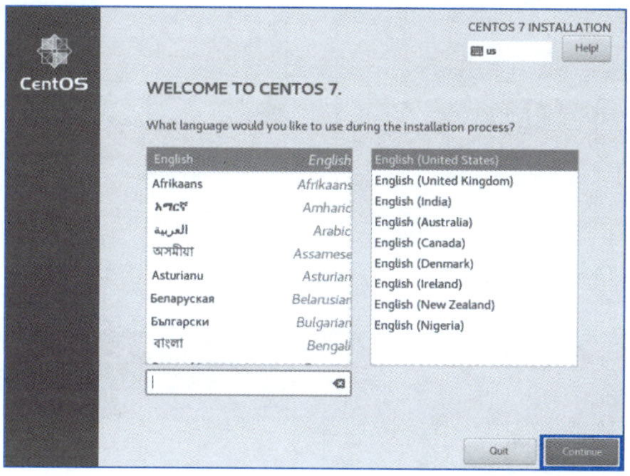

图1-44　选择安装过程语言

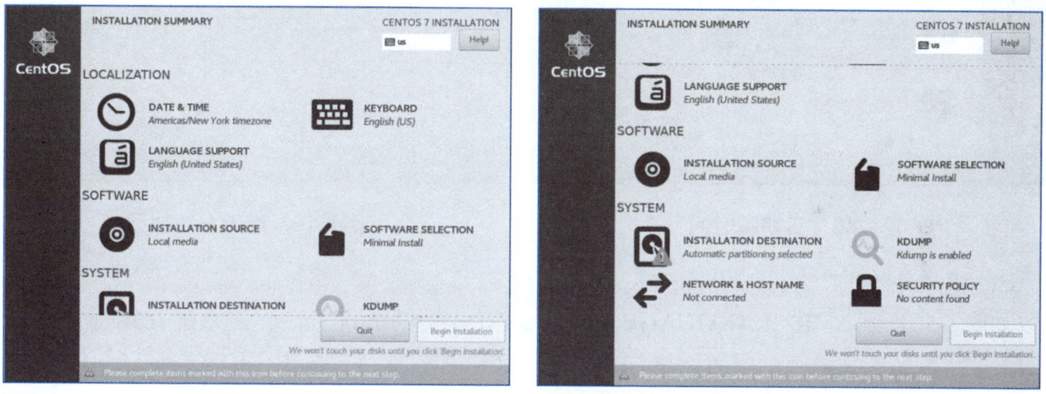

图1-45　安装摘要界面

Step7：开启网卡。

如图 1-46 所示，单击“NETWORK & HOST NAME”（网络和主机名）选项，进入其配置界面。如图 1-47 所示，单击右上角开关使其显示“ON”，即开启虚拟机网卡，并显示动态分配到的 IP 地址等信息（虚拟机网络为 NAT 模式），单击“Done”按钮返回安装摘要界面。

Step8：配置系统时区和时间。

如图 1-48 所示，单击“DATE & TIME”（日期和时间）选项，进入系统时区和时间的配置界面。在此主要配置系统时区。如图 1-49 所示，选择城市为上海，日期和时间会由网络 NTP 服务器自动同步（宿主机联网中）。单击“Done”按钮返回安装摘要界面。

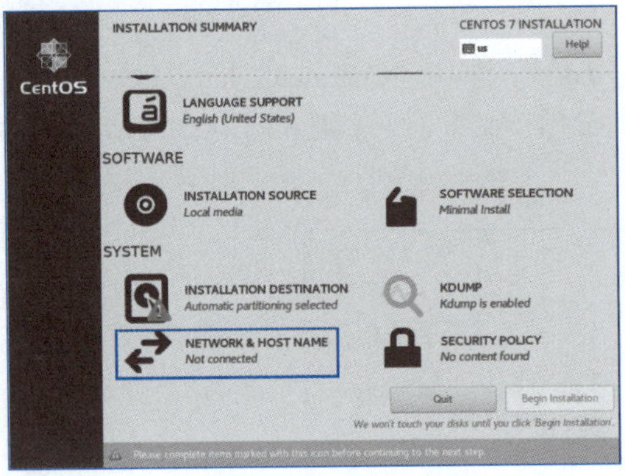

图1-46 网络和主机名

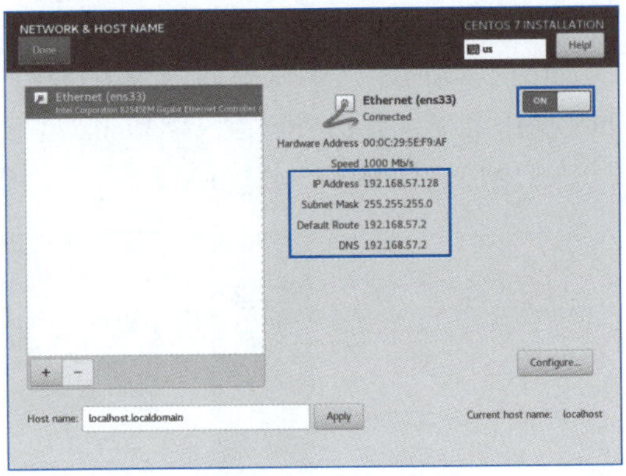

图1-47 开启网卡

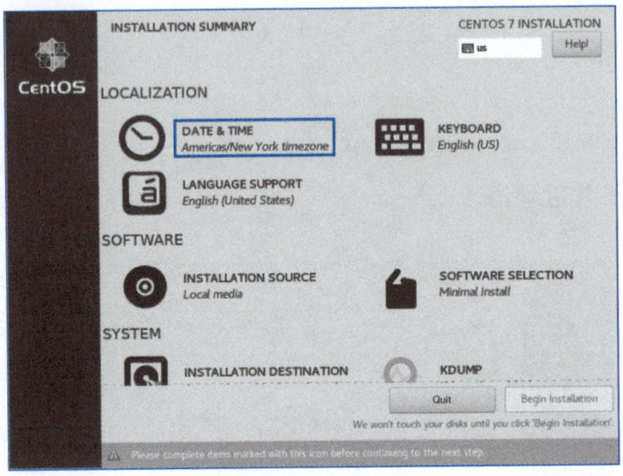

图1-48 日期和时间

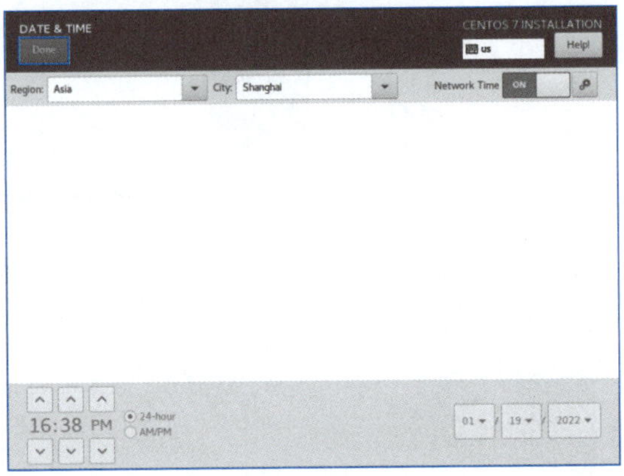

图1-49 配置系统时区

Step9：选择额外支持的语言。

如图1-50所示，单击“LANGUAGE SUPPORT”（支持的语言）选项，进入配置界面。如图1-51所示，保留默认英文语言的配置，增加系统对中文语言的支持，选中“中文”→“简体中文”，单击“Done”按钮返回安装摘要界面。

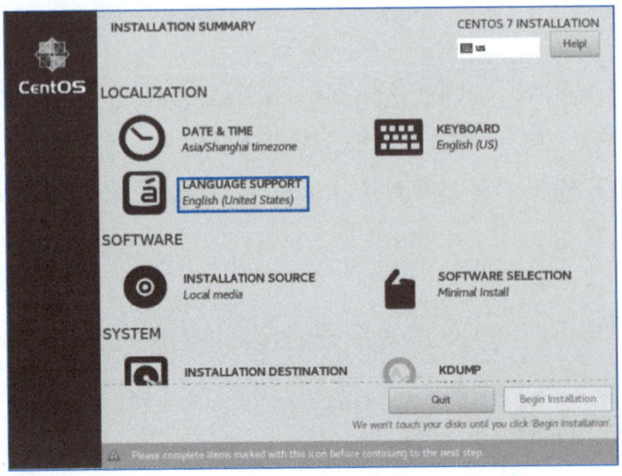

图1-50 语言支持

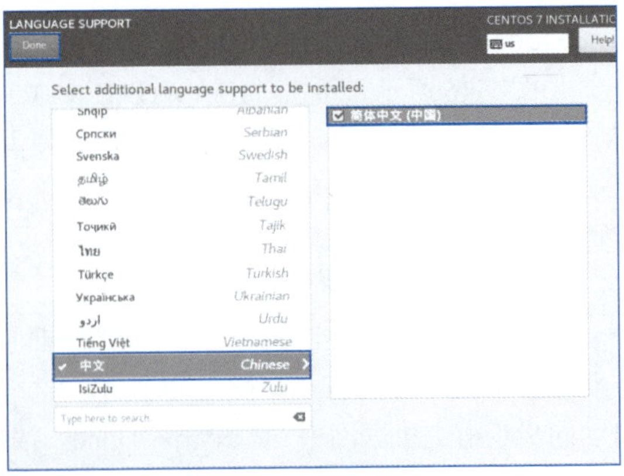

图1-51 添加简体中文

Step*10*：选择安装的软件包。

如图 1-52 所示，单击“SOFTWARE SELECTION”（软件包选择）选项，进入配置界面。为便于初学者上机操作掌握 Linux 操作系统的图形界面和命令行界面的区别，如图 1-53 所示，在“Base Environment”（基本环境）列表框中选中“Server with GUI”（带 GUI 的服务器，GUI 即 graphical user interface，图形用户界面），在“Add-Ons for Selected Environment”（已选环境的附加选项）列表框中选中“KDE”，单击“Done”按钮返回安装摘要界面。

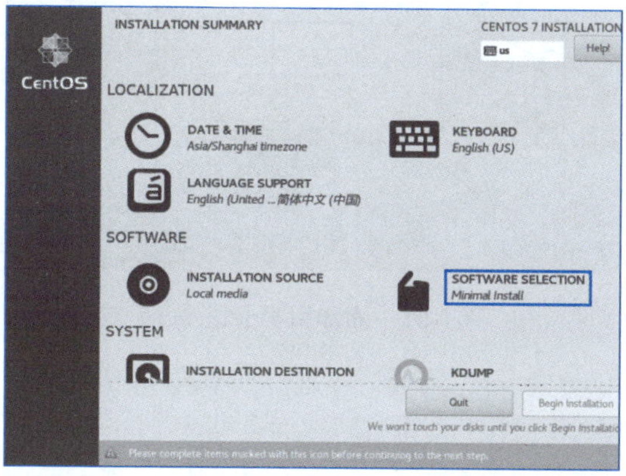

图1-52　选择软件

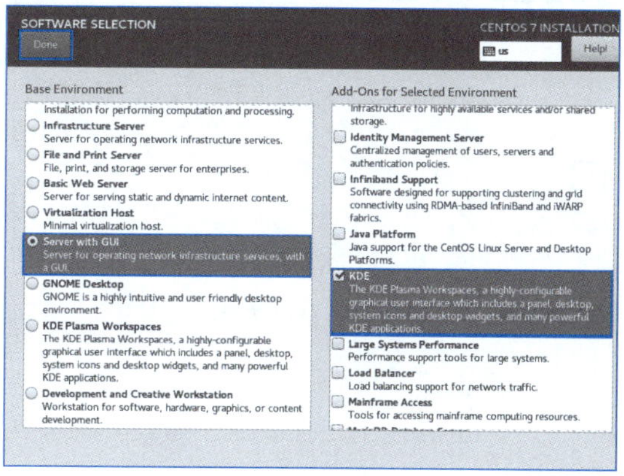

图1-53　选择安装的软件包

Step*11*：配置分区。

如图 1-54 所示，单击“INSTALLATION DESTINATION”（磁盘分区）选项，进入配置界面。如图 1-55 所示，选中“I will configure partitioning”（我要配置分区）单选按钮，单击“Done”按钮。

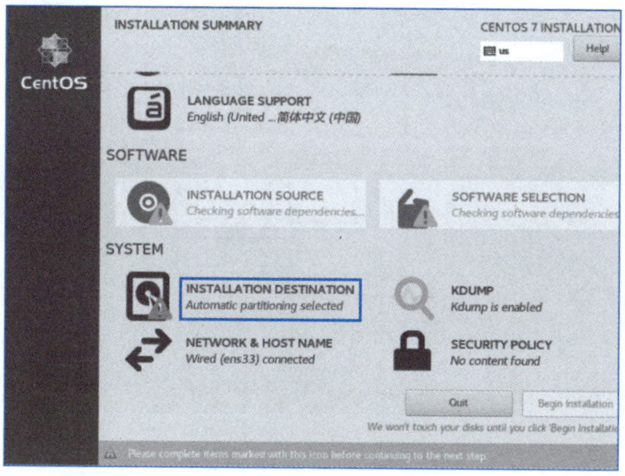

图1-54　磁盘分区

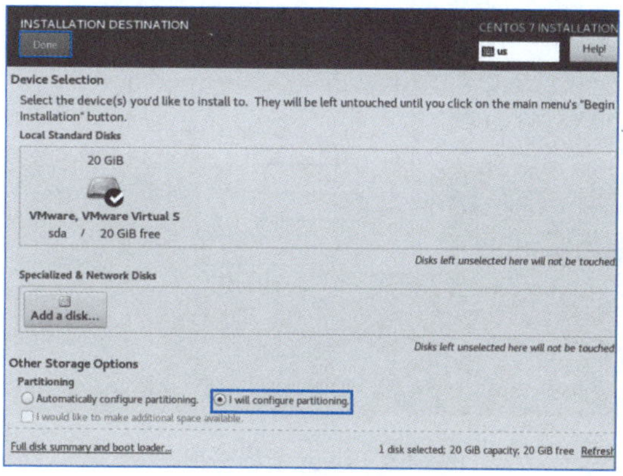

图1-55　配置分区

如图 1-56 所示，在“New mount points will use the following partitioning scheme”（新挂载点使用的分区方案）下拉列表中选择“Standard Partition”（标准分区）选项。

通过单击“+”按钮，添加挂载点。与 Windows 操作系统不同，在 Linux 操作系统下访问磁盘分区需要入口，即挂载点。初学者可以将 Linux 操作系统视为一个大型仓储中心，磁盘分区是一个个仓库，要向仓库中放入或提取货物，需要给仓库设有一个进出的大门，这个大门即挂载点。

如图 1-57 所示，“Mount Point”（挂载点）选择“/boot”，“Desired Capacity”（期望容量）输入 1024（默认单位为 MB），单击“Add mount point”（添加挂载点）按钮。

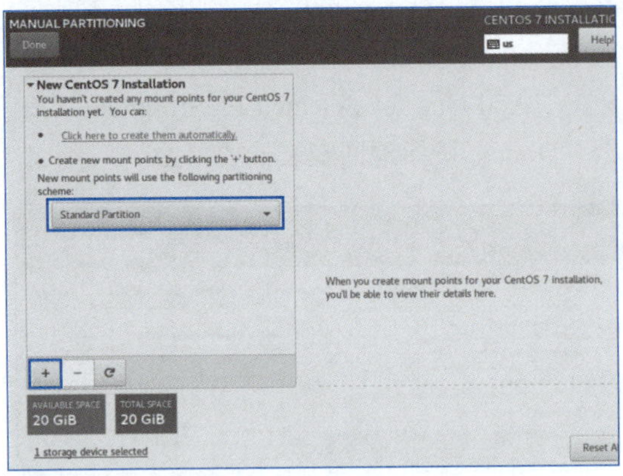

图1-56 分区方案

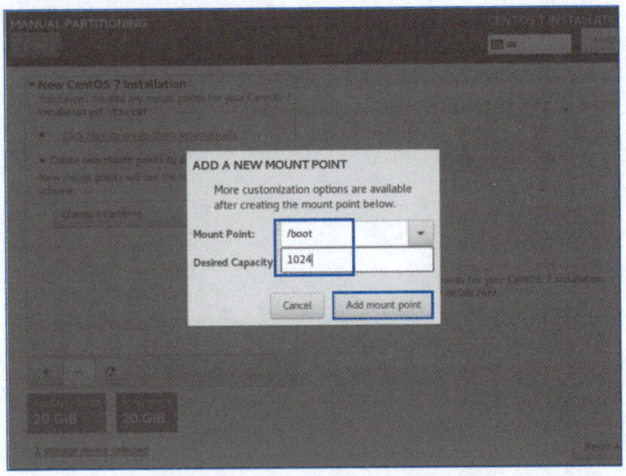

图1-57 添加引导分区/boot

继续单击“+”按钮，如图 1-58 所示，“Mount Point”选择“swap”（此处切勿输入“/swap”，swap 分区不是挂载点，而是一种分区类型，不用于人为访问，而是作为 Linux 操作系统的交换分区，由系统自动处理），“Desired Capacity”输入 4096（默认单位为 MB），单击“Add mount point”按钮。

继续单击“+”按钮，如图 1-59 所示，将虚拟机所剩磁盘空间 15 GB 全部分配给根分区，“Mount Point”选择“/”，“Desired Capacity”输入 15G（不再使用默认单位 MB），单击“Add mount point”按钮。

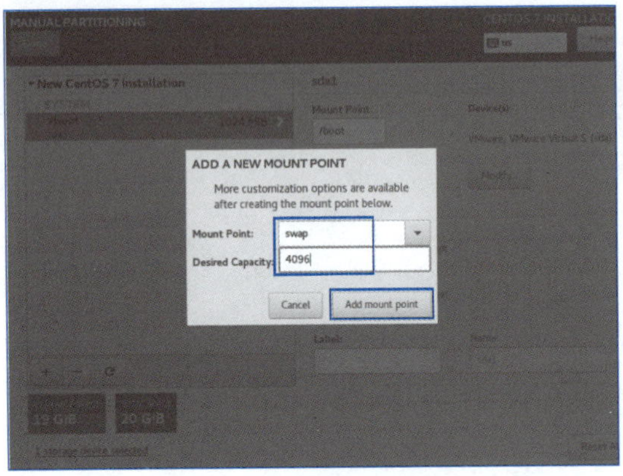

图1-58 swap交换分区

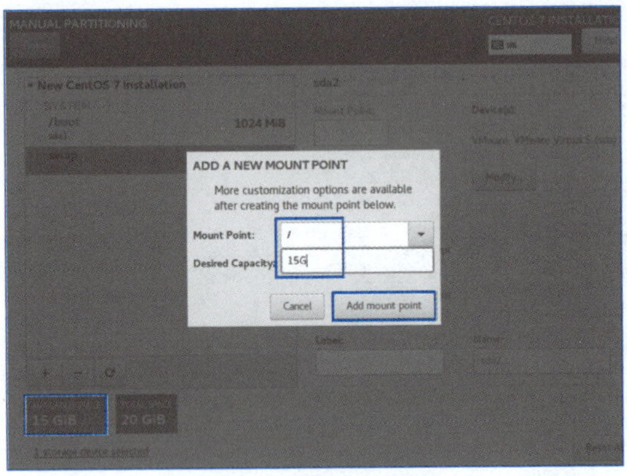

图1-59 添加根分区/

如图 1-60 所示，确定分区及设置无误后，单击“Done”按钮。如图 1-61 所示，单击“Accept Changes”（接受更改）按钮返回安装信息摘要界面。

Step12：开始系统安装。

如图 1-62 所示，单击“Begin Installation”（开始安装）按钮，进入图 1-63 所示的安装进度显示界面。

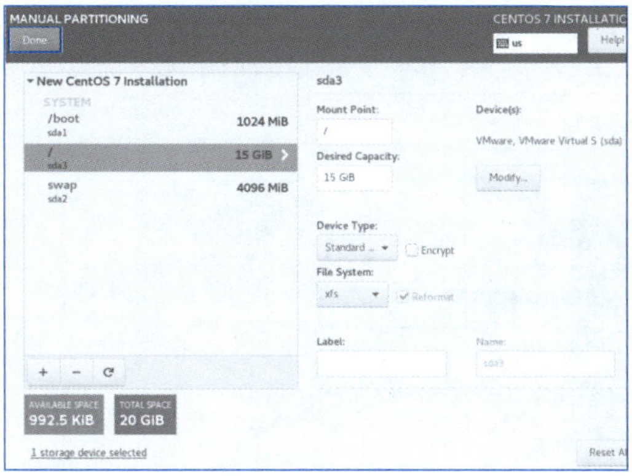

图1-60　确定分区方案

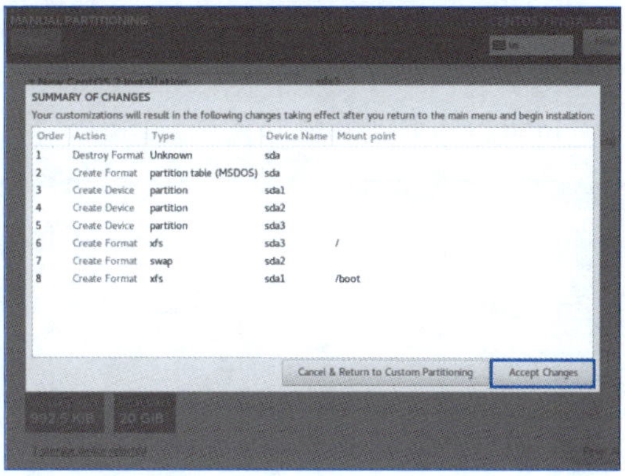

图1-61　接受分区方案

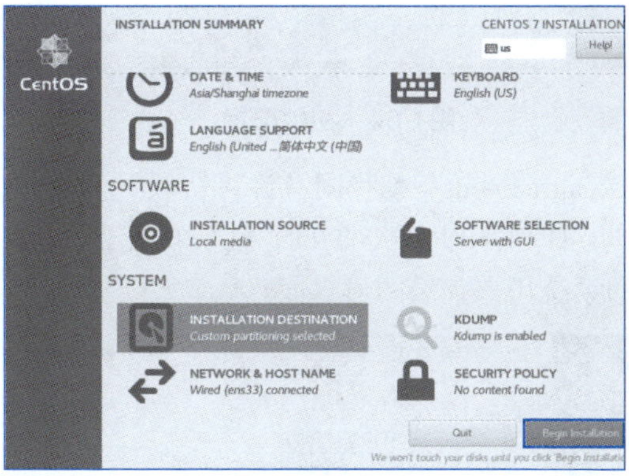

图1-62　安装摘要界面

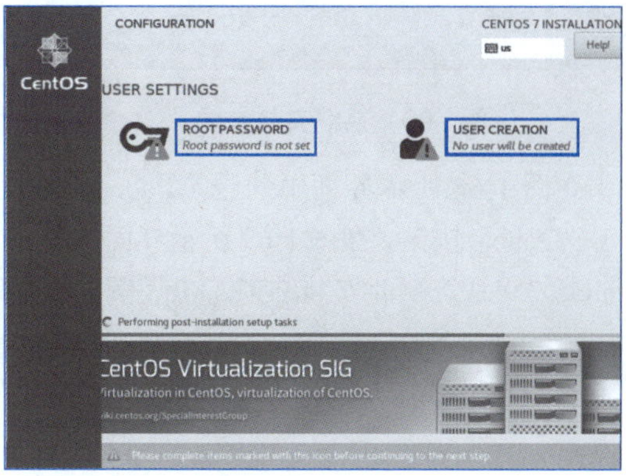

图1-63　系统安装进度显示界面

Step13：设置超级账户 root 密码，并创建一个普通用户 student。

在等待系统安装时，可为系统超级管理员 root 设置安全密码，并可以创建一个普通用户便于初期学习使用。如图 1-63 所示，单击“ROOT PASSWORD”选项，在图 1-64 所示文本框中输入密码，单击“Done”按钮（弱密码时需单击两次）。如图 1-63 所示，单击“USER CREATION”（创建用户）选项，在图 1-65 所示界面中输入用户名和密码，单击“Done”按钮（弱密码时需单击两次）。

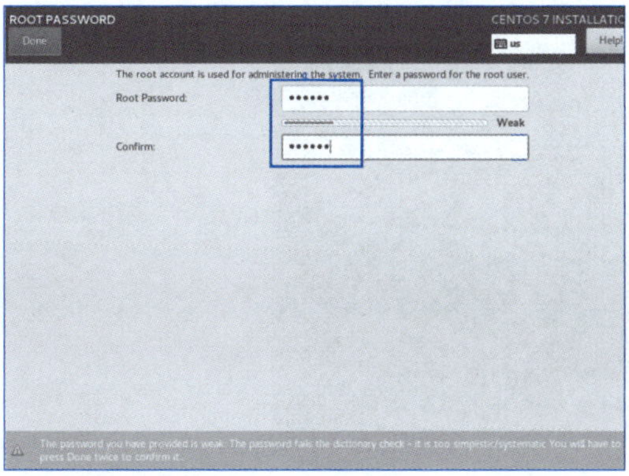

图1-64　设置root密码

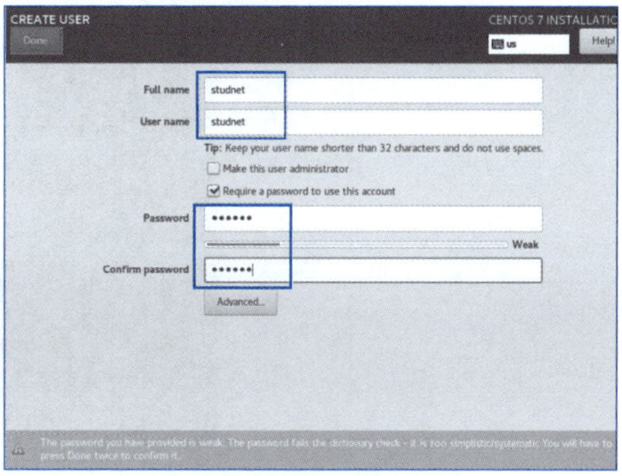

图1-65　创建普通用户

Step14：重启后接受许可协议，完成初始配置。

系统安装完成时，如图 1-66 所示，单击“Reboot”（重启）按钮，直到出现图 1-67 所示界面，单击“LICENSE INFORMATION”（协议信息）选项。

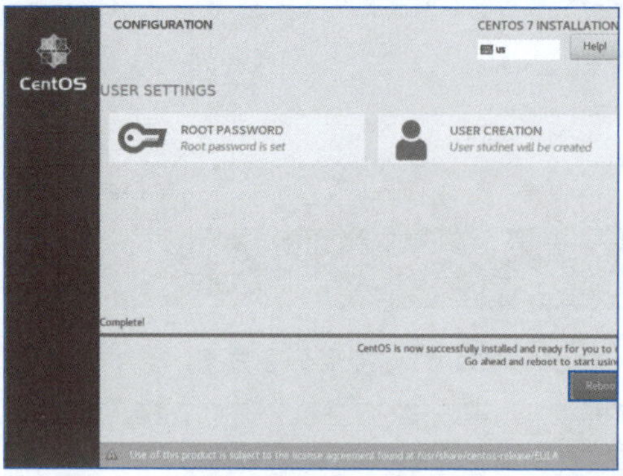

图1-66　系统安装完成

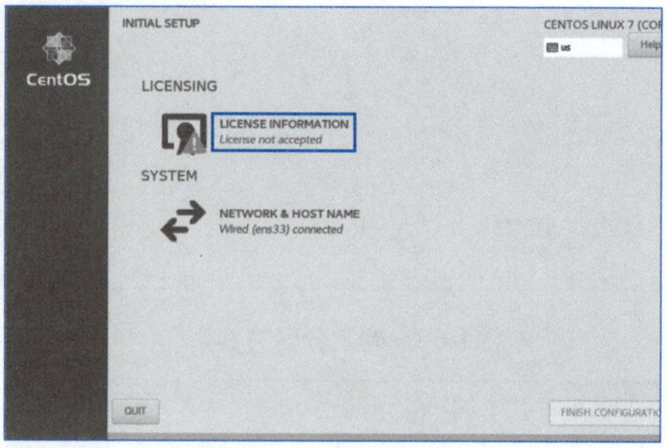

图1-67　初始配置

在图 1-68 所示界面中勾选“I accept the license agreement”（我同意许可协议）复选框，单击“Done”按钮。在图 1-69 所示界面中单击“FINISH CONFIGURATION”（完成配置）按钮。CentOS 7.9 系统至此安装结束，出现图 1-70 所示的系统用户登录图形界面。

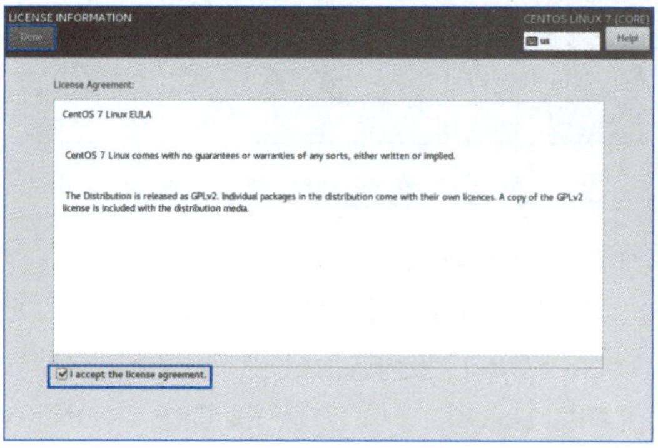

图1-68　同意许可协议

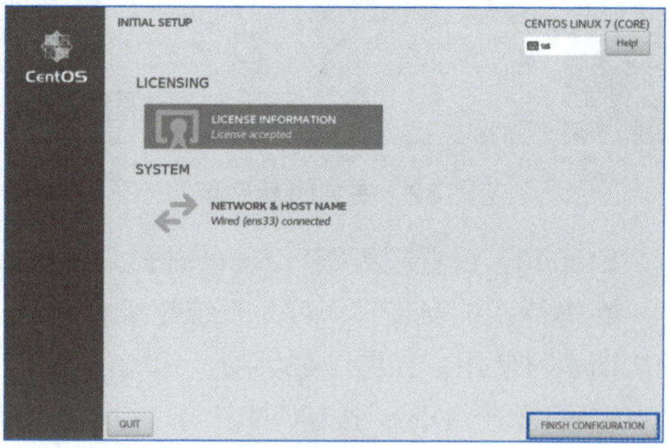

图1-69　完成初始配置

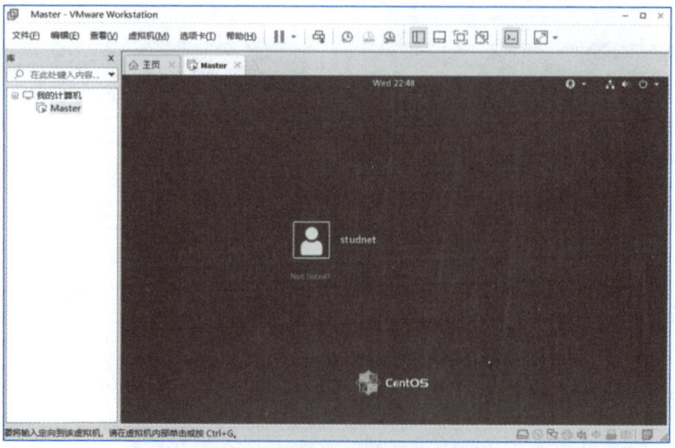

图1-70　用户登录图形界面

注意： 后续操作练习前，在 VM 平台对虚拟机 Master 创建快照（对系统初始完整状态，包括系统配置、应用程序状态、用户数据、系统日志等备份），如图 1-71 所示，在 Master 选项卡上右击，在弹出的快捷菜单中选择“快照”|“拍摄快照”命令，自定义快照名称。可为虚拟机创建多个不同状态的快照。

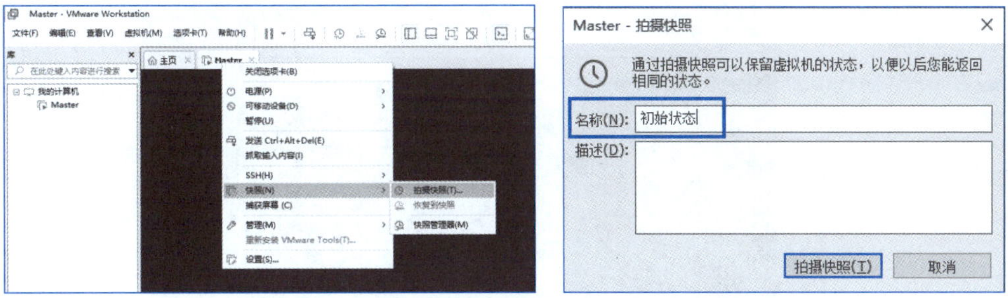

图1-71　创建快照

当 Master 虚拟机遇到系统异常等情况时，可快速将系统恢复到快照备份状态，如图 1-72 所示。

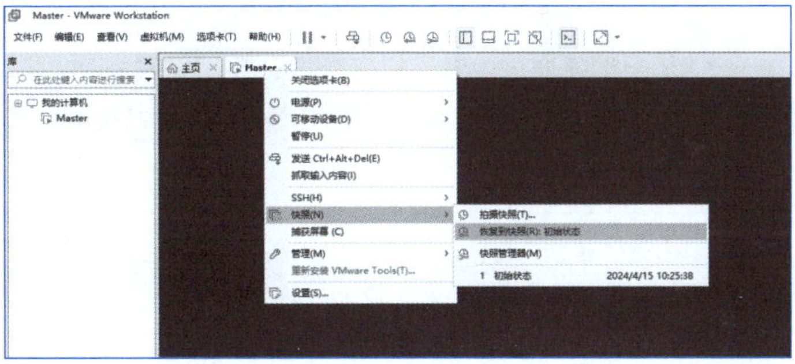

图1-72　恢复到快照

思维导图小结

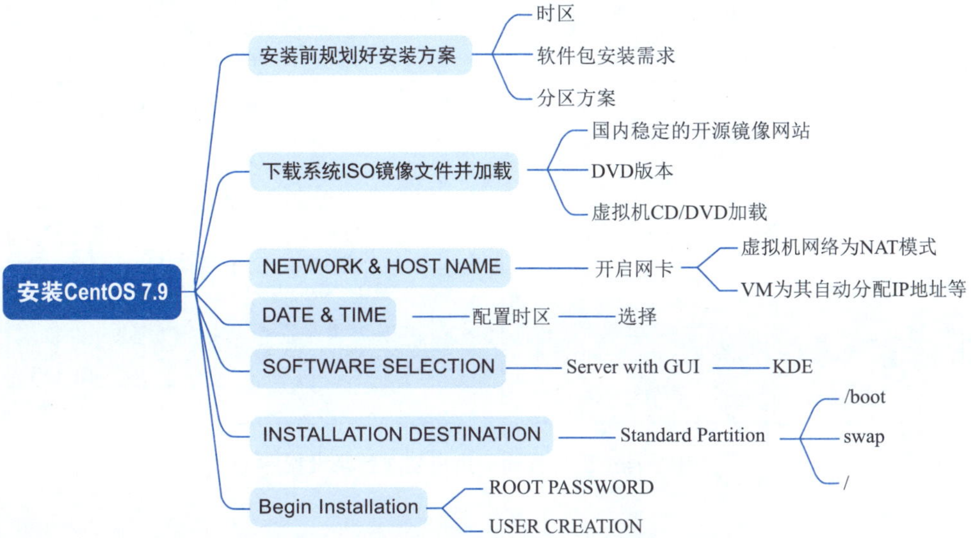

视 频

本地登录Linux服务器

视 频

如何解锁及关闭自动锁屏功能

1.4 本地登录 Linux 服务器

使用 1.3 节中创建的普通账户 student 在 VM 中本地登录 Master 虚拟机。

在图 1-70 中单击“student”。如图 1-73 所示，输入用户 student 的登录密码，单击“Sign In”按钮。

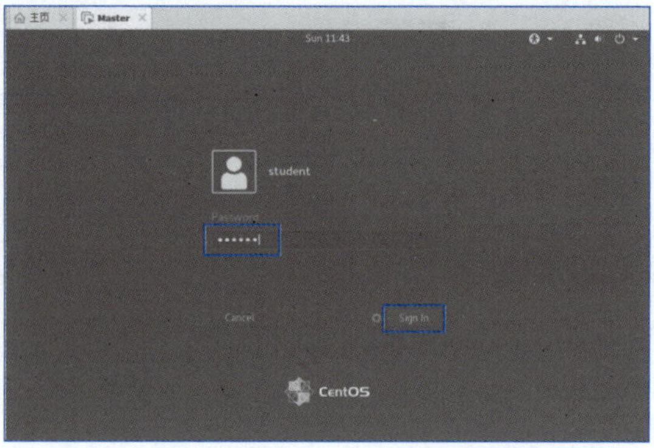

图1-73 输入用户登录密码

如图 1-74 所示，在 GUI 图形界面下，用户初次登录会弹出设置界面，依次单击三次“Next”按钮、“Skip”按钮、“Start Using CentOS Linux”按钮，单击右上角的“关闭”按钮×关闭出现的窗口。

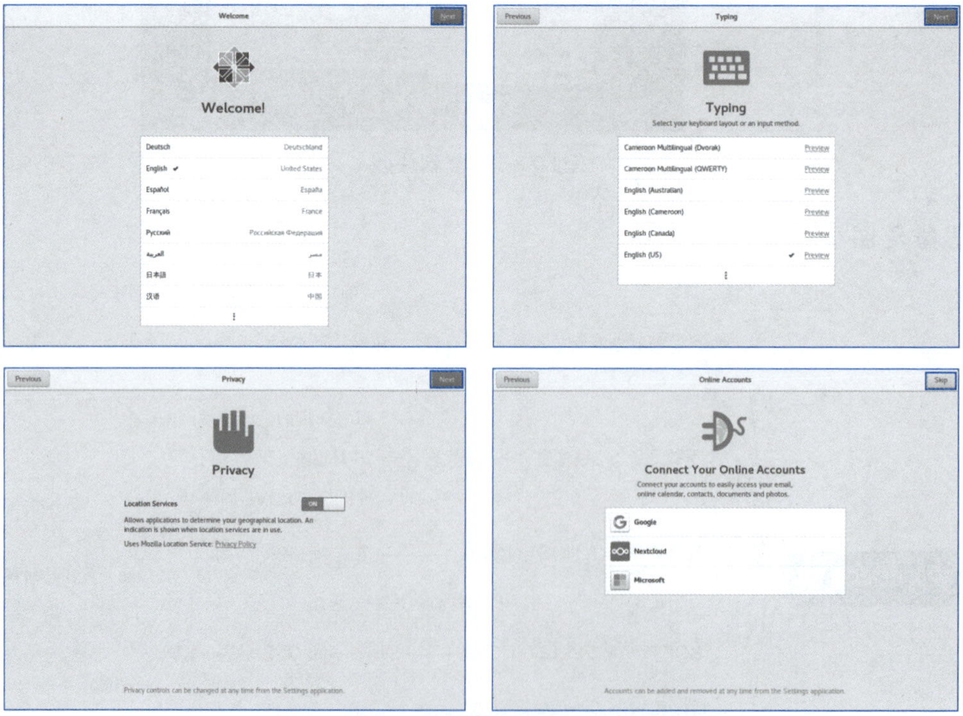

图1-74 图形界面下用户初次登录设置

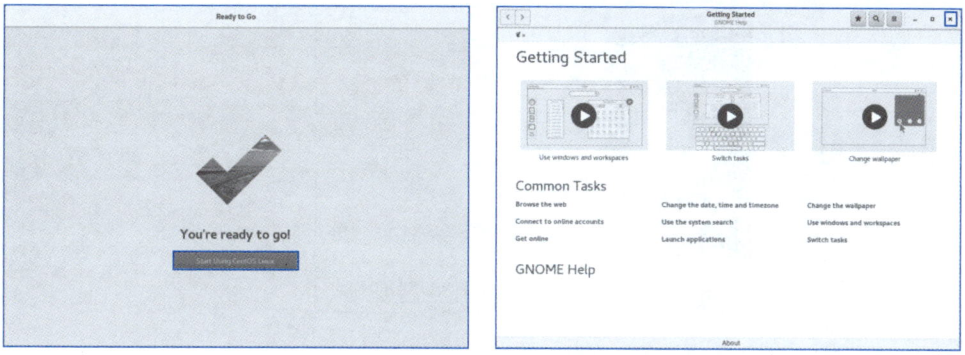

图1-74　图形界面下用户初次登录设置（续）

视频

Xshell远程登录Linux服务器（口令方式）

1.5　Xshell远程登录Linux服务器（口令方式）

在实际生产环境中，极少在Linux服务器上本地登录使用，更多的是使用安全终端模拟软件（如Xshell、SecureCRT、putty等）通过网络远程登录使用Linux服务器。在此推荐使用比较广泛的Xshell。

Step1：下载并安装Xshell。

在Xshell官网下载Xshell安装包。如图1-75所示，以管理员身份运行安装包。Xshell安装为向导过程，如图1-76所示，依次单击“下一步”按钮、选中“我接受许可证协议中的条款”单选按钮并单击“下一步”按钮、单击“下一步”按钮、单击“安装”按钮、单击“完成”按钮。

图1-75　以Windows管理员身份运行Xshell安装包

图1-76　Xshell安装过程

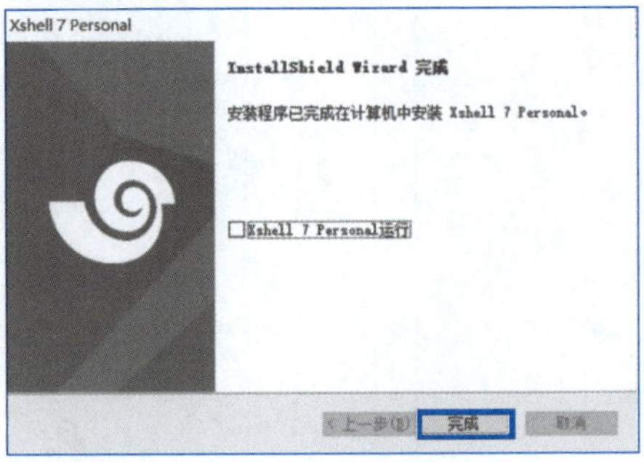

图1-76　Xshell安装过程（续）

Step2：查看虚拟机 IP 地址。

在完成 1.4 节操作后，普通账户（student）已本地登录 Master 虚拟机。在图 1-77 所示的 CentOS 7.9 的图形界面桌面上右击，在弹出的快捷菜单中选择“Open terminal”（打开终端）命令，打开一个终端对话框。如图 1-78 所示，输入 ifconfig 命令（或使用 ip 命令，两个命令均详见 9.2 节）后按【Enter】键，在网卡“ens33”信息中可看到 IP 地址（当前该 IP 地址是 NAT 模式下由 VMware DHCP Service 服务为虚拟机自动分配的，在实际生产环境中，Linux 服务器使用固定的静态 IP 地址，后续讲解）。

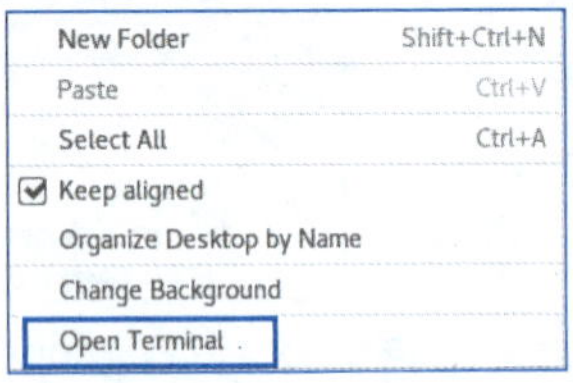

图1-77　打开终端

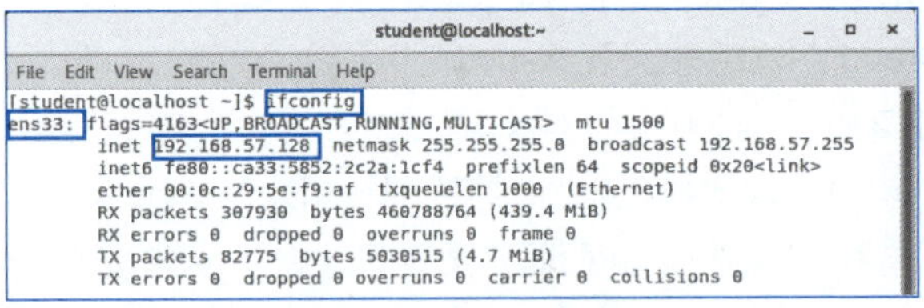

图1-78　使用ifconfig命令查看IP地址

Step3：新建会话，使用 1.3 节中创建的普通用户远程登录 Master 虚拟机。

打开 Xshell 7，选择“文件”|“新建”命令，弹出“新建会话属性”对话框，如图 1-79 所示，选择“连接”选项，在“名称”文本框中输入新建会话的名称（自定义），在“主机”文本框中输入 Master 虚拟机（模拟的需要远程连接的 Linux 服务器）的 IP 地址；单击“用户身份验证”选项，在“用户名”和“密码”文本框中分别输入普通用户名（如 student）及其登录口令。

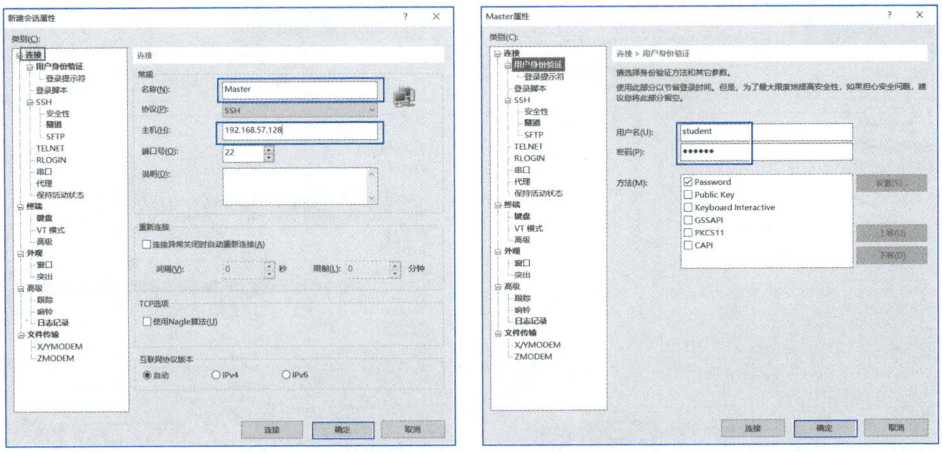

图1-79　新建会话

磨刀不误砍柴工，为更方便地学习 Linux，如图 1-80 所示，调整该会话相关属性。

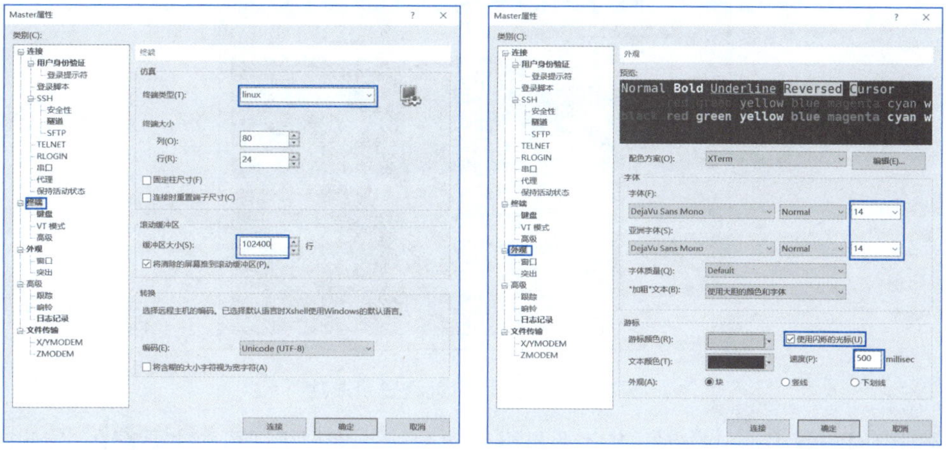

图1-80　调整会话属性

（1）终端类型和回滚缓冲区大小：单击“终端”选项，将“终端类型”设置为“linux”，缓冲区大小设置为“102400”行（操作内容过多时，方便向上翻看操作过的记录）。

（2）字体大小和光标显示：单击“外观”选项，根据计算机屏幕大小调整字体大小，选中“使用闪烁的光标”复选框，设置速度为 500。最后单击“确定”按钮。

（3）配色方案：配色方案主要用于定制终端界面的颜色样式，以提高用户体验和视觉舒适度。不同类型的文本通过不同的颜色高亮显示，有助于用户快速识别和区分不同类型的反馈信息。默认配色方案为 Xterm（一种遵循原始 XTerm 终端模拟器标准的颜色配置方式）黑色背景彩色文本，如图 1-80 所示。不喜欢黑色背景的用户，可选择其他配色方案，如 ANSI Colors on White（白色背景彩色文本）。

Step4：打开会话远程登录到 Master 虚拟机。

如图 1-81 所示，双击“Master”会话，或右击“Master”会话，在弹出的快捷菜单中选择“打开”命令。首次登录时将弹出图 1-82 所示的“SSH 安全警告”对话框，单击“接受并保存”按钮。如图 1-83 所示，普通用户（student）已成功登录到 Master 虚拟机。

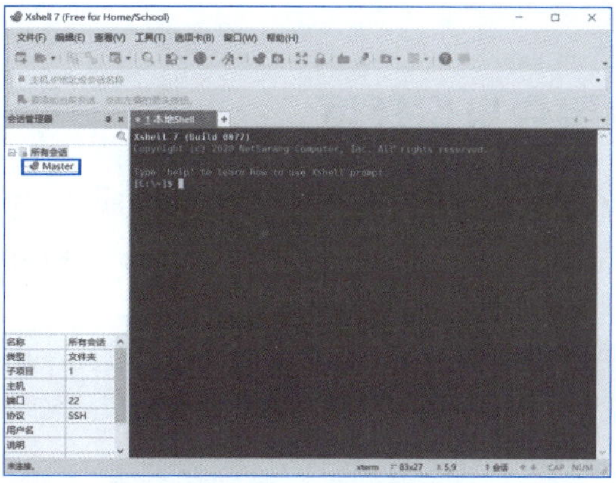

图1-81　打开会话

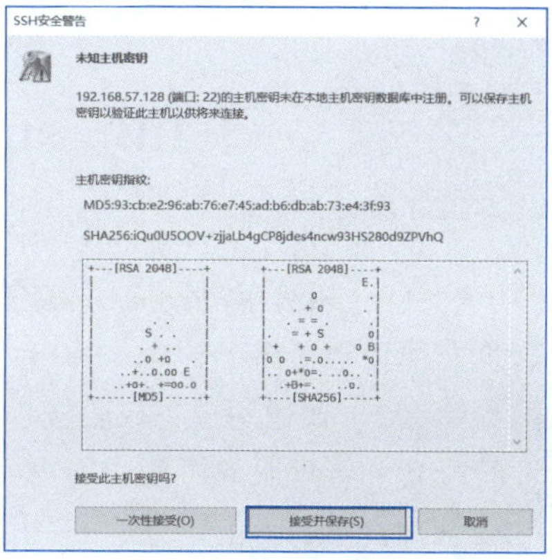

图1-82　首次登录时接受并保存主机密钥

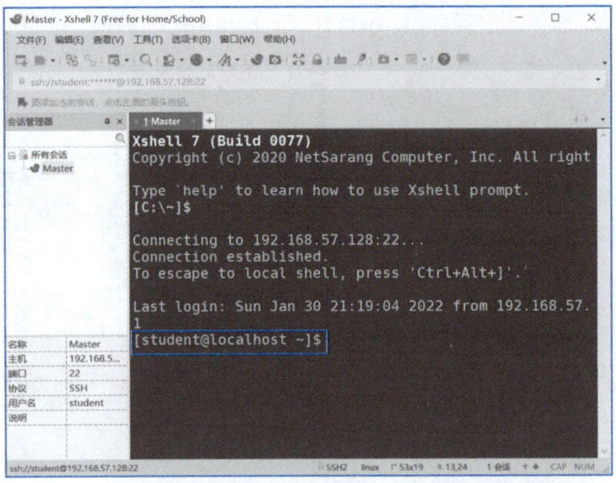

图1-83　普通用户远程登录成功

后续学习 Linux 基本操作时，VM 上只需启动 Master 虚拟机即可，主要都在 Xshell 上完成相关操作（对 Linux 服务器的绝大部分管理维护操作是通过远程登录的方式进行的）。

思维导图小结

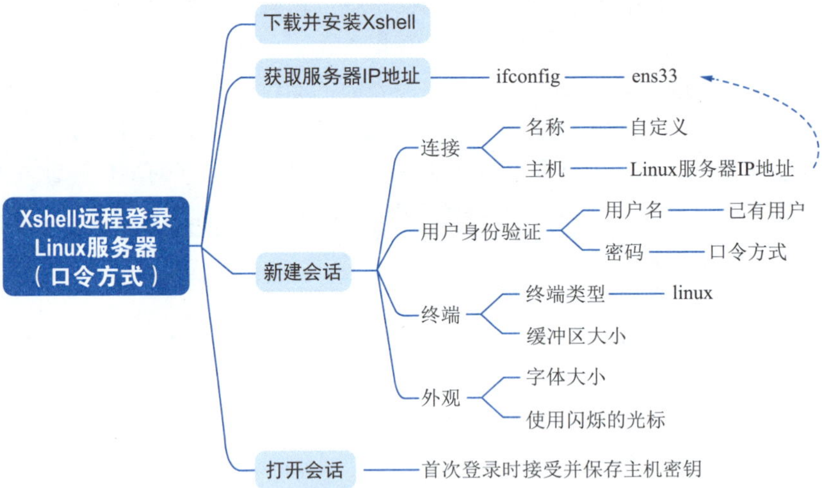

1.6　su 切换用户身份环境

视 频

su切换用户身份环境

默认情况下，在 Linux 操作系统中，普通用户和超级用户 root 的权限是不一样的：

（1）超级用户 root，具有管理系统的所有权限（root 可以理解为 Linux 王国的国王，拥有的权限最高）。

（2）普通用户，权限较小，只能进行基本的系统信息查看等操作，其无法更改系统配置和管理服务（普通用户可以理解为 Linux 王国的平民百姓，拥有的权限较低，主要管理自家的一亩三分地——用户的家目录）。

在后续 Linux 操作系统学习过程中，需要在普通用户和超级用户 root 之间使用 su（switch user）命令切换身份及其环境。

1. 从普通用户切换到 root 身份环境

```
[student@localhost ~ ]$ su - root                    # 切换到 root 身份环境
Password:                            # 输入 root 口令密码，输入时无任何显示
Last login: Thu Feb 24 15:59:55 CST 2022 on pts/0
[root@localhost ~ ]#
```

或

```
[student@localhost ~ ]$ su -                         # 切换到 root 身份环境
Password:                            # 输入 root 口令密码，输入时无任何显示
Last login: Thu Feb 24 16:25:45 CST 2022 on pts/0
[root@localhost ~ ]#
```

2. 从 root 切换到普通用户身份环境

```
[root@localhost ~ ]# su - student
                       # 切换到普通用户身份环境，无须输入普通用户口令密码
Last login: Thu Feb 24 15:52:50 CST 2022 from 192.168.57.1 on pts/0
[student@localhost ~ ]$
```

3. 在普通用户之间切换身份环境

普通用户 1 切换至普通用户 2 身份环境时，需输入普通用户 2 的口令密码（学习完模块 4 后，添加新的普通用户并设置其口令密码，自行操作普通用户之间的身份环境切换）。

注意： 使用“su 用户名”命令仅切换用户身份，但不会将环境变量信息同步切换，不建议使用。

思维导图小结

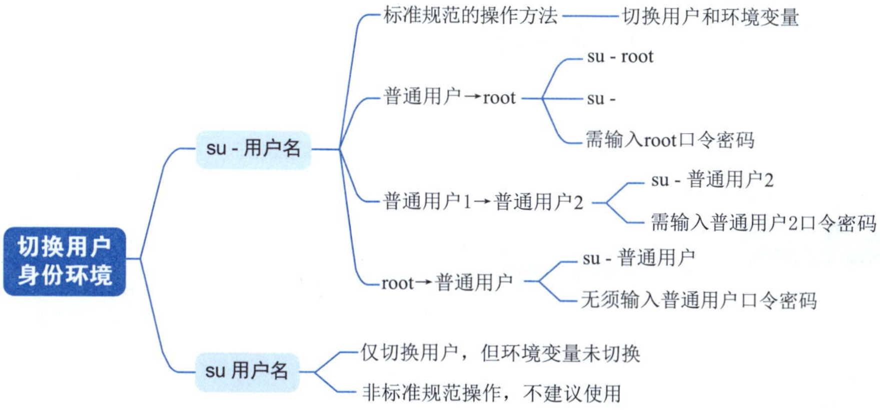

1.7　Linux 命令行组成结构

在 1.6 节中可以看到，超级用户 root 和普通用户登录后的命令行字符存在差异，其含义见表 1-3。

视　频

Linux命令行组成结构

表1-3　命令行字符含义

当前登录的用户名	分　隔　符	主　机　名	当前用户所在路径	提　示　符
student	@	localhost	~	$
root				#

说明：

（1）根据 Linux 命令行，当前操作者可知自己是以“什么用户身份”在“什么主机”中，并位于该主机的“什么目录位置”。

（2）当主机名较长时，命令行中只显示完整主机名中开始的部分。要查看完整主机名，可使用 hostname 命令。

（3）用户登录后，默认所在路径为该用户的家目录，均使用“~”符号表示。但是超级用户 root 和普通用户的家目录位置是不一样的。可使用 pwd（print working directory）命令查看当前用户所在的绝对路径（Linux 操作系统目录结构讲解详见 2.1 节，其最顶层为根，用“/”表示）。

（4）在 Linux 操作系统中，超级用户 root 和普通用户的命令行结尾提示符不同。

使用普通用户身份环境：

```
[student@localhost ~]$ hostname
localhost.localdomain                                  # 显示完整主机名
[student@localhost ~]$ pwd
/home/student                         # 普通用户的家目录 /home/student
```

使用超级用户 root 身份环境：

```
[root@localhost ~]# hostname
localhost.localdomain
[root@localhost ~]# pwd
/root                                   # 超级用户 root 的家目录 /root
[root@localhost ~]#
```

思维导图小结

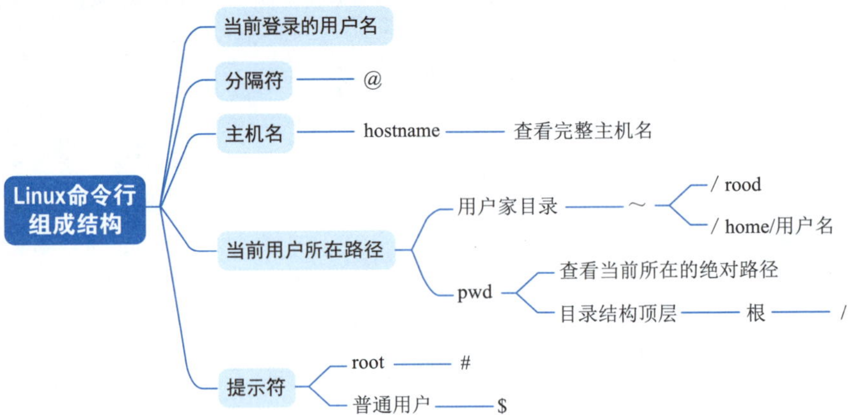

1.8 远程注销用户登录

视 频

远程注销用户登录

Linux 是一个真正的多用户操作系统，可同时接受多个用户登录，而且还允许同一个用户从不同的终端进行多次登录。

用户通过 Xshell 远程登录 Linux 服务器完成工作后，可注销登录。注意：注销用户登录，只是让用户退出对 Linux 服务器的登录，而 Linux 服务器仍然在运行。

此处，仍然以普通用户 student 远程登录 Linux 服务器，操作如下：

1. logout

```
[student@localhost ~]$ logout                          # 用户 student 注销登录

Connection closed.

Disconnected from remote host(Master) at 10:23:09.

Type 'help' to learn how to use Xshell prompt.
[C:\~]$
```

2. exit

```
[student@localhost ~]$ exit                            # 用户 student 注销登录
logout

Connection closed.

Disconnected from remote host(Master) at 10:24:00.

Type 'help' to learn how to use Xshell prompt.
[C:\~]$
```

3. 快捷键【Ctrl+D】

```
[student@localhost ~]$ su -                   # 切换到超级用户 root 身份环境
Password:                                                  # 输入 root 口令密码
Last login: Fri Feb 25 10:26:58 CST 2022 on pts/0
[root@localhost ~]# logout              # 按【Ctrl+D】组合键，root 注销登录
[student@localhost ~]$ logout                       # 回到 student 身份环境
                              # 再次按【Ctrl+D】组合键，用户 student 注销登录

Connection closed.

Disconnected from remote host(Master) at 10:29:06.

Type 'help' to learn how to use Xshell prompt.
[C:\~]$
```

思维导图小结

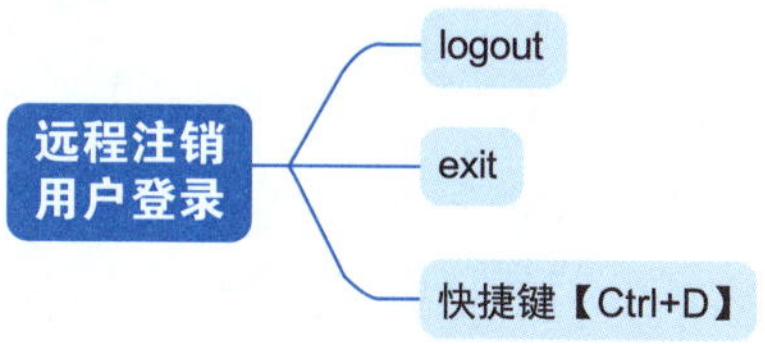

1.9 远程重启关机 Linux 操作系统

视频

远程重启关机Linux操作系统

在 Linux 服务器运维过程中，有时需对其远程重启或关机（极少）。注意：默认情况下，只有超级用户 root 有权重启或关机 Linux 操作系统。

重启、关机命令见表 1-4 和表 1-5。生产环境中，推荐使用 shutdown 命令完成重启和关机操作。shutdown 是一个安全重启或关闭 Linux 操作系统的命令（发出命令后，

其会通知所有用户即将重启或关机，并且在这个时间内禁止新用户登录，当到了指定的重启或关机时间时，shutdown 命令会根据其参数选项，发送请求给系统的 init 进程，请求将系统调整到对应参数的状态）。

表1-4　重启命令

命　令	说　明
reboot（CentOS 6） systemctl reboot（CentOS 7）	立即重启
init 6	切换运行级别到6，6表示重启，因此该命令的作用是重启
shutdown -r now	立即重启
shutdown -r +n	n分钟以后重启 如shutdown -r +3表示3 min后重启
shutdown -r hh:mm	hh:mm重启，采用24小时制表示时间 如shutdown -r 23:00表示23点整重启

表1-5　关机命令

命　令	说　明
halt（CentOS 6） systemctl halt（CentOS 7）	立即停止系统
poweroff	立即停止系统
init 0	切换运行级别到0，0表示关机，因此该命令的作用是关机
shutdown -h now	立即关机
shutdown -h +n	n分钟以后关机 如shutdown -h +3表示3 min后关机
shutdown -h hh:mm	hh:mm关机，采用24小时制表示时间 如shutdown -h 23:00表示23点整关机

对于 shutdown 延时运行的重启或关机操作，若想取消，可使用“shutdown -c”命令。

1. 立即重启

reboot、init 6、shutdown -r now 均表示立即重启。以 shutdown -r now 指令为例，操作过程如下：

```
[student@localhost ~]$ shutdown -r now
==== AUTHENTICATING FOR org.freedesktop.login1.reboot ===
Authentication is required for rebooting the system.
Authenticating as: root                    #系统提示只有root有权重启系统
Password:                                        #需输入root的口令密码
==== AUTHENTICATION COMPLETE ===
Connection closing...Socket close.

Connection closed by foreign host.

Disconnected from remote host(Master) at 15:57:09.

Type 'help' to learn how to use Xshell prompt.
[C:\ ~]$
```

2. 延时重启及取消重启指令

shutdown -r +n和shutdown -r hh:mm均用于延时重启。以1 min后重启（后又需取消延时重启）为例，操作过程如下：

```
[student@localhost ~]$ shutdown -r +1
Must be root.                                  # 系统提示只有 root 有权重启系统
[student@localhost ~]$ su -
Password:
Last login: Fri Feb 25 16:18:11 CST 2022 on pts/0
[root@localhost ~]# shutdown -r +1                          # 在 1 min 后重启系统
Shutdown scheduled for Fri 2022-02-25 16:29:20 CST, use 'shutdown -c' to cancel.
[root@localhost ~]#
Broadcast message from root@localhost.localdomain (Fri 2022-02-25 16:24:20 CST):

The system is going down for reboot at Fri 2022-02-25 16:29:20 CST!

shutdown -c                                    # 取消正在执行的 shutdown 指令

Broadcast message from root@localhost.localdomain (Fri 2022-02-25 16:28:52 CST):

The system shutdown has been cancelled at Fri 2022-02-25 16:29:52 CST!

[root@localhost ~]#
```

思维导图小结

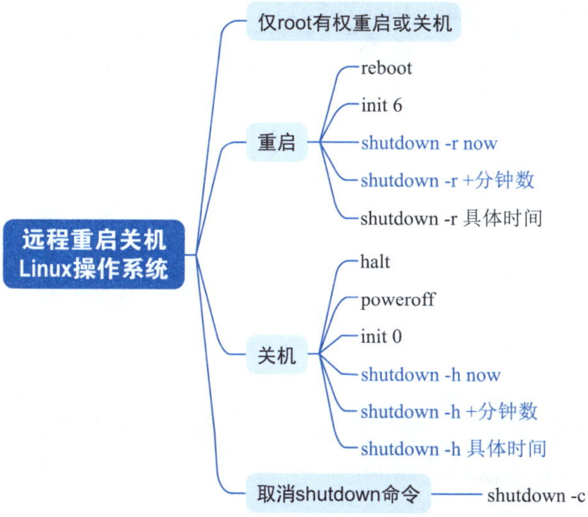

1.10　Shell 简介及命令格式说明

在 1.4 节的操作中，我们看到的是 Linux 操作系统的 GUI 图形界面；在 1.6～1.9 节的操作中，我们看到的是 Linux 操作系统的命令行界面。

视频

Shell简介及命令格式说明

1. 图形界面（graphical user interface，GUI）

图形界面是 Linux 操作系统的桌面环境（称为 X Window）。X Window 桌面环境软件主要有 GNOME 和 KDE，并没有集成到 Linux 内核中。虽然图形界面操作简单，但是需要占用更多的系统资源。因此，用户可以根据需要选择是否安装运行图形界面。

2. 命令行界面（command line interface，CLI）

Linux 作为一种服务器操作系统，在命令行界面中输入各种命令，更有利于自动化运维。因此，Linux 操作系统的操作以命令行界面为主（学习如何使用各种命令，是学习 Linux 基本操作的关键）。通常说的 Shell 是指命令行界面（CLI）。

如图 1-84 所示，Shell 是 Linux 操作系统中的一个应用程序，它将用户输入的命令解释成系统内核能理解的语言，命令执行之后再将结果以用户可以理解的方式显示出来，从而为用户与系统内核进行交互操作提供了一种接口。

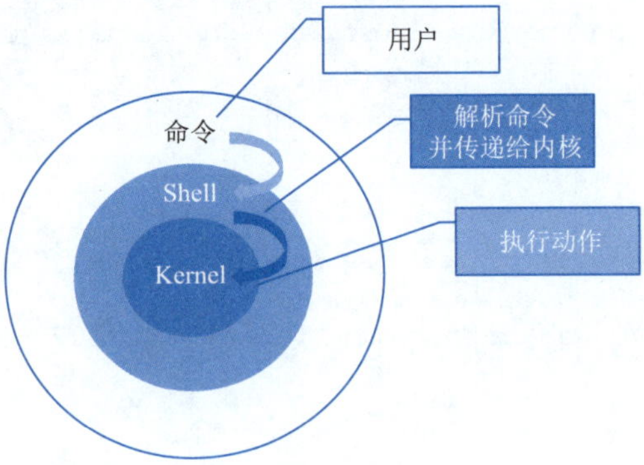

图1-84　Shell功能

```
[student@localhost ~]$ cat /etc/shells
                   #Linux 操作系统中可用的 Shell 都记录在 /etc/shells 文件中
/bin/sh
/bin/bash
/usr/bin/sh
/usr/bin/bash
/bin/tcsh
/bin/csh
[student@localhost ~]$ echo $SHELL
        #SHELL 是 Linux 操作系统中的环境变量，指明当前使用的是哪个 Shell
/bin/bash                                   # 系统默认使用的 Shell 是 bash
```

使用 Xshell 远程登录 Linux 服务器时，即启动 Shell。

```
[student@localhost ~]$ tty                         # 查询用户所在的终端编号
/dev/pts/0                # 第一个伪终端（pts 表示是伪终端，编号从 0 开始）
```

Linux 操作系统命令操作语法格式如下：

```
命令  [ 参数选项 ]  [ 文件或路径 ]
```

此处以 rm 命令为例讲解：

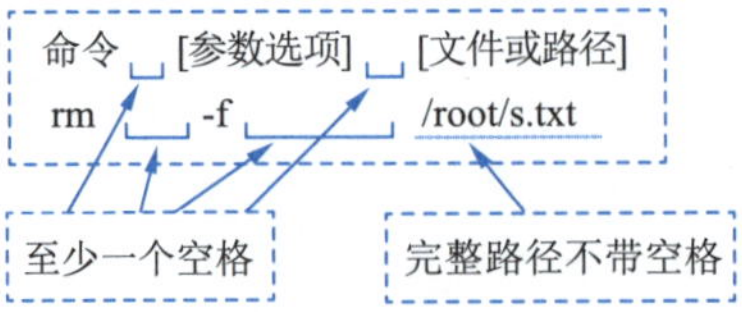

说明：

（1）中括号 [ ] 表示可选，即命令的参数及文件或路径是可选项。

（2）参数选项表示使用一个命令的不同功能。

（3）命令、参数选项、文件或路径两两之间至少要有一个空格。

思维导图小结

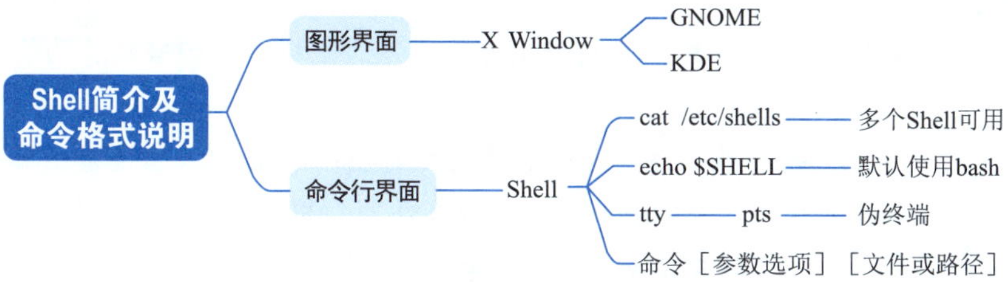

拓展阅读　国产操作系统发展简述

拥有自主操作系统不仅是国家安全战略的需求，也是国家信息化建设和科技自立自强的重要标志，对维护国家主权、增强综合国力、保障社会稳定和经济发展都具有长远的战略价值。随着信息安全形势的变化以及国家对科技创新和信息安全的重视程度加深，我国发展自主知识产权的操作系统显得尤为紧迫和必要。近年来，我国国产操作系统的发展取得了显著的进步和成就：

1. 技术研发进步

国产操作系统的技术研发能力大幅增强，从早期的基础版本到现在已具备较高技术水平的操作系统产品，如统信UOS、麒麟Kylin、中科方德等，均展示了我国在操作系统内核优化、兼容性扩展、安全性强化等方面的自主研发成果。

2. 市场份额扩大

国产操作系统在国内市场的接受度和使用率不断提升，尤其是在政府、军队、金融、电信、能源等关键领域的信息化建设中，国产操作系统替代国外产品的步伐加快，市场份额逐年增加。

3. 市场规模增长

根据最新的信息，中国操作系统市场在持续增长中。到2025年，中国操作系统市场规模预计将达到586亿元。这一数据是由东吴证券测算得出的，显示出尽管当前国产操作系统在桌面端的市场占有率相对较低（大约2%），但随着数字经济、新基建和国产化的推进，国产操作系统正迎来新的增长机遇。

此外，国产操作系统不仅在政府办公领域逐步实现了国产化替代，在个人消费市场的新商业模式探索中也展现了巨大的潜力。例如，统信UOS操作系统已经实现了规模化应用，装机量超过800万套，服务客户超过50 000家，并且服务体系覆盖了全国2 800多个区县。

值得注意的是，随着华为发布全栈自研的“纯血鸿蒙”系统，打破了移动操作系统的两极格局，鸿蒙生态系统迎来了显著的增长，注册开发者数量超过675万，鸿蒙生态设备数量突破10亿台，上架的应用和元服务超过15 000个。

4. 生态建设步入爆发期

国产操作系统生态建设方面，不仅在硬件兼容适配上取得了突破，如与龙芯、兆芯等国产芯片的深度合作，还在软件生态上努力构建完善的应用生态体系，吸引开发者加入，支持更多原生和迁移应用。

5. 技术创新与融合

鸿蒙操作系统（HarmonyOS）等引入AI技术、方舟编译器等先进技术，实现了软硬件协同优化，增强了用户体验和系统效能，并且正在积极拥抱5G、云计算、大数据、人工智能等新一代信息技术。

6. 市场需求

在信息安全需求的推动下，国产操作系统获得了更多的支持和市场需求，为自主创新提供了良好的发展环境。

总体来看，国产操作系统在确保信息安全、促进信息技术产业链供应链自主可控、助力数字经济和智能制造等领域扮演着日益重要的角色，并在国内外市场竞争中逐步崭露头角。然而，国产操作系统也面临着国际先进操作系统和技术封锁的压力，未来仍需在核心技术研发、生态建设和国际市场拓展等方面持续投入与突破。

实践练习1

1. 安装VMware Workstation，新建一台虚拟机，并安装CentOS 7.9系统，安装过程中创建一个普通用户（使用自己姓名拼音的首字母）。
2. 以普通用户在Xshell上远程登录VMware上的CentOS 7.9系统。
3. 在Xshell上从普通用户切换到root用户身份环境。
4. 对比普通用户和root用户的命令行组成。
5. 在Xshell上练习远程注销用户登录、远程重启、远程关机等操作。

面试演练1

1. 什么是Linux？
2. UNIX和Linux有什么区别？
3. 开源的优势有哪些？
4. GNU项目的重要性是什么？
5. 说出你知道的几种Linux/UNIX发行版本。
6. 解释GPL、GNU、自由软件的概念。
7. 什么是Linux内核？
8. Linux的基本组件是什么？
9. 简述Linux的体系结构。
10. Linux操作系统安装多个桌面环境有帮助吗？
11. 什么是交换空间？
12. 什么是BASH？
13. 什么是CLI？
14. 什么是GUI？
15. 如何选择Linux操作系统版本？
16. 如何规划一台Linux主机？简述操作步骤。

模块 2 文件和目录操作

学习目标

- 文件和目录操作
  - Linux的目录结构
    - 熟悉｜常用目录用途
    - 了解｜挂载、挂载点的含义
  - 查看Linux命令帮助
    - 掌握｜常用查看命令帮助的方法
  - history查看命令历史记录
    - 熟悉｜查看历史命令常用操作
  - clear清屏
    - 熟悉｜清屏常用操作
  - Tab自动补全用户命令
    - 熟悉｜自动补全的方法
  - cd切换目录
    - 了解｜相对路径、绝对路径的含义
    - 熟悉｜切换目录常用特殊符号
  - mkdir创建目录
    - 了解｜目录命令规则
    - 熟悉｜批量、递归创建目录的方法
  - touch创建文件
    - 了解｜文件命名规则
    - 熟悉｜批量创建文件的方法
  - ls显示列表
    - 熟悉｜ls命令常用选项的功能
    - 了解｜隐藏文件、常用文件类型字符
    - 熟悉｜通配符的功能
  - rm删除文件或目录
    - 了解｜普通用户和root用户使用rm的区别
    - 了解｜避免误删除实践经验
  - cp复制文件或目录
    - 了解｜普通用户和root用户使用cp的区别
    - 熟悉｜cp命令常用选项的功能
  - mv重命名或移动文件目录
    - 了解｜普通用户和root用户使用mv的区别
    - 熟悉｜重命名和移动的区别
  - alias设置命令别名
    - 了解｜别名的作用
    - 熟悉｜临时别名、永久别名设置方法
  - ln硬链接与软链接
    - 了解｜文件、目录的存储结构
    - 了解｜硬链接、软链接的作用
    - 熟悉｜软链接的创建、更新操作
  - find查找文件
    - 熟悉｜常用查找方法
    - 掌握｜对查找到的结果进行操作处理的方法

纲举目张，执本末从。 ——晋代 杨泉《物理论》

在 Linux 操作系统中，文件与目录的操作犹如编织经纬，至关重要，正如古人所云：“纲举目张，执本末从。”掌握了文件与目录的基础操作，就如同抓住了组织与管理系统的根本，由此方可使得整个系统条理清晰、运用自如。

2.1 Linux 的目录结构

视 频

Linux的目录结构

《道德经》中有言：“天下难事，必作于易；天下大事，必作于细。”Linux 操作系统这座大厦，是由众多功能单一的小程序组成的。这些小程序，就是 Linux 操作系统初学者主要学习的各种命令。当需要实现复杂功能时，可通过不同命令组合在一起使用即可。Linux 操作系统正因为采用了“分而治之”的构建思想，所以比 Windows 操作系统（Windows 操作系统中动辄几 GB 的大型程序，因而不断地推出补丁漏洞需要用户安装更新）更稳定。

在 Linux 操作系统中，一切皆文件。不管是数据还是各种硬件设备资源，在 Linux 操作系统中，均以文件的形式存在，并通过不同的目录分门别类存放。

Linux 操作系统虽然发行版本众多，但绝大多数的 Linux 发行版遵循目录层次标准（filesystem hierarchy standard，FHS），即采用统一的目录结构。

不同于 Windows 的目录结构（分 C 盘、D 盘、E 盘等，路径分隔符是反斜线“\”），Linux 操作系统目录是一个有层次的倒立着的树状目录结构，如图 2-1 所示。

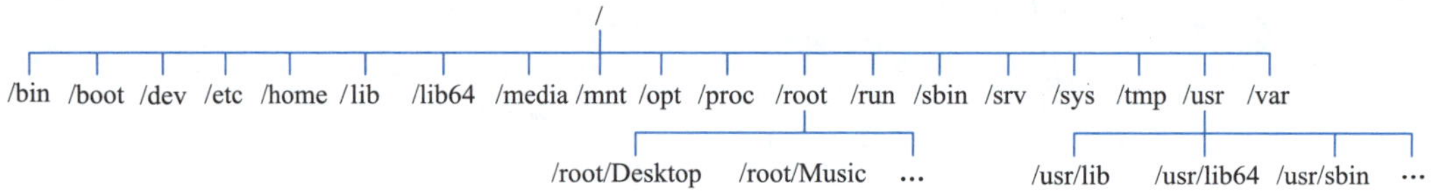

图2-1 Linux系统目录结构

Linux 的目录结构具有以下特点：

（1）Linux 操作系统目录结构的最顶端是斜线“/”，称为根目录。

（2）根（/）目录是 Linux 操作系统所有目录的起始点，所有的目录、文件都在“/”之下。注意：“/”根目录下第一层，一般只存放目录，不存放文件。

（3）在 Linux 操作系统中，目录与磁盘等设备是不直接关联的。每个目录都可以关联（挂载）在不同的设备（如磁盘）上。例如，逻辑上看似有包含关系的几个目录 /、/etc、/usr、/var 很可能分布在不同的分区或磁盘上，即实际上访问目录 /、/etc、/usr、/var，可能是在访问完全不同的分区或磁盘。注意：/etc、/bin、/dev、/lib、/sbin 应该和“/”根目录放置在一个分区中。

（4）没有挂载到目录上的磁盘，相当于没有门和窗户的仓库，不能被使用。将挂载点与磁盘设备相关联，即挂载，磁盘等设备才能正常使用。挂载点（一个目录）是磁盘访问的入口。

初学者学习 Linux 目录结构时，建议按目录的重要程度逐步掌握。Linux 操作系统“/”根下的目录结构说明见表 2-1。

表2-1 “/”根下的目录结构详解

目　录	说　明	重要程度
/bin -> /usr/bin	该目录为binaries英文的缩写，存放系统中最常用的二进制可执行文件（在单人维护模式下还能够被使用的命令）。在/bin下面的命令可以被root和普通账号所使用，如ls、cp、mkdir、rm等命令。/bin目录已成为/usr/bin的软链接	※※※※※
/boot	存放Linux的内核及系统引导程序所需的文件。 安装系统分区时，一般要单独分一个boot分区，大小可为256～1 024 MB，该分区的数据增长很小，/boot目录就是引导分区的挂载点	
/dev	在Linux操作系统上，任何设备与接口设备都是以文件的形式存在于该目录中。如声卡、磁盘、光驱等。读写该目录下面的某个文件，就等于读写某个设备	※※※
/etc	存放系统的所有配置文件。一般来说，该目录下的各文件属性是可以让普通用户查看的，但是只有root有权限修改。 二进制软件安装包（yum、rpm）等配置文件的默认路径，如/etc/exports、/etc/fstab、/etc/resolv.conf。 CentOS 6下服务启动命令的存放目录，主要存放在/etc/init.d下，如/etc/init.d/sshd。 FHS建议不要放置可执行文件（binary）在该目录中	※※※※※
/home	普通用户的家目录，默认数据存放目录。新增用户账号时，用户的家目录都存放在此目录下。默认情况下，目录名同用户名	※※
/lib -> usr/lib /lib64 -> usr/lib64	英文libraries的缩写。Linux操作系统的函数库非常多。存放在启动时会用到的函数库，以及在/bin或/sbin下面的命令会调用的函数库而已，还有内核相关模块。 /bin和/sbin下的某些命令，分为/lib和/lib64（64位程序）两种	
/lost+found	该目录是使用标准的ext2、ext3、ext4文件系统格式才会产生的一个目录。目的在于当系统意外崩溃或机器意外关机时，会在这里产生一些文件碎片。系统在开机启动的过程中，fsck工具会检查这里，并修复已经损坏的文件系统。当系统发生问题时，可能会有文件被移到该目录中，可能需要通过手工的方式进行修复，或者移动文件到原来的位置上。 如果使用xfs文件系统的话，就不会存在该目录	
/media	可移除媒体的挂载点，如CD-ROM、U盘等的挂载，使用频率较低	
/mnt	英文mount point的缩写，如果想要暂时挂载某些额外的设备，一般建议可以放置到该目录中，即文件系统的临时挂载点，也可以作为CD-ROM、U盘等的挂载，使用频率较高	※※
/opt	英文option的缩写，表示的意思是可选择，给第三方辅助软件放置的目录，即被保留用于安装额外的应用软件包目录，例如，通过源码包安装的软件，可以通过“./configure –prefix=/opt/”命令将软件安装在/opt目录下，但并非必须这样，具体应视习惯或规范而定	
/proc	该目录本身是一个虚拟文件系统（可视为虚拟文件系统的挂载点），它放置的数据都在内存当中，如系统内核、进程信息、外接设备的状态及网络状态等。因为该目录下的数据都在内存当中，所以本身不占任何硬盘空间。 /proc的定义可以参见/etc/fstab。系统运行时，很多信息都在该目录下，如系统负载（系统繁忙程序）/proc/loadavg、系统内存信息/proc/meminfo、系统CPU信息/proc/cpuinfo、系统挂载信息/proc/mounts	※※※※※
/root	Linux超级用户root的家目录。root类似于Windows操作系统的管理员administrator。 之所以放在这里，是因为如果进入单人维护模式而仅挂载根目录时，该目录就能够拥有root的家目录，所以/root与/要放置在同一个分区中	
/run	早期的FHS规定系统启动后产生的各项信息应该要放置到/var/run目录下，新版的FHS则规范到/run目录下，由于/run可以使用内存来模拟，因此性能上会好很多	
/sbin -> /usr/sbin	英文system binaries的缩写。放在/sbin目录下的命令只有root才能够用，为启动过程中所需要的，包括启动、修复、还原系统所需要的命令。 某些服务器软件程序，一般放置到/usr/sbin目录中，本机自行安装的软件所产生的系统执行命令则放置到/usr/local/sbin目录中。常见的命令有fdisk、reboot、fsck、ifconfig、halt等	※※※
/srv	srv可视为service的缩写，是一些网络服务启动之后，这些服务所需要使用的数据目录，如www、ftp数据	

续表

目　录	说　明	重要程度
/sys	与/proc类似，也是一个虚拟的文件系统，用于存放内核等信息的目录，包括内核、总线、设备、模块组、电源选项等。该目录同样不占硬盘容量	
/tmp	英文temporary files的缩写，为临时文件目录。这是让一般用户或者正在执行的程序暂时放置文件的地方。该目录是任何人都能够存取的，可以用作Linux操作系统的回收站，建议定期清理。/var/tmp目录与该目录相似	※※※
/usr	系统存放程序的目录，如命令、帮助文件等。/usr一般被认为是user resource或unix software resource的缩写。该目录下有如下几个较重要的子目录： • /usr/bin：所有普通用户能够使用的命令都放在这里。目前CentOS 7已经将全部用户命令放置于此，而使用链接文件的方式将/bin链接到此，即/usr/bin与/bin是一模一样的。 • /usr/lib：基本上与/lib功能相同（/lib就是链接到此目录中的）。 • /usr/local:默认软件安装目录 • /usr/sbin：非系统正常运行所需要的系统命令，最常见的就是某些网络服务器软件的服务命令（daemon）。不过基本功能与/sbin差不多，目前/sbin就是链接到此目录中的。 • /usr/src：src有source的意思，一般源代码建议放置在这里。至于内核源代码则建议放置到/usr/src/Linux/目录下	※※※
/var	variable data的缩写。该目录的内容是经常变动的。该目录下有如下几个较重要的子目录： • /var/cache：应用程序本身运行过程中会产生的一些缓存。 • /var/lib：存放一些库文件，如MySQL以及MySQL数据库的存放地等。 • /var/log：非常重要，用来存放系统日志的目录，里面比较重要的文件有/var/log/messages（用来存放系统日志路径）、/var/log/wtmp（记录登录信息）等。 • /var/run：某些程序或是服务启动后，会将它们的PID放置在该目录下，链接到/run目录。 • /var/spool：通常放置一些队列数据，所谓的队列就是排队等待其他程序使用的数据，这些数据被使用后通常都会被删除。 • /var/www：用于存放定义Apache服务器站点的目录	※※※

思维导图小结

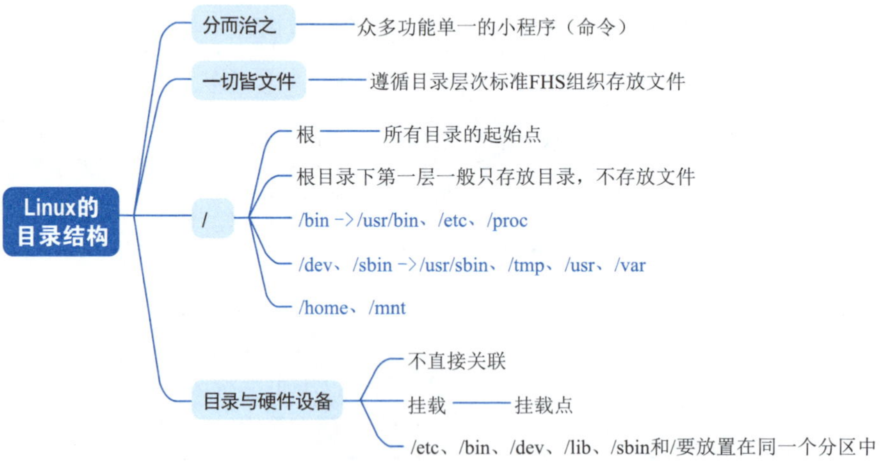

视 频

查看Linux命令帮助

2.2 查看 Linux 命令帮助

Linux 的命令以及选项和参数实在太多，所以用户不必也不可能记住所有命令的用法。可借助以下五种工具获取命令的使用帮助信息。

1. 使用 man 获取命令帮助信息

【功能说明】

不仅可用于查看命令的使用帮助，还可以查看软件服务配置文件、系统调用、库函数等的帮助信息。

【语法格式】

```
man  选项参数  命令 / 文件
```

man 帮助页面中的快捷键功能说明见表 2-2。快捷键如图 2-2 所示。

表2-2　man帮助页面快捷键

快 捷 键	功能说明
【Page Down】　【PgDn】	向下翻一页（同空格键）
【Page Up】　【PgUp】	向上翻一页
【Home】	跳转到第一页
【End】	跳转到最后一页
/xyz	向下依次查找xyz字符串，xyz可以换成你想要搜索的内容
?xyz	向上依次查找xyz字符串，xyz可以换成你想要搜索的内容
n，N	当使用“/”或“？”向下或向上搜索时，使用n会继续当前搜索方向的下一个匹配的查询，使用N则进行相反方向的查询
q	结束本次man帮助

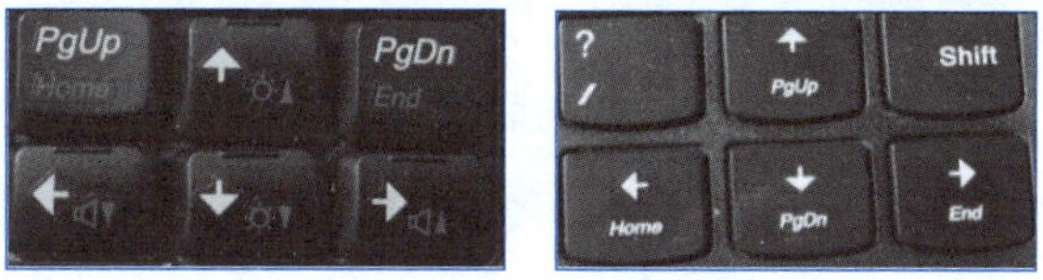

图2-2　快捷键

2. 使用 --help 参数获取命令帮助信息

【功能说明】

获取命令常用的帮助信息。工作中建议 man 和 --help 结合使用。

【语法格式】

```
命令  --help
```

注意：help 前是 2 个减号“-”。

3. 使用 help 命令获取 bash 内置命令帮助

【功能说明】

获取 Linux 操作系统中 bash 程序的内置命令（如 cd、history、read 等）在 bash 的帮助信息。这些命令使用 --help 查不到帮助信息，使用 help 命令会进入 bash 的帮助页面。

【语法格式】

```
help  内置命令
```

4. 使用 info 获取帮助信息

【功能说明】

Linux 操作系统中查看程序对应文档信息的命令，可以作为 man 及 help 命令的帮助补充。

（在企业一般运维工作中很少用）。

【语法格式】

```
info  命令
```

5. 从互联网搜索获取命令帮助信息

可使用互联网上的搜索引擎或人工智能工具（如文心一言、通义千问、DeepSeek 等）查找命令的帮助信息，如图 2-3 所示。

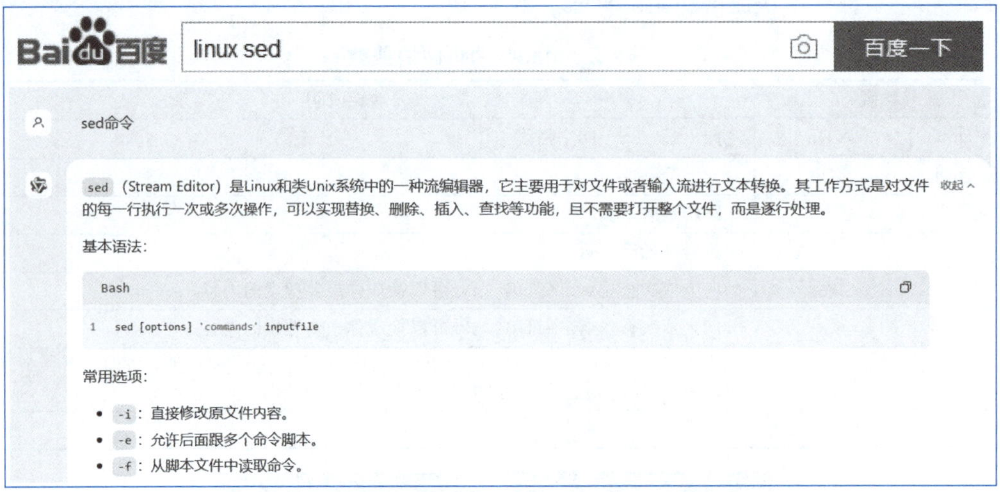

图2-3 搜索命令帮助信息

当你逐渐熟悉 Linux 后，应养成使用 man 或 help 查看帮助的习惯，这对能力提升极为关键。

思维导图小结

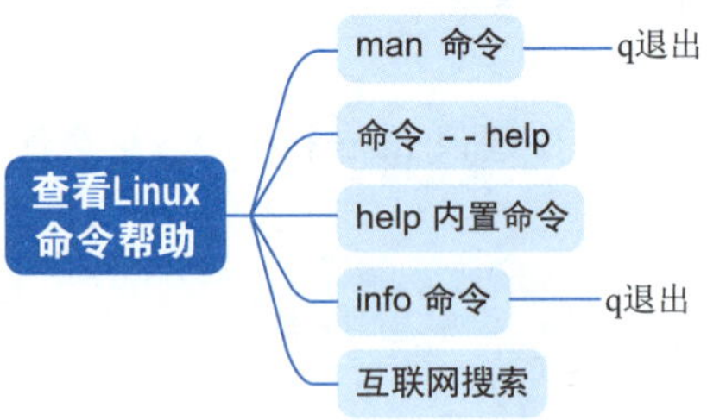

2.3 history 查看命令历史记录

视 频

history查看命令历史记录

在 Linux 操作系统日常运维操作中，若要查看当前用户曾经执行的命令，可使用上下方向键进行查看；若要查看所有或部分命令历史记录，则使用 history 命令（系统默认保存 1 000 条历史命令）。

以普通用户环境练习以下内容。

范例 1：清除当前用户历史命令记录。

```
[student@localhost ~ ]$ history -c                 # 清除缓存中的命令
[student@localhost ~ ]$ > .bash_history # 清除 .bash_history 文件中存放的命令
```

范例 2：查看命令历史记录。

```
[student@localhost ~]$ cp -r /etc/rc.d ./
[student@localhost ~]$ ls
Desktop  Documents  Downloads  Music  Pictures  Public  rc.d  Templates  Videos
[student@localhost ~]$ cp /etc/inittab inittab.bak
[student@localhost ~]$ ls
Desktop   Downloads   Music   Public   Templates
Documents  inittab.bak  Pictures  rc.d  Videos
[student@localhost ~]$ history            # 显示当前用户使用的所有历史命令记录
    1  > .bash_history
    2  cp -r /etc/rc.d ./
    3  ls
    4  cp /etc/inittab inittab.bak
    5  ls
    6  history
[student@localhost ~]$
```

范例 3：使用上下方向键查看历史命令。

按 3 次向上方向键，显示：

```
[student@localhost ~]$ cp /etc/inittab inittab.bak
```

按 1 次向下方向键，显示：

```
[student@localhost ~]$ ls
```

范例 4：重复执行上条命令。

```
[student@localhost ~]$ ls /etc/sysconfig/network-scripts/
ifcfg-ens33     ifdown-ppp        ifup-ib       ifup-Team
ifcfg-lo        ifdown-routes     ifup-ippp     ifup-TeamPort
ifdown          ifdown-sit        ifup-ipv6     ifup-tunnel
ifdown-bnep     ifdown-Team       ifup-isdn     ifup-wireless
ifdown-eth      ifdown-TeamPort   ifup-plip     init.ipv6-global
ifdown-ib       ifdown-tunnel     ifup-plusb    network-functions
ifdown-ippp     ifup              ifup-post     network-functions-ipv6
ifdown-ipv6     ifup-aliases      ifup-ppp
ifdown-isdn     ifup-bnep         ifup-routes
ifdown-post     ifup-eth          ifup-sit
[student@localhost ~]$ !!          # 重复执行上条命令，也可以使用键盘上的【↑】键
ls /etc/sysconfig/network-scripts/
ifcfg-ens33     ifdown-ppp        ifup-ib       ifup-Team
ifcfg-lo        ifdown-routes     ifup-ippp     ifup-TeamPort
ifdown          ifdown-sit        ifup-ipv6     ifup-tunnel
ifdown-bnep     ifdown-Team       ifup-isdn     ifup-wireless
ifdown-eth      ifdown-TeamPort   ifup-plip     init.ipv6-global
ifdown-ib       ifdown-tunnel     ifup-plusb    network-functions
ifdown-ippp     ifup              ifup-post     network-functions-ipv6
ifdown-ipv6     ifup-aliases      ifup-ppp
ifdown-isdn     ifup-bnep         ifup-routes
ifdown-post     ifup-eth          ifup-sit
```

范例 5：查看命令的最近 4 条历史记录。

```
[student@localhost ~]$ history 4
    5  ls
    6  history
```

```
    7  ls /etc/sysconfig/network-scripts/
    8  history 4
```

范例 6： 重复执行第 7 条历史命令。

```
[student@localhost ~]$ !7
ls /etc/sysconfig/network-scripts/
ifcfg-ens33      ifdown-ppp        ifup-ib        ifup-Team
ifcfg-lo         ifdown-routes     ifup-ippp      ifup-TeamPort
ifdown           ifdown-sit        ifup-ipv6      ifup-tunnel
ifdown-bnep      ifdown-Team       ifup-isdn      ifup-wireless
ifdown-eth       ifdown-TeamPort   ifup-plip      init.ipv6-global
ifdown-ib        ifdown-tunnel     ifup-plusb     network-functions
ifdown-ippp      ifup              ifup-post      network-functions-ipv6
ifdown-ipv6      ifup-aliases      ifup-ppp
ifdown-isdn      ifup-bnep         ifup-routes
ifdown-post      ifup-eth          ifup-sit
```

思维导图小结

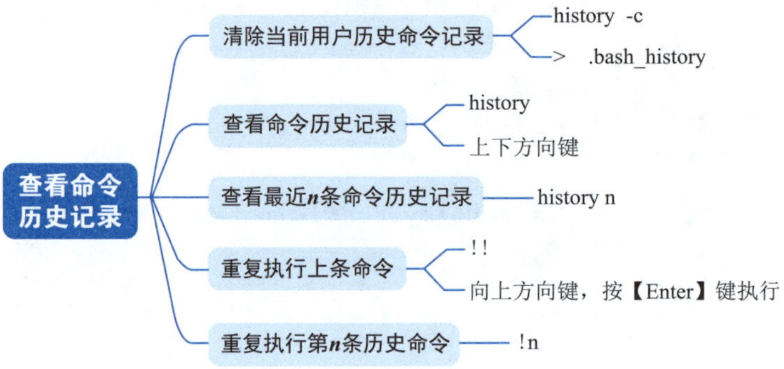

视 频

clear清屏

2.4 clear 清屏

在终端操作过程中，可使用clear命令或快捷键【Ctrl+L】，清除当前终端屏幕的内容。以普通用户环境练习以下内容。

范例： 在 2.3 节的基础上，清屏。

```
[student@localhost ~]$ ls /etc/sysconfig/network-scripts/
ifcfg-ens33      ifdown-ppp        ifup-ib        ifup-Team
ifcfg-lo         ifdown-routes     ifup-ippp      ifup-TeamPort
ifdown           ifdown-sit        ifup-ipv6      ifup-tunnel
ifdown-bnep      ifdown-Team       ifup-isdn      ifup-wireless
ifdown-eth       ifdown-TeamPort   ifup-plip      init.ipv6-global
ifdown-ib        ifdown-tunnel     ifup-plusb     network-functions
ifdown-ippp      ifup              ifup-post      network-functions-ipv6
ifdown-ipv6      ifup-aliases      ifup-ppp
ifdown-isdn      ifup-bnep         ifup-routes
ifdown-post      ifup-eth          ifup-sit
[student@localhost ~]$ !!
ls /etc/sysconfig/network-scripts/
ifcfg-ens33      ifdown-ppp        ifup-ib        ifup-Team
```

```
ifcfg-lo          ifdown-routes        ifup-ippp       ifup-TeamPort
ifdown            ifdown-sit           ifup-ipv6       ifup-tunnel
ifdown-bnep       ifdown-Team          ifup-isdn       ifup-wireless
ifdown-eth        ifdown-TeamPort      ifup-plip       init.ipv6-global
ifdown-ib         ifdown-tunnel        ifup-plusb      network-functions
ifdown-ippp       ifup                 ifup-post       network-functions-ipv6
ifdown-ipv6       ifup-aliases         ifup-ppp
ifdown-isdn       ifup-bnep            ifup-routes
ifdown-post       ifup-eth             ifup-sit
[student@localhost ~]$ history 4
    5  ls
    6  history
    7  ls /etc/sysconfig/network-scripts/
    8  history 4
[student@localhost ~]$ !7
ls /etc/sysconfig/network-scripts/
ifcfg-ens33       ifdown-ppp           ifup-ib         ifup-Team
ifcfg-lo          ifdown-routes        ifup-ippp       ifup-TeamPort
ifdown            ifdown-sit           ifup-ipv6       ifup-tunnel
ifdown-bnep       ifdown-Team          ifup-isdn       ifup-wireless
ifdown-eth        ifdown-TeamPort      ifup-plip       init.ipv6-global
ifdown-ib         ifdown-tunnel        ifup-plusb      network-functions
ifdown-ippp       ifup                 ifup-post       network-functions-ipv6
ifdown-ipv6       ifup-aliases         ifup-ppp
ifdown-isdn       ifup-bnep            ifup-routes
ifdown-post       ifup-eth             ifup-sit
[student@localhost ~]$ clear             # 或按【Ctrl+L】组合键清除当前屏幕的内容
```

思维导图小结

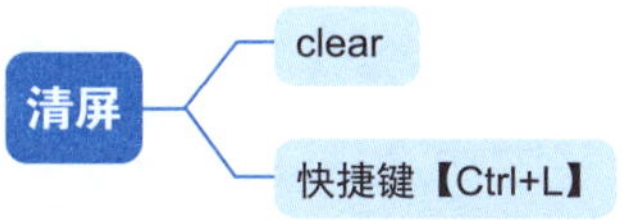

2.5 Tab 自动补全用户命令

初学者在上机操作练习 2.3 节的范例时，可能会记不住 Linux 操作系统的命令、文件名或目录名的拼写，从而对 Linux 操作系统的学习打退堂鼓。其实，在 Shell 中输入命令、文件名或目录名时，我们只需要记住其开头的几个字符，通过使用【Tab】键，让系统自动补全名称或列出相关可用项。这个操作技巧不仅降低了 Linux 操作系统操作的学习难度，而且能明显提高我们的操作效率。

视频 Tab自动补全用户命令

以普通用户环境练习以下内容。

范例 1： 自动补全命令。

Linux 操作系统中以“his”开头的命令只有 history 命令，当输入“his”后按【Tab】键将自动补全该命令拼写。

```
[student@localhost ~]$ history
    1  > .bash_history
    2  cp -r /etc/rc.d ./
```

```
    3  ls
    4  cp /etc/inittab inittab.bak
    5  ls
    6  history
    7  ls /etc/sysconfig/network-scripts/
    8  history 4
    9  ls /etc/sysconfig/network-scripts/
   10  history
```

范例 2： 列出可选命令。

Linux 操作系统中以“system”开头的命令很多，当输入“system”后连续按两次【Tab】键，系统会列出所有开头是“system”的命令，供操作者选择使用。

```
[student@localhost ~]$ system
system-config-abrt               systemd-firstboot
system-config-date               systemd-hwdb
system-config-printer            systemd-inhibit
system-config-printer-applet     systemd-loginctl
systemctl                        systemd-machine-id-setup
systemd-analyze                  systemd-notify
systemd-ask-password             systemd-nspawn
systemd-cat                      systemd-path
systemd-cgls                     systemd-run
systemd-cgtop                    systemd-stdio-bridge
systemd-coredumpctl              systemd-sysv-convert
systemd-delta                    systemd-tmpfiles
systemd-detect-virt              systemd-tty-ask-password-agent
systemd-escape                   systemsettings
```

范例 3： 自动补全文件名。

当前位于用户家目录中，以“.bash_h”开头的文件只有“.bash_history”文件一个。当输入“> .bash_h”后按【Tab】键将自动补全该文件名。

```
[student@localhost ~]$ > .bash_history
```

范例 4： 列出可选文件名。

当前位于用户家目录中，文件名以“.bash”开头的文件有多个。当输入“> .bash”后连续按两次【Tab】键，系统会列出当前目录中所有以“.bash”开头的文件供操作者选择使用。

```
[student@localhost ~]$ > .bash
.bash_history  .bash_logout   .bash_profile  .bashrc
```

范例 5： 自动补全目录。

默认情况下，在“/”根目录下以“e”开头的目录只有“/etc”目录。当输入“/e”后按【Tab】键将自动补全目录名“/etc/”。在“/etc”目录下以“sysco”开头的目录只有“sysconfig”目录。当输入“sysco”后按【Tab】键自动补全目录名“sysconfig/”。

```
[student@localhost ~]$ ls /etc/sysconfig/
```

范例 6： 列出可选目录。

在“/etc/sysconfig”目录下，以“net”开头的文件或目录有多个。当输入“/etc/sysconfig/net”后连续按两次【Tab】键，系统自动列出“/etc/sysconfig/”目录下以“net”开头的文件和目录供操作者选择使用。

```
[student@localhost ~]$ ls /etc/sysconfig/net
netconsole        network          network-scripts/
```

注意：当连续按两次【Tab】键无任何信息输出时，说明当前要执行的命令或所指定的文件、路径是不存在的。

思维导图小结

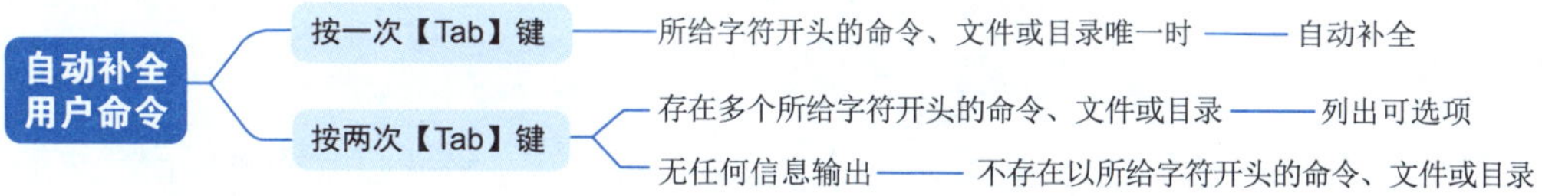

2.6　cd 切换目录

视频

cd切换目录

【功能说明】

cd（change directory）命令，用于从当前工作目录切换到指定的工作目录。

【语法格式】

```
cd  [选项]  [目录]
```

在描述目录路径时，注意相对路径和绝对路径的区别，见表2-3。

表2-3　相对路径和绝对路径

路　径	说　明	范　例
相对路径	不是从根目录“/”开始的路径，而是从当前目录开始的	data/ mnt/udisk
绝对路径	从根目录“/”开始的路径	/data/ /mnt/udisk

以普通用户环境练习以下内容。

范例1：进入指定目录。（cd 目录路径）

```
[student@localhost ~]$ pwd
/home/student
[student@localhost ~]$ cd /usr/local                          # 绝对路径 /usr/local
[student@localhost local]$ pwd
/usr/local
[student@localhost local]$ ls
bin  etc  games  include  lib  lib64  libexec  sbin  share  src
[student@localhost local]$ cd etc/                                  # 相对路径 etc/
[student@localhost etc]$ pwd
/usr/local/etc
```

范例2：切换到当前目录的上一级目录。（cd ..）

```
[student@localhost etc]$ pwd
/usr/local/etc
[student@localhost etc]$ cd  ..       # “..”表示上一级目录名，也可以写成“../”
[student@localhost local]$ pwd
/usr/local
```

范例3：进入当前目录的父目录的父目录中。（cd ../../）

```
[student@localhost local]$ pwd
/usr/local
[student@localhost local]# cd  ../../  # 切换到当前目录的上两级目录，即“/”目录
[student@localhost /]# pwd
/
```

提示：只要目录具有足够多的层次，则可一直这样继续下去“cd ../../../..”，直到退到“/”为止。

范例 4： 进入当前用户的家目录。（cd，同 cd ～）

```
[student@localhost /]$ pwd
/
[student@localhost /]$ cd                                   # 同执行“cd ～”命令
[student@localhost ～]$ pwd
/home/student
```

范例 5： 返回当前用户上一次所在的目录。（cd -）

```
[student@localhost ～]$ cd /usr/local/
[student@localhost local]$ pwd
/usr/local
[student@localhost local]$ cd
[student@localhost ～]$ pwd
/home/student
[student@localhost ～]$ cd -                          # 切换到用户上一次所在的目录
/usr/local
[student@localhost local]$ pwd
/usr/local
```

思维导图小结

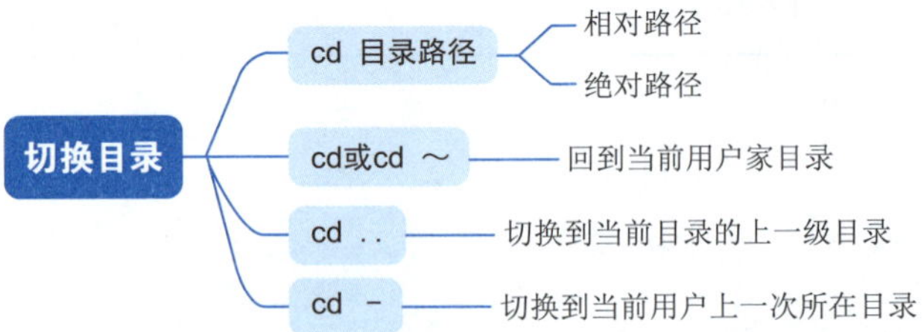

2.7 mkdir 创建目录（扩展符的使用）

视频

mkdir创建目录

【功能说明】

mkdir（make directories）命令用于创建目录。

【语法格式】

```
mkdir  [选项]  [目录名]
```

【命名规则】

Linux 目录命名遵循以下规则：

（1）Linux 操作系统区分英文字符的大小写（包括用户登录名和密码，也区分大小写）。除非有特别的原因，否则用户创建的文件和目录名通常使用小写字母。

（2）可以使用字母、数字、“.”（点）、_（下划线）和 -（减号）。

（3）一般不能以“.”（点）为目录和文件名的首字符，因为在 Linux 下以“.”（点）开头的文件属于隐藏文件。特别是“.”和“..”分别用来表示“当前目录”和“父目录”，因此不能作为用户创建的目录名。

（4）目录名长度最大为 255 个字符，命名时应尽量做到“见名识意”。

以普通用户环境练习以下内容。

范例 1：创建一个目录。

```
[student@localhost ~]$ ls                                    # 查看当前目录下的内容
Desktop  Documents  Downloads  Music  Pictures  Public  Templates  Videos
[student@localhost ~]$ mkdir test-mkdir
                                # 创建目录 test-mkdir，新目录位于当前目录中
[student@localhost ~]$ ls
Desktop    Downloads  Pictures  Templates  Videos
Documents  Music      Public    test-mkdir
[student@localhost ~]$ mkdir test-mkdir                  # 再次创建目录 test-mkdir
mkdir: cannot create directory'test-mkdir': File exists
                                                        # 提示不可创建，目录已存在
[student@localhost ~]$ mkdir /tmp/stu                   # 新目录 stu 以绝对路径描述
[student@localhost ~]$ ls /tmp
stu
```

在实际工作中，建议 cd 到指定目录下创建新目录，或使用绝对路径描述新目录。

范例 2：创建多个目录。

```
[student@localhost ~]$ cd test-mkdir/
[student@localhost test-mkdir]$ mkdir cctv nttv       # 多个目录名之间以空格分隔
[student@localhost test-mkdir]$ ls
cctv  nttv
```

范例 3：批量创建目录。

```
[student@localhost test-mkdir]$ mkdir data{1..10}
                                # 利用大括号“{}”输出的字符序列批量创建目录
[student@localhost test-mkdir]$ ls
cctv   data10  data3  data5  data7  data9
data1  data2   data4  data6  data8  nttv
[student@localhost test-mkdir]$ mkdir test{01..10}
[student@localhost test-mkdir]$ ls
cctv    data2  data5  data8  test01  test04  test07  test10
data1   data3  data6  data9  test02  test05  test08
data10  data4  data7  nttv   test03  test06  test09
```

范例 4：使用 -p 选项递归创建目录。

当创建多级目录 hadoop1/test 时，如果第一级目录 hadoop1 不存在，则系统会报错，导致无法成功创建，如下所示：

```
[student@localhost test-mkdir]$ mkdir hadoop1/test
mkdir: cannot create directory 'hadoop /test' : No such file or directory
```

此时需要使用 -p 选项递归创建多级目录，如下所示：

```
[student@localhost test-mkdir]$ mkdir -p hadoop1/test                # 递归创建目录
```

```
[student@localhost test-mkdir]$ ls
cctv    data2  data5  data8    nttv    test03  test06  test09
data1   data3  data6  data9    test01  test04  test07  test10
data10  data4  data7  hadoop1  test02  test05  test08
[student@localhost test-mkdir]$ ls hadoop1/
test
```

思维导图小结

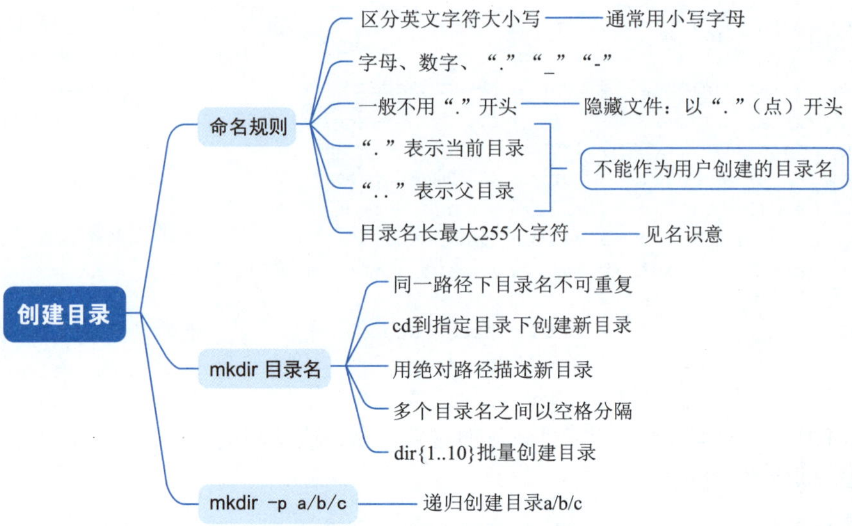

2.8 touch 创建文件

视 频

touch创建文件

【功能说明】

touch 命令可创建新的空文件。

【语法格式】

```
touch  [选项]  [文件]
```

文件的命名规则同目录，见 2.7 节中说明。

以普通用户环境练习以下内容。

范例 1：创建一个空文件。

```
[student@localhost ~]$ mkdir test-touch
[student@localhost ~]$ touch test-touch/hadoop.txt    #新建一个空文件 hadoop.txt
[student@localhost test-touch]$ ls test-touch/
hadoop.txt
[student@localhost ~]$ cd test-touch/
[student@localhost test-touch]$ touch hello
[student@localhost test-touch]$ ls
hadoop.txt  hello
```

注意： 不同于 Windows 操作系统中文件的扩展名用于表示文件的类型格式，**Linux 操作系统中文件没有扩展名。**在创建时给出后缀，仅用于增加文件可读性，便于知道该文件的用途，例如 .sh 一般表示该文件是脚本或批处理文件，.gz 表示该文件是用 gzip 压缩的文件，.tar.gz 表示该文件是用 tar 命令打包压缩的文件等。

范例 2：同时创建多个文件。

```
[student@localhost test-touch]$ touch cctv nttv
                              # 多个文件（如 cctv、nttv）之间以空格分隔
[student@localhost test-touch]$ ls
cctv  hadoop.txt  hello  nttv
```

范例 3：批量创建文件。

```
[student@localhost test-touch]$ touch stu{01..10}
                              # 利用大括号"{}"输出的字符序列批量创建文件
[student@localhost test-touch]$ ls
cctv         hello  stu01  stu03  stu05  stu07  stu09
hadoop.txt   nttv   stu02  stu04  stu06  stu08  stu10
```

思维导图小结

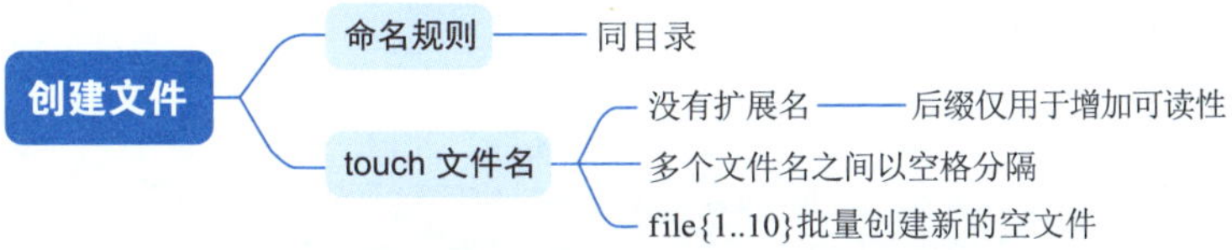

2.9　ls 显示列表（通配符的使用）

【功能说明】

ls（list）命令用于列出目录下的内容及其属性信息。

视频

ls显示列表

【语法格式】

```
ls  [选项]  [文件或目录]
```

以普通用户环境练习以下内容。

【准备工作】

使用 cd、mkdir、touch 命令完成以下准备工作：

（1）在普通用户的家目录（～）下创建目录 test-ls；

（2）切换到 test-ls 目录下；

（3）在 test-ls 目录下，批量创建文件 file1.txt、file2.txt、file3.txt；

（4）在 test-ls 目录下，批量创建目录 dir1、dir2、dir3；

（5）在 dir1 目录下，批量创建目录 data01、data02、data03。

范例 1：显示目录下文件。（ls）

```
[student@localhost test-ls]$ ls                 # 显示当前所在目录下文件
dir1  dir2  dir3  file1.txt  file2.txt  file3.txt
[student@localhost test-ls]$ ls dir1/           # 显示相对路径下某目录中文件
data01  data02  data03
[student@localhost test-ls]$ ls /               # 显示绝对路径下某目录中文件
bin   dev  home  lib64  mnt  proc  run   srv  tmp  var
boot  etc  lib   media  opt  root  sbin  sys  usr
```

ls 命令是 Linux 操作系统中最常用的命令。为便于直观地区分目录下显示的内容，系统中默认设置“ls --color=auto”命令的别名为“ls”，实现对不同类型、属性的文件以不同的颜色显示（如 Xshell7 默认配色方案 XTerm 中，目录以蓝色显示，文件以白色显示）。

使用如下命令可查看 ls 在系统中的默认别名设置。

```
[student@localhost test-ls]$ alias | grep ls            # 管道符“|”详见 3.4 节
alias l.='ls -d .* --color=auto'
alias ll='ls -l --color=auto'
alias ls='ls --color=auto'
```

在 ls 命令的三个默认别名设置中，都设置了选项参数“--color=auto”。在别名设置中，执行“=”前面的别名（如 ls），系统运行“=”后面的命令（如 ls --color=auto）。

关于如何设置命令别名，详见 2.13 节。

范例 2：显示目录下文件，包括隐藏文件。（ls -a、ls -A）

```
[student@localhost test-ls]$ touch .file4.txt                # 创建一个隐藏文件
[student@localhost test-ls]$ ls
dir1  dir2  dir3  file1.txt  file2.txt  file3.txt      # 未看到隐藏文件 .file4.txt
[student@localhost test-ls]$ ls -a                      # 显示隐藏文件，包括 . 和 ..
.  ..  dir1  dir2  dir3  file1.txt  file2.txt file3.txt  .file4.txt
[student@localhost test-ls]$ ls -A                   # 显示隐藏文件，但不包括 . 和 ..
dir1  dir2  dir3  file1.txt  file2.txt  file3.txt  .file4.txt
[student@localhost test-ls]$ ls -a dir1/
.  ..  data01  data02  data03
[student@localhost test-ls]$ ls -a /
.  bin   dev  home  lib64  mnt  proc  run   srv  tmp  var
.. boot  etc  lib   media  opt  root  sbin  sys  usr
```

范例 3：显示目录下文件的详细信息。（ls -l、ll）

```
[student@localhost test-ls]$ ll                          # 当前目录下文件的详细信息
total 0
drwxrwxr-x. 5 student student 48    Jul    2      10:50  dir1
drwxrwxr-x. 2 student student  6    Jul    2      10:50  dir2
drwxrwxr-x. 2 student student  6    Jul    2      10:50  dir3
-rw-rw-r--. 1 student student  0    Jul    2      10:50  file1.txt
-rw-rw-r--. 1 student student  0    Jul    2      10:50  file2.txt
-rw-rw-r--. 1 student student  0    Jul    2      10:50  file3.txt
[student@localhost test-ls]$ ll dir1             # 相对路径下某目录中文件的详细信息
total 0
drwxrwxr-x. 2 student student 6 Jul  2 10:50 data01
drwxrwxr-x. 2 student student 6 Jul  2 10:50 data02
drwxrwxr-x. 2 student student 6 Jul  2 10:50 data03
[student@localhost test-ls]$ ll /                # 绝对路径下某目录中文件的详细信息
total 20
lrwxrwxrwx.   1 root   root      7  Jul    1      16:42  bin -> usr/bin
dr-xr-xr-x.   5 root   root   4096  Jul    1      16:59  boot
drwxr-xr-x.  19 root   root   3260  Jul    1      16:58  dev
drwxr-xr-x. 142 root   root   8192  Jul    2      10:11  etc
drwxr-xr-x.   3 root   root     21  Jul    1      16:56  home
lrwxrwxrwx.   1 root   root      7  Jul    1      16:42  lib -> usr/lib
```

```
lrwxrwxrwx.   1 root   root      9  Jul    1    16:42  lib64 -> usr/lib64
drwxr-xr-x.   2 root   root      6  Apr   11    2018   media
drwxr-xr-x.   2 root   root      6  Apr   11    2018   mnt
drwxr-xr-x.   3 root   root     16  Jul    1    16:49  opt
dr-xr-xr-x. 219 root   root      0  Jul    1    16:58  proc
dr-xr-x---.   5 root   root    184  Jul    1    17:01  root
drwxr-xr-x.  44 root   root   1340  Jul    2    10:11  run
lrwxrwxrwx.   1 root   root      8  Jul    1    16:42  sbin -> usr/sbin
drwxr-xr-x.   2 root   root      6  Apr   11    2018   srv
dr-xr-xr-x.  13 root   root      0  Jul    1    16:58  sys
drwxrwxrwt.  19 root   root   4096  Jul    2    10:58  tmp
drwxr-xr-x.  13 root   root    155  Jul    1    16:42  usr
drwxr-xr-x.  20 root   root    282  Jul    1    16:58  var
[student@localhost test-ls]$ ll /bin            # 绝对路径下某软链接文件的详细信息
lrwxrwxrwx. 1 root root 7 Jul  1 16:42 /bin -> usr/bin
```

文件的详细信息中，各列含义说明见表 2-4。

表2-4 ll命令查看时目录或文件详细信息说明

第 1 列	第 2 列	第 3 列	第 4 列	第 5 列	第 6 列	第 7 列
drwxrwxr-x.	5	student	student	48	Mar 11 09:51	dir1
-rw-rw-r--.	1	student	student	0	Mar 11 09:51	file1.txt
lrwxrwxrwx.	1	root	root	7	Feb 11 2023	/bin -> usr/bin
文件类型及权限	硬链接数	文件所属用户	文件所属组	文件大小	文件修改时间	文件名

（1）第 1 列共包含 11 个字符。

在 Linux 操作系统中，一切皆为文件。第 1 个字符为文件类型（字符含义说明见表 2-5）；中间 9 个字符为文件对应的权限（各字符表示什么权限？如何设置权限？详见“模块 5 权限管理”）；最后 1 个字符“.”是与 SELinux（安全增强型 Linux，一个 Linux 内核模块）有关的一个标识。

表2-5 文件类型字符说明

符号	文件类型	说明
-	普通文件（regular file）	纯文本、二进制文件、数据文件等
d	目录文件（directory）	可以认为目录是Linux中一种特殊的文件
l	符号链接文件（软链接文件）（symbolic link）	类似于Windows快捷方式，它指向的是文件的实体
c	字符设备文件（character）	串口设备，如键盘、鼠标、Hub等串口设备
b	块设备文件（block）	硬盘、光驱
s	套接字文件（socket）	进程之间进行通信时会用到
p	管道文件（named pipe）	用于解决多个程序同时访问一个文件所造成的错误

在 Linux 操作系统中，按照文件内容，普通文件又大致可以分为如下三种：

- 纯文本文件（ASCII）：此类文件的文件内容可以直接读取到数据，如字母、数字、特殊符号等。可用 cat 命令读文件，Linux 操作系统的配置文件几乎都是这种类型。
- 二进制文件（binary）：Linux 中常见命令就属于这种格式，如 ls 命令就是一个二进制文件。
- 数据格式文件（data）：数据格式文件属于一种特殊格式的文件。有些程序在运行过程中会读取某些特定格式的文件，那些特定格式的文件即称为数据文件。例如，Linux 在用户登录时都会将登录的数据记录在 /var/log/wtmp 文件内，该文件就是一个数据文件（单独执行 last 命令，它会读取 /var/log/wtmp 文件中的信息，显示用户最近登录信息，若使用 cat 命令读取该文件内容则显示为乱码）。

（2）第 2 列中什么是硬链接数？各文件的硬链接数为何有大有小？详见 2.14 节。

（3）第 3、4 列中文件的所属用户、所属组如何设置？详见“模块 5 权限管理”。

（4）第 5 列文件大小，默认单位为字节（B）。当文件较大时，如“8192”，这样的大小可读性较差，如何显示为 KB、MB 等形式的文件大小，见下面范例 5。

（5）第 1～6 列均为文件属性。但第 7 列文件名不属于文件属性。在实际存储时，文件名和文件属性存放于不同的位置。

范例 4：只显示目录本身的详细信息。（ls -ld、ll -d）

```
[student@localhost test-ls]$ ll dir1              # 无法查看 dir1 目录本身的信息
total 0
drwxrwxr-x. 2 student student 6 Jul  2 10:50 data01
drwxrwxr-x. 2 student student 6 Jul  2 10:50 data02
drwxrwxr-x. 2 student student 6 Jul  2 10:50 data03
[student@localhost test-ls]$ ll -d dir1        # 需使用选项 -d 查看目录本身的信息
drwxrwxr-x. 5 student student 48 Jul  2 10:50 dir1
[student@localhost test-ls]$ ll -d /etc
drwxr-xr-x. 142 root root 8192 Jul  2 10:11 /etc
```

范例 5：以人类可读方式显示文件大小。（ls -lh、ll -h）

```
[student@localhost test-ls]$ ll -h
total 0
drwxrwxr-x. 5 student student       48    Jul    2      10:50  dir1
drwxrwxr-x. 2 student student       6     Jul    2      10:50  dir2
drwxrwxr-x. 2 student student       6     Jul    2      10:50  dir3
-rw-rw-r--. 1 student student       0     Jul    2      10:50  file1.txt
-rw-rw-r--. 1 student student       0     Jul    2      10:50  file2.txt
-rw-rw-r--. 1 student student       0     Jul    2      10:50  file3.txt
[student@localhost test-ls]$ ll -h dir1/
total 0
drwxrwxr-x. 2 student student 6 Jul  2 10:50 data01
drwxrwxr-x. 2 student student 6 Jul  2 10:50 data02
drwxrwxr-x. 2 student student 6 Jul  2 10:50 data03
[student@localhost test-ls]$ ll -h /
total 20K
lrwxrwxrwx.  1   root   root   7      Jul     1      16:42  bin -> usr/bin
dr-xr-xr-x.  5   root   root   4.0K   Jul     1      16:59  boot
drwxr-xr-x. 19   root   root   3.2K   Jul     1      16:58  dev
drwxr-xr-x.142   root   root   8.0K   Jul     2      10:11  etc
drwxr-xr-x.  3   root   root   21     Jul     1      16:56  home
lrwxrwxrwx.  1   root   root   7      Jul     1      16:42  lib -> usr/lib
lrwxrwxrwx.  1   root   root   9      Jul     1      16:42  lib64 -> usr/lib64
drwxr-xr-x.  2   root   root   6      Apr     11     2018   media
drwxr-xr-x.  2   root   root   6      Apr     11     2018   mnt
drwxr-xr-x.  3   root   root   16     Jul     1      16:49  opt
dr-xr-xr-x.218   root   root   0      Jul     1      16:58  proc
dr-xr-x---.  5   root   root   184    Jul     1      17:01  root
```

```
drwxr-xr-x. 44  root   root   1.4K   Jul    2       10:11 run
lrwxrwxrwx.  1  root   root   8      Jul    1       16:42 sbin -> usr/sbin
drwxr-xr-x.  2  root   root   6      Apr    11      2018  srv
dr-xr-xr-x. 13  root   root   0      Jul    1       16:58 sys
drwxrwxrwt. 19  root   root   4.0K   Jul    2       11:08 tmp
drwxr-xr-x. 13  root   root   155    Jul    1       16:42 usr
drwxr-xr-x. 20  root   root   282    Jul    1       16:58 var
[student@localhost test-ls]$ ll -h file1.txt
-rw-rw-r--. 1 student student 0 Jul  2 10:50 file1.txt
```

范例 6：通配符的使用。（*、？、[]）

（1）星号“*”，可以匹配任意数量的任意字符。

```
[student@localhost test-ls]$ ls *.txt
                                  # “*.txt”表示当前目录下所有以“.txt”结尾的文件
file1.txt  file2.txt  file3.txt
[student@localhost test-ls]$ touch data
[student@localhost test-ls]$ ls -d d*
data  dir1  dir2  dir3
 # 列出当前目录下所有以“d”开头的文件或目录，其中目录只显示其本身，而不显示目录下的内容
```

（2）问号“？”，可以匹配任意单个字符。

```
[student@localhost test-ls]$ ll /dev/tty*           # 以 tty 开头的文件，包括 tty
crw-rw-rw-. 1 root tty     5, 0     Jul    1     16:58  /dev/tty
crw--w----. 1 root tty     4, 0     Jul    1     16:58  /dev/tty0
crw--w----. 1 root tty     4, 1     Jul    1     17:01  /dev/tty1
crw--w----. 1 root tty     4, 10    Jul    1     16:58  /dev/tty10
crw--w----. 1 root tty     4, 11    Jul    1     16:58  /dev/tty11
…
[student@localhost test-ls]$ ll /dev/tty?       # 以 tty 开头并有第 4 个字符的文件
crw--w----. 1 root tty 4, 0 Jul  1 16:58 /dev/tty0
crw--w----. 1 root tty 4, 1 Jul  1 17:01 /dev/tty1
crw--w----. 1 root tty 4, 2 Jul  1 16:58 /dev/tty2
crw--w----. 1 root tty 4, 3 Jul  1 16:58 /dev/tty3
crw--w----. 1 root tty 4, 4 Jul  1 16:58 /dev/tty4
crw--w----. 1 root tty 4, 5 Jul  1 16:58 /dev/tty5
crw--w----. 1 root tty 4, 6 Jul  1 16:58 /dev/tty6
crw--w----. 1 root tty 4, 7 Jul  1 16:58 /dev/tty7
crw--w----. 1 root tty 4, 8 Jul  1 16:58 /dev/tty8
crw--w----. 1 root tty 4, 9 Jul  1 16:58 /dev/tty9
```

（3）中括号“[]”，可以匹配指定范围内的任意单个字符。

```
[student@localhost test-ls]$ ll -d /dev/[a-c]*
                                          # [a-c] 表示 a 到 c 范围内任意一个字符
crw-rw----. 1 root video 10, 175  Jul  1   16:58  /dev/agpgart
crw-------. 1 root root  10, 235  Jul  1   16:58  /dev/autofs
drwxr-xr-x. 2 root root      140  Jul  1   16:58  /dev/block
drwxr-xr-x. 2 root root      80   Jul  1   16:58  /dev/bsg
crw-------. 1 root root  10, 234  Jul  1   16:58  /dev/btrfs-control
drwxr-xr-x. 3 root root      60   Jul  1   16:58  /dev/bus
lrwxrwxrwx. 1 root root      3    Jul  1   16:58  /dev/cdrom -> sr0
drwxr-xr-x. 2 root root      3040 Jul  1   16:58  /dev/char
```

```
crw-------. 1 root root   5, 1    Jul  1   17:01  /dev/console
lrwxrwxrwx. 1 root root       11  Jul  1   16:58  /dev/core -> /proc/kcore
drwxr-xr-x. 3 root root       60  Jul  1   16:58  /dev/cpu
crw-------. 1 root root  10, 61   Jul  1   16:58  /dev/cpu_dma_latency
crw-------. 1 root root  10, 62   Jul  1   16:58  /dev/crash
[student@localhost test-ls]$ ll -d /dev/[cf]*
                                      # [cf] 表示 c 或 f 任意一个字符，也可写成 [c,f]
lrwxrwxrwx. 1 root root       3   Jul  1  16:58 /dev/cdrom -> sr0
drwxr-xr-x. 2 root root    3040   Jul  1  16:58 /dev/char
crw-------. 1 root root   5, 1    Jul  1  17:01 /dev/console
lrwxrwxrwx. 1 root root       11  Jul  1  16:58  /dev/core -> /proc/kcore
drwxr-xr-x. 3 root root       60  Jul  1  16:58 /dev/cpu
crw-------. 1 root root  10, 61   Jul  1  16:58 /dev/cpu_dma_latency
crw-------. 1 root root  10, 62   Jul  1  16:58 /dev/crash
crw-rw----. 1 root video 29, 0    Jul  1  16:58 /dev/fb0
lrwxrwxrwx. 1 root root       13  Jul  1  16:58 /dev/fd -> /proc/self/fd
crw-rw-rw-. 1 root root   1, 7    Jul  1  16:58 /dev/full
crw-rw-rw-. 1 root root  10, 229  Jul  1  16:58 /dev/fuse
[student@localhost test-ls]$ ll -d /dev/???[0-9]
                                             # [0-9] 表示 0 到 9 范围内任意一个数字
crw-------. 1 root root 252,  0 Jul  1 16:58  /dev/rtc0
brw-rw----. 1 root disk   8,  1 Jul  1 16:58  /dev/sda1
brw-rw----. 1 root disk   8,  2 Jul  1 16:58  /dev/sda2
brw-rw----. 1 root disk   8,  3 Jul  1 16:58  /dev/sda3
crw--w----. 1 root tty    4,  0 Jul  1 16:58  /dev/tty0
crw--w----. 1 root tty    4,  1 Jul  1 17:01  /dev/tty1
crw--w----. 1 root tty    4,  2 Jul  1 16:58  /dev/tty2
crw--w----. 1 root tty    4,  3 Jul  1 16:58  /dev/tty3
crw--w----. 1 root tty    4,  4 Jul  1 16:58  /dev/tty4
crw--w----. 1 root tty    4,  5 Jul  1 16:58  /dev/tty5
crw--w----. 1 root tty    4,  6 Jul  1 16:58  /dev/tty6
crw--w----. 1 root tty    4,  7 Jul  1 16:58  /dev/tty7
crw--w----. 1 root tty    4,  8 Jul  1 16:58  /dev/tty8
crw--w----. 1 root tty    4,  9 Jul  1 16:58  /dev/tty9
crw-rw----. 1 root tty    7,  1 Jul  1 16:58  /dev/vcs1
crw-rw----. 1 root tty    7,  2 Jul  1 16:58  /dev/vcs2
crw-rw----. 1 root tty    7,  3 Jul  1 16:58  /dev/vcs3
crw-rw----. 1 root tty    7,  4 Jul  1 16:58  /dev/vcs4
crw-rw----. 1 root tty    7,  5 Jul  1 16:58  /dev/vcs5
crw-rw----. 1 root tty    7,  6 Jul  1 16:58  /dev/vcs6
[student@localhost test-ls]$ ll -d /dev/[!a-v]*
                     # 在 [ ] 中可以用“! ”或“^”表示不在指定字符范围内的其他字符
crw-rw-rw-. 1 root root 1, 5 Jul  1 16:58 /dev/zero
[student@localhost test-ls]$ ll -d /dev/[^a-v]*
crw-rw-rw-. 1 root root 1, 5 Jul  1 16:58 /dev/zero
```

从 2.7 ～ 2.9 节的范例中可以看到，在 Linux 操作系统中执行命令（如 mkdir、touch、ls 等）时，通过使用通配符（*、？、[]）和扩展符（{}）可实现批量操作，从而提高操作效率。

思维导图小结

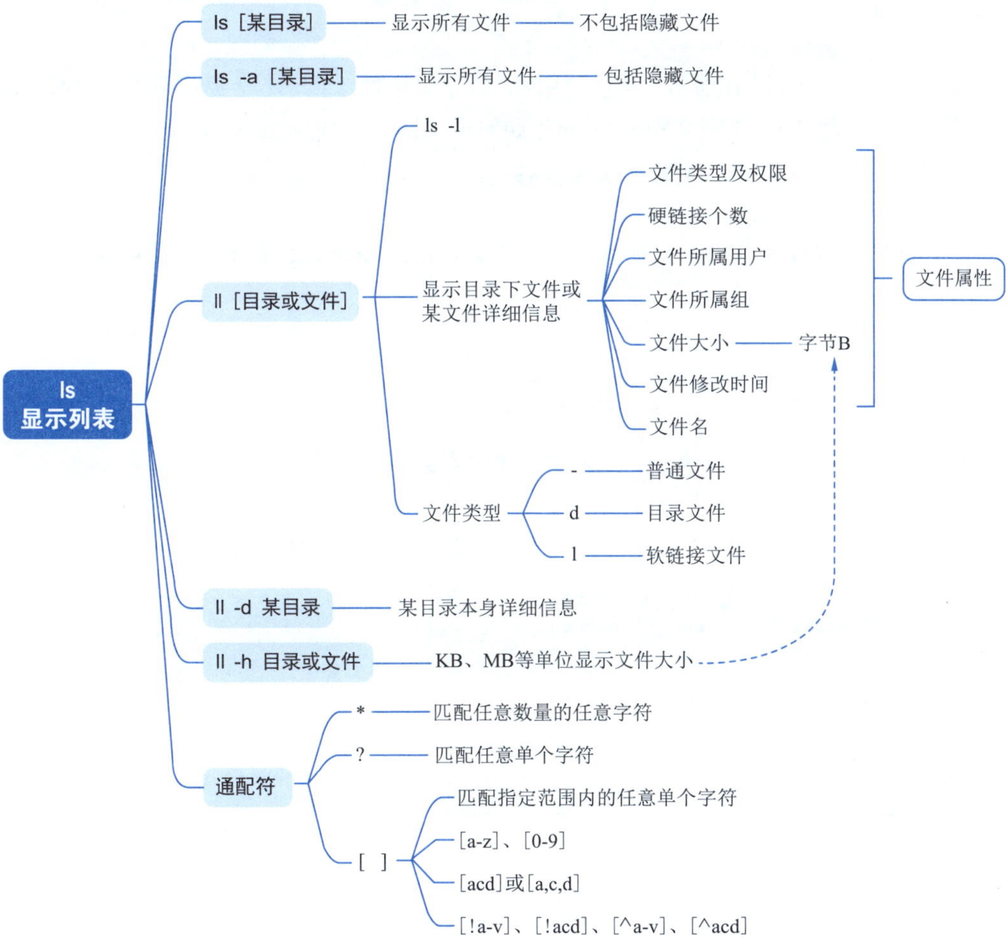

2.10 rm 删除文件或目录

【功能说明】

rm（remove）命令可用于删除一个或多个文件或目录，这是 Linux 操作系统最危险的命令之一，请慎重使用。

视 频

rm删除文件或目录

【语法格式】

```
rm  [选项]  [文件或目录]
```

以普通用户环境练习以下内容。

【准备工作】

（1）在普通用户的家目录下，创建一个目录 test-rm，内含 3 个子目录 dir1、dir2、dir3。

（2）在目录 test-rm 中创建 3 个文件 file1、file2、file3。

范例 1： 删除文件。（rm）

```
[student@localhost ~]$ cd test-rm/
```

```
[student@localhost test-rm]$ ls
dir1  dir2  dir3  file1  file2  file3
[student@localhost test-rm]$ rm file3
[student@localhost test-rm]$ ls
dir1  dir2  dir3  file1  file2
```

普通用户环境中 rm 没有别名，直接使用 rm 命令删除时，系统不会提示是否想删除。因此，为防止误删除，推荐将 rm -i 定义别名为 rm（如何定义别名，详见 2.13 节）。

```
[student@localhost test-rm]$ alias rm
-bash: alias: rm: not found
```

由于 root 的权限最高，为防止在 root 环境下误删除，系统默认将 rm -i 定义别名为 rm，即直接使用 rm 命令时，系统会提示是否想删除。

```
[root@localhost ~]# alias rm
alias rm='rm -i'
[root@localhost ~]# touch file1
[root@localhost ~]# rm file1
rm: remove regular empty file 'file1'? y
```

范例 2：强制删除文件。（rm -f）

在 root 环境下，若删除文件时不希望出现系统提示，可进行强制删除。

```
[root@localhost ~]# touch file1
[root@localhost ~]# rm -f file1
[root@localhost ~]#
```

范例 3：删除目录。（rm -r）

```
[student@localhost test-rm]$ rm dir1
rm: cannot remove 'dir1': Is a directory      #系统提示dir1是目录，不能删除
[student@localhost test-rm]$ rm -r dir1
[student@localhost test-rm]$ ls
dir2  dir3  file1  file2
[student@localhost test-rm]$ rm -r dir*
[student@localhost test-rm]$ ls
file1  file2
```

在 root 用户环境下，rm -r 命令删除目录时，系统会提示是否删除，若不想有提示，可使用 rm -rf 命令（非常危险，不推荐使用）。

```
[root@localhost ~]# mkdir test-rm
[root@localhost ~]# rm -r test-rm/
rm: remove directory 'test-rm/'? y
[root@localhost ~]# mkdir test-rm
[root@localhost ~]# rm -rf test-rm/
[root@localhost ~]#
```

在 Windows 操作系统中被删除对象将置于回收站中，若发现误删除可轻松还原找回（回收站未清空），**Linux 操作系统中删除文件或目录，若发现误删除那将是灾难。**下面分享一些 Linux 操作系统中**避免误删除的实践经验：**

（1）用 mv 替代 rm，实际工作中不要急着删除，而是先将文件或目录移动到“/tmp”目录中。

（2）删除前务必做好备份，最好是异机备份，出现问题随时可还原。

（3）如果非要通过 rm 命令删除，则请先切换到所在目录再删除，能不使用通配符的就尽

量不用通配符。删除时禁止使用“rm -rf”方法，该方法下系统不会有提示，非常危险。推荐使用“rm -i”方法（普通用户环境下为 rm -i 设置别名为 rm）。

思维导图小结

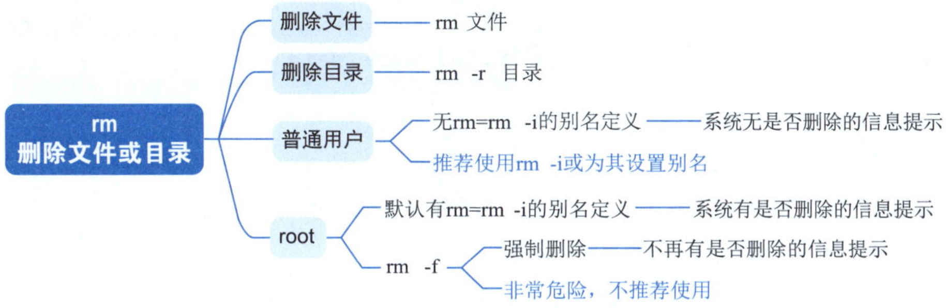

2.11　cp 复制文件或目录

【功能说明】

cp（copy）命令可用于复制文件或目录。

视　频

cp复制文件或目录

【语法格式】

```
cp  [选项]  [源文件或目录]  [目标文件或目录]
```

以普通用户环境练习以下内容。

【准备工作】

（1）在普通用户家目录下，创建一个目录 test-cp 及其三个子目录 dir1、dir2、dir3。

（2）在目录 test-cp 中批量创建三个文件 file1、file2、file3。

范例 1： 复制文件。（cp 和 cp -p 的区别）

```
[student@localhost ~]$ cd test-cp/
[student@localhost test-cp]$ ll
total 0
drwxrwxr-x. 2 student student 6 Jul  2 16:49 dir1
drwxrwxr-x. 2 student student 6 Jul  2 16:49 dir2
drwxrwxr-x. 2 student student 6 Jul  2 16:49 dir3
-rw-rw-r--. 1 student student 0 Jul  2 16:49 file1
-rw-rw-r--. 1 student student 0 Jul  2 16:49 file2
-rw-rw-r--. 1 student student 0 Jul  2 16:49 file3
                                       #复制源文件 file1 为当前目录下新文件 file4、file5
[student@localhost test-cp]$ cp file1 file4                         #未使用任何选项
[student@localhost test-cp]$ cp -p file1 file5                        #使用选项 -p
[student@localhost test-cp]$ ll
total 0
drwxrwxr-x. 2 student student 6 Jul  2 16:49 dir1
drwxrwxr-x. 2 student student 6 Jul  2 16:49 dir2
drwxrwxr-x. 2 student student 6 Jul  2 16:49 dir3
-rw-rw-r--. 1 student student 0 Jul  2 16:49 file1
-rw-rw-r--. 1 student student 0 Jul  2 16:49 file2
```

```
-rw-rw-r--. 1 student student 0 Jul  2 16:49 file3
-rw-rw-r--. 1 student student 0 Jul  2 16:50 file4
-rw-rw-r--. 1 student student 0 Jul  2 16:49 file5    # 文件file5的时间属性不变
                 # 复制文件 file1、file2、file3、file4、file5 到指定目录下
[student@localhost test-cp]$ cp file* dir1/
[student@localhost test-cp]$ ls dir1/
file1  file2  file3  file4  file5
                          # 复制文件 file1 到指定目录下为新文件 data1
[student@localhost test-cp]$ cp file1 dir1/data1
[student@localhost test-cp]$ ls dir1/
data1  file1  file2  file3  file4  file5
```

范例 2：快速复制文件。

当需要复制的文件路径有一部分重复时，可利用 bash 对 {} 的展开操作，采用快捷写法，示例如下（使用“su -”命令从普通用户切换到 root 用户）：

```
[root@localhost ~]# cp /etc/ssh/sshd_config /etc/ssh/sshd_config.ori
```

上述命令是将 sshd_config 文件复制备份为 sshd_config.ori，且存放于原有目录下。其中源文件和目标文件的路径“/etc/ssh/sshd_config”是重复的。使用上述命令写法对重复部分需要输入两次，效率低下。这种情况下，可妙用扩展符 { } 改写为如下命令。

```
[root@localhost ~]# cp /etc/ssh/sshd_config{,.ori}
[root@localhost ~]# ll /etc/ssh
total 608
-rw-r--r--. 1 root root      581843 Aug  9 2019  moduli
-rw-r--r--. 1 root root      2276   Aug  9 2019  ssh_config
-rw-------. 1 root root      3907   Aug  9 2019  sshd_config
-rw-------. 1 root root      3907   Jul  2 16:53 sshd_config.ori
-rw-r-----. 1 root ssh_keys  227    Jul  1 16:58 ssh_host_ecdsa_key
-rw-r--r--. 1 root root      162    Jul  1 16:58 ssh_host_ecdsa_key.pub
-rw-r-----. 1 root ssh_keys  387    Jul  1 16:58 ssh_host_ed25519_key
-rw-r--r--. 1 root root      82     Jul  1 16:58 ssh_host_ed25519_key.pub
-rw-r-----. 1 root ssh_keys  1679   Jul  1 16:58 ssh_host_rsa_key
-rw-r--r--. 1 root root      382    Jul  1 16:58 ssh_host_rsa_key.pub
```

范例 3：复制目录。（cp -r）

```
[student@localhost test-cp]$ cp dir1 dir4        # 想将目录 dir1 复制为目录 dir4
cp: omitting directory 'dir1'                                  # 忽略目录 dir1
                                              # 复制源目录 dir1 为新目录 dir4
[student@localhost test-cp]$ cp -r dir1 dir4             # 复制目录需使用 -r 选项
[student@localhost test-cp]$ ls
dir1  dir2  dir3  dir4  file1  file2  file3  file4  file5
[student@localhost test-cp]$ ls dir4/
data1  file1  file2  file3  file4  file5
                                       # 复制源目录 dir1 到指定目录 dir2 下
[student@localhost test-cp]$ cp -r dir1 dir2/
[student@localhost test-cp]$ ls dir2/
dir1
                              # 复制源目录 dir1 到指定目录下，并重命名为 data
[student@localhost test-cp]$ cp -r dir1 dir3/data
[student@localhost test-cp]$ ls dir3/
data
[student@localhost test-cp]$ ls dir3/data/
data1  file1  file2  file3  file4  file5
```

范例 4：复制软链接文件。（cp -d）

```
[student@localhost test-cp]$ ll /dev/std*
lrwxrwxrwx. 1 root root 15 Jul  1 16:58 /dev/stderr -> /proc/self/fd/2
lrwxrwxrwx. 1 root root 15 Jul  1 16:58 /dev/stdin -> /proc/self/fd/0
lrwxrwxrwx. 1 root root 15 Jul  1 16:58 /dev/stdout -> /proc/self/fd/1
[student@localhost test-cp]$ mkdir std
[student@localhost test-cp]$ cp -d /dev/std* std/
[student@localhost test-cp]$ ll std/
total 0
lrwxrwxrwx. 1 student student 15 Jul  2 16:56 stderr -> /proc/self/fd/2
lrwxrwxrwx. 1 student student 15 Jul  2 16:56 stdin -> /proc/self/fd/0
lrwxrwxrwx. 1 student student 15 Jul  2 16:56 stdout -> /proc/self/fd/1
```

上述范例 1、3、4 中分别使用的“cp -p”、“cp -r”和“cp -d”，若记不住的话，就记住它们功能的集大成者“cp -a”。请将三个范例改用“cp -a”自行练习一遍。

范例 5：普通用户、root 复制时的区别。（cp -i）

使用“su -”命令从普通用户切换到 root 用户。

```
[root@localhost ~]# alias cp
alias cp='cp -i'            #命令 cp -i 定义为别名 cp，防止误操作覆盖已有的同名文件
[root@localhost ~]# mkdir -p test-cp/dir{1..3}
[root@localhost ~]# touch test-cp/file{1..3}
[root@localhost ~]# cd test-cp/
[root@localhost test-cp]# cp file1 file2
cp: overwrite 'file2'? y          #系统提示是否覆盖已有的文件 file2，输入 y 表示覆盖
[root@localhost test-cp]# cp file* dir1/
[root@localhost test-cp]# cp -r dir1 dir2
[root@localhost test-cp]# ls dir2
dir1                                                  #目录 dir1 中非空，有文件
[root@localhost test-cp]# cp -r dir1 dir2
cp: overwrite 'dir2/dir1/file1'? y
cp: overwrite 'dir2/dir1/file2'? y
cp: overwrite 'dir2/dir1/file3'? y
                                  #系统提示是否覆盖已有的文件，输入 y 表示覆盖
[root@localhost test-cp]# cp -r dir3 dir2
[root@localhost test-cp]# ls dir2
dir1  dir3
[root@localhost test-cp]# cp -r dir3 dir2
[root@localhost test-cp]#
              #由于 dir3 为空目录，系统不再给出提示，直接覆盖 dir2 中已有的空目录 dir3
```

在 root 环境下，复制文件或目录（目录非空，含有文件）时，如目标所在目录下有同名文件时，系统会提示是否覆盖原有文件。而在普通用户环境下，系统不会给出提示，直接覆盖原有同名文件。

```
[student@localhost ~]$ alias cp
-bash: alias: cp: not found                 #普通用户环境中默认没有关于 cp 的别名
```

因此，在普通用户环境中，推荐使用“cp -i”命令，防止误操作覆盖已有的同名文件，或为“cp -i”自定义别名为 cp（如何设置命令别名，详见 2.13 节）。

思维导图小结

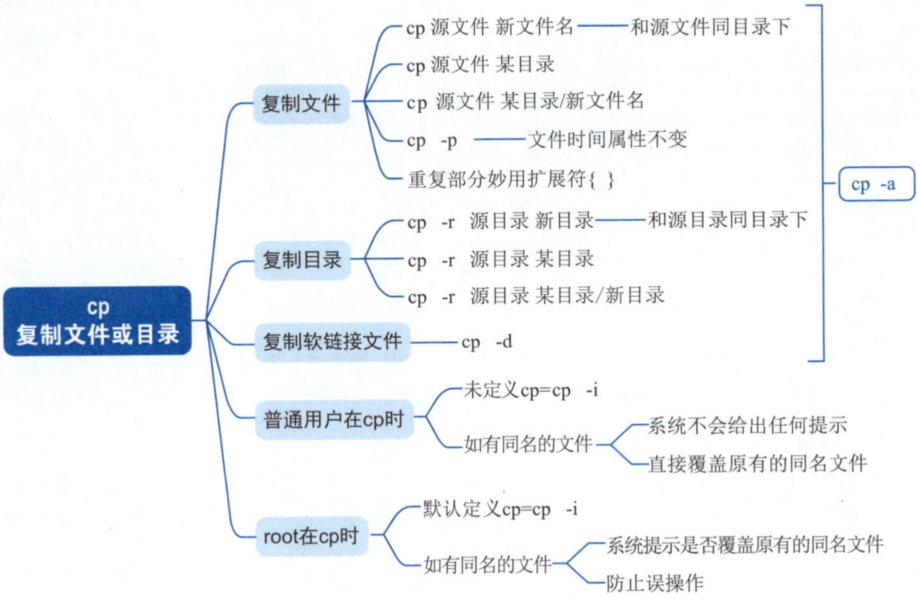

2.12 mv 重命名或移动文件目录

视 频

mv重命名或移动文件目录

【功能说明】

mv（move）命令可用于重命名或移动（剪切）文件和目录。

【语法格式】

```
mv  [选项]  [源文件或目录]  [目标文件或目录]
```

以普通用户环境练习以下内容。

【准备工作】

（1）在普通用户的家目录下，创建一个目录 test-mv，内含四个子目录 dir1、dir2、dir3、dir4。

（2）在目录 test-mv 中创建六个文件 file1、file2、file3、file4、file5、file6。

范例 1：重命名文件。

```
[student@localhost ~]$ cd test-mv/
[student@localhost test-mv]$ ls
dir1  dir2  dir3  dir4  file1  file2  file3  file4  file5  file6
[student@localhost test-mv]$ mv file6 file7
                              # 文件 file7 不存在，将文件 file6 重命名为 file7
[student@localhost test-mv]$ ls
dir1  dir2  dir3  dir4  file1  file2  file3  file4  file5  file7
```

注意：普通用户的系统环境中 mv 没有别名。

```
[student@localhost test-mv]$ alias mv
-bash: alias: mv: not found
```

因此，使用 mv 命令重命名文件时，易出现覆盖同目录下已有同名文件的误操作情况（在普通用户环境中，mv -i 没有定义为别名 mv）。

```
[student@localhost test-mv]$ mv file5 file7
[student@localhost test-mv]$ ls
dir1  dir2  dir3  dir4  file1  file2  file3  file4  file7
```

在 root 环境下，为防止出现上述误操作，系统默认将 mv -i 定义为别名 mv（同样的情况下，由于 file7 文件已存在，会提示是否覆盖）。

```
[root@localhost test-mv]# alias mv
alias mv='mv -i'
[root@localhost test-mv]# ls
file1  file2
[root@localhost test-mv]# mv file1 file2
mv: overwrite 'file2'? y                          # 系统提示是否覆盖已有的同名文件
[root@localhost test-mv]# ls
file2
```

范例 2：移动单个文件。

```
[student@localhost test-mv]$ mv file7 dir1/
[student@localhost test-mv]$ ls
dir1  dir2  dir3  dir4  file1  file2  file3  file4
[student@localhost test-mv]$ ls dir1/
file7
```

范例 3：移动多个文件到同一目录。

格式 1：mv 源文件 1 源文件 2 … 源文件 n 目标目录 /

```
[student@localhost test-mv]$ mv file1 file2 file3 dir2/
[student@localhost test-mv]$ ls dir2/
file1  file2  file3
[student@localhost test-mv]$ mv dir2/file* ./
# 将文件 file1、file2、file3 重新移回目录 test-mv 下，./ 表示当前所在目录，也可只写 .
[student@localhost test-mv]$ ls
dir1  dir2  dir3  dir4  file1  file2  file3  file4
```

格式 2：mv -t 目标目录 / 源文件 1 源文件 2 … 源文件 n

```
[student@localhost test-mv]$ mv -t dir3/ file1 file2 file3
[student@localhost test-mv]$ ls dir3/
file1  file2  file3
[student@localhost test-mv]$ ls
dir1  dir2  dir3  dir4  file4
```

范例 4：重命名目录。

```
[student@localhost test-mv]$ mv dir1 dir5
                          # 目录 dir5 不存在，将目录 dir1 重命名为目录 dir5
[student@localhost test-mv]$ ls
dir2  dir3  dir4  dir5  file4
[student@localhost test-mv]$ ls dir5/
file7
```

范例 5：移动目录。

```
[student@localhost test-mv]$ mv dir2 dir5
```

```
                                    # 目录 dir5 存在，将目录 dir2 移动到目录 dir5 中
[student@localhost test-mv]$ ls dir5/
dir2   file7
[student@localhost test-mv]$ ls
dir3   dir4   dir5   file4
```

思维导图小结

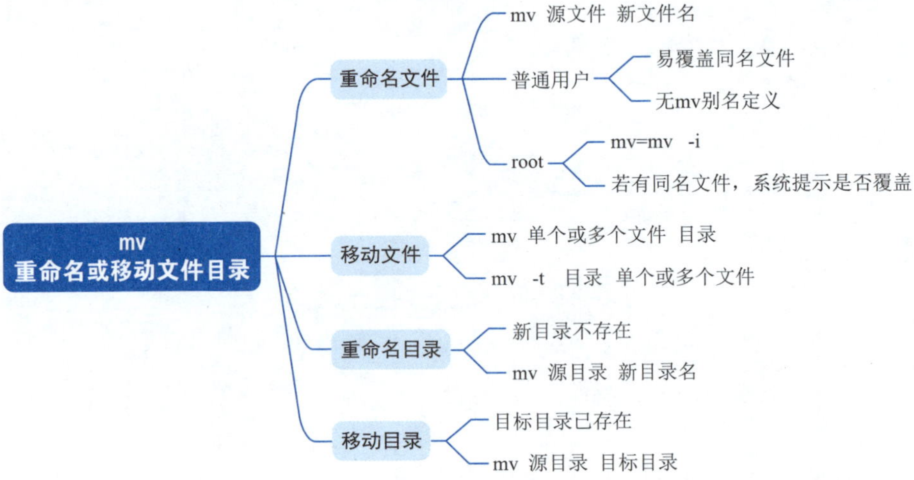

2.13 alias 设置命令别名

视 频

alias设置命令别名

Linux 操作系统中设置命令别名的作用：

- 对危险命令加一些保护参数等，以防止人为误操作。
- 将很多复杂的命令变成一个简单的命令。

【功能说明】

alias 命令可查看当前用户环境下已有的命令别名设置，或临时定义命令别名（Linux 操作系统重启后将失效）。

unalias 命令则用于临时取消某个别名的功效。

以普通用户环境练习以下内容。

范例 1：查看当前用户环境下已有的命令别名。

普通用户环境下：

```
[student@localhost ~]$ alias
alias egrep='egrep --color=auto'
alias fgrep='fgrep --color=auto'
alias grep='grep --color=auto'
alias l.='ls -d .* --color=auto'
alias ll='ls -l --color=auto'
alias ls='ls --color=auto'
alias vi='vim'
alias which='alias | /usr/bin/which --tty-only --read-alias --show-dot --show-tilde'
```

root 用户环境下：

```
[root@localhost ~ ]# alias
alias cp='cp -i'
alias egrep='egrep --color=auto'
alias fgrep='fgrep --color=auto'
alias grep='grep --color=auto'
alias l.='ls -d .* --color=auto'
alias ll='ls -l --color=auto'
alias ls='ls --color=auto'
alias mv='mv -i'
alias rm='rm -i'
alias which='alias | /usr/bin/which --tty-only --read-alias --show-dot --show-tilde'
```

范例 2： 为当前用户临时定义命令别名。

```
[student@localhost ~ ]$ alias 'cp=cp -i'                # 等号 = 前后不要有空格
[student@localhost ~ ]$ alias
alias cp='cp -i'
alias egrep='egrep --color=auto'
alias fgrep='fgrep --color=auto'
alias grep='grep --color=auto'
alias l.='ls -d .* --color=auto'
alias ll='ls -l --color=auto'
alias ls='ls --color=auto'
alias vi='vim'
alias which='alias | /usr/bin/which --tty-only --read-alias --show-dot --show-tilde'
```

范例 3： 查看当前用户环境下某别名定义。

```
[student@localhost ~ ]$ alias cp
alias cp='cp -i'
```

范例 4： 临时取消当前用户环境下某别名。

```
[student@localhost ~ ]$ unalias cp
[student@localhost ~ ]$ alias cp
-bash: alias: cp: not found
```

若希望定义的命令别名永久有效，则必须将定义放到表 2-6 所示的配置文件中。同样的，若希望系统默认定义的命令别名永久失效，则必须取消配置文件中的别名定义（如何修改文件内容，详见模块 3）。

表2-6　保存命令别名定义的配置文件

配置文件	说　明
/etc/profile	root用户才有权限修改该文件。 全局生效，即所有登录的用户都生效。 修改后需要使用source /etc/profile命令使修改的内容生效
~/.bashrc	该文件位于用户家目录下，是一个隐藏文件。 仅对当前用户生效，例如当前用户为普通用户student，就是对普通用户student生效。 修改后需要使用source ~/.bashrc命令使修改的内容生效

思维导图小结

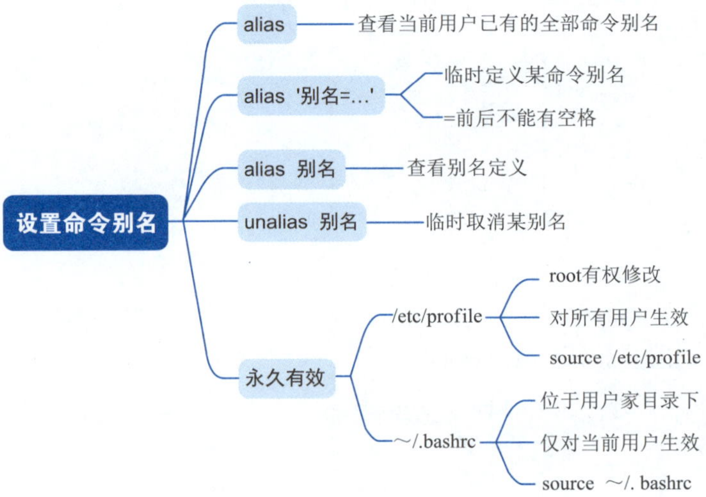

2.14 ln 硬链接与软链接

视 频

ln硬链接与软链接

在本次练习之前，先介绍 Linux 系统中一个重要的基础知识——索引节点（Inode）。

```
[student@localhost ~]$ ll -id file1 dir1/
25978269 drwxrwxr-x. 2 student student 6 Jul  2 17:06 dir1/
17027074 -rw-rw-r--. 1 student student 0 Jul  2 17:06 file1
```

ls 命令的 -i 选项参数，用于显示文件的 Inode 编号，如 dir1 目录的 Inode 编号为 25978269，file1 文件的 Inode 编号为 17027074。那什么是 Inode？要理解 Inode，得从文件存储说起。

传统的机械硬盘上最小存储单位称为“**扇区**”（sector）。每个扇区储存 512 字节（相当于 0.5 KB）。操作系统读取硬盘时，不会一个一个扇区读取，这样效率太低，而是一次性连续读取多个扇区，即一次性读取一个“**块**”（block）。这种由多个扇区组成的“块”，是**文件存取的最小单位**。

在 Linux 操作系统中，一切皆为文件，目录可视为一种特殊的文件。文件在存储时分为 Block 和 Inode 两部分内容：

1. Block

Block 磁盘块用来存放文件实际数据的实体单元（ext 文件系统中一个 Block 一般最大为 4 KB），即用来存放真正的数据，如照片、视频等普通文件数据。单个大文件需要占用多个 Block 块来存储，特别小的单个文件如果不能占满整个 Block 块，其剩余的空间也无法再利用。

2. Inode

一个 Inode 默认大小为 128 或 256 字节。Inode 本质上是一小块具备唯一数字编号的存储空间，主要用来存放文件（目录）属性的数据信息。Indoe 存储的属性信息包括文件类型、文件权限、属主（用户）、归属的用户组、文件大小、修改时间等，还包含指向文件的实体指针等（Block 的位置，即 Inode 节点与 Block 的对应关系）。注意：Inode 中唯独不包含文件名本身（文件名不算文件的属性）。

每个 Inode 都有**唯一的编号**，即**索引节点编号**（可理解为在 Linux 操作系统中每个文件的“身份证编号”）。在 Linux 操作系统内部不是通过文件名（人有同名，文件亦有同名）来识别文件的，而是使用 Inode 编号（同名但身份证编号不同，文件同名但 Inode 编号不同）来识别文件。

对于系统来说，文件名只是 Inode 编号便于识别的别称或者绰号。表面上，用户读取文件内容是通过文件名打开文件。实际上系统内部实现这个过程分成三步，如图 2-4 所示。

（1）系统找到该文件名对应的 Inode 编号；

（2）通过 Inode 编号，获取 Inode 信息；

（3）根据 Inode 信息，找到文件数据所在的 Block，读出文件数据。

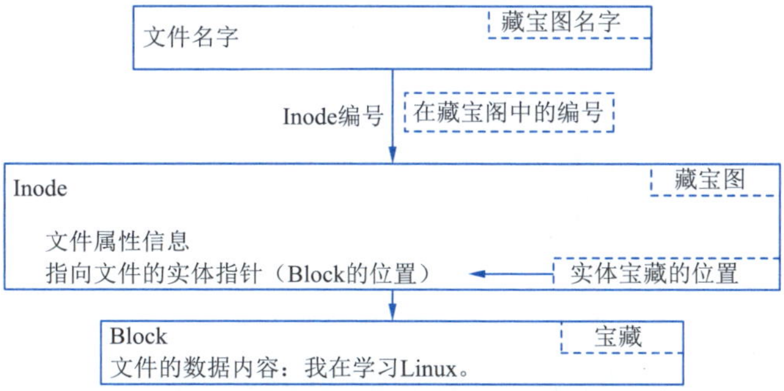

图2-4　读取文件的过程（找到宝藏的过程）

文件名不算文件的属性，即不存储在该文件的 Inode 部分，那么文件名存储在哪里呢？如图 2-5 所示，文件名存储在其所在目录的 Block 部分。那么目录名存储在哪里呢？很显然，目录名存储在其上一级目录的 Block 部分。

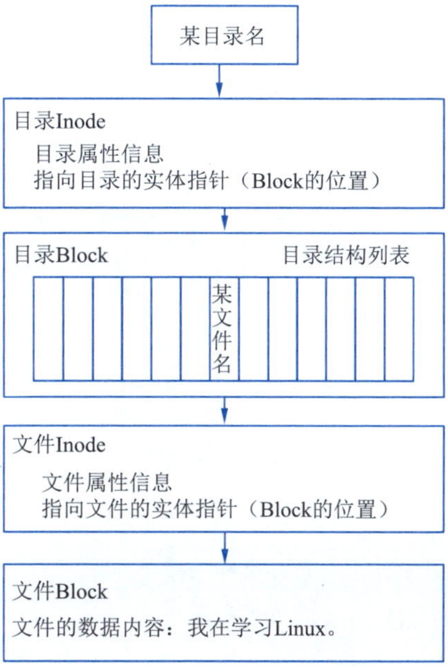

图2-5　文件和目录的存储关系

【功能说明】

ln（link）命令用于创建文件间的链接（make links between files）。链接分为两种类型：

（1）硬链接（hard link）。

对文件可以创建硬链接，但对于目录不可以创建硬链接（由于目录是可以跨文件系统的，因此 Linux 操作系统限制使用 ln 命令给目录创建硬链接，以防止出现各种问题）。

一个文件由 Inode 和 Block 两部分组成。硬链接文件不是一个独立的新文件。如图 2-6 所示，为文件创建硬链接，只是增加了一个新的文件名关联到原有的 Inode 部分，即可以有多个文件名关联在同一个 Inode 和 Block 上。

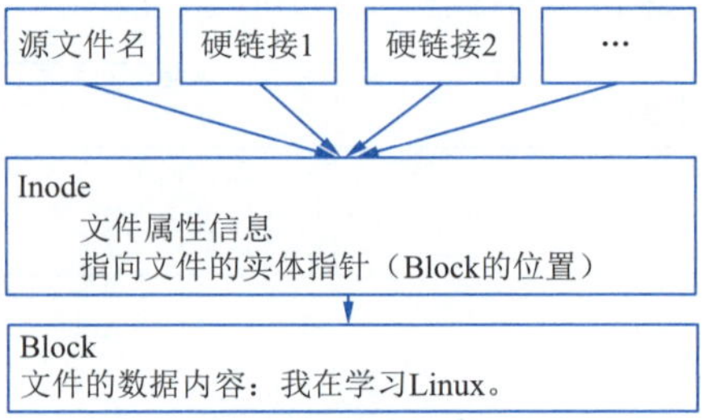

图2-6　硬链接

以我们生活中的超市打比方，源文件名是超市的正门，而硬链接文件是给超市开了一个侧门，通过正门和侧门，都能进入到该超市中。

（2）软链接（符号链接，symbolic link）。

对普通文件和目录都可以创建软链接文件。软链接类似 Windows 操作系统中的快捷图标。如图 2-7 所示，软链接文件是一个独立的文件，其 Block 存放的是其指向的目标文件的文件名。

仍然以超市打比方，软链接是为超市印发的宣传单，上面写了超市正门在哪里。根据宣传单上的信息，可以找到超市的正门，从而进入超市。

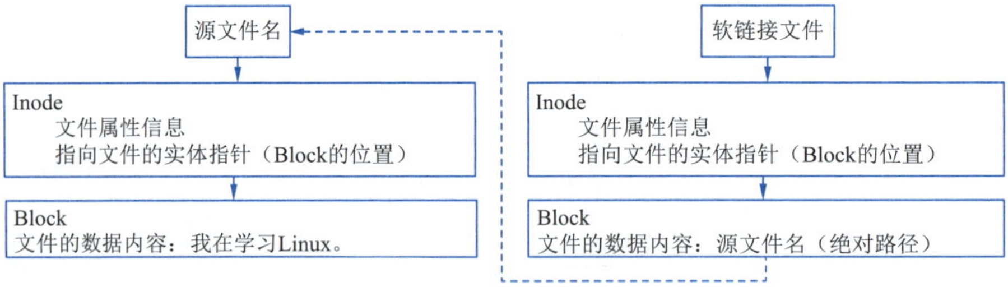

图2-7　软链接

【语法格式】

```
ln  [选项]  [源文件或目录]  [目标文件或目录]
```

以 root 用户环境练习以下内容。

范例 1：为文件创建硬链接。（ln）

```
[root@localhost ~]# mkdir test-ln
[root@localhost ~]# cd test-ln/
```

```
[root@localhost test-ln]# ll -i /etc/hosts
8389883 -rw-r--r--. 1 root root 158 Jun  7  2013 /etc/hosts
                                                   # 普通文件默认硬链接数为 1
[root@localhost test-ln]# ln /etc/hosts h_link
[root@localhost test-ln]# ll -i /etc/hosts h_link
8389883 -rw-r--r--. 2 root root 158 Jun  7  2013 /etc/hosts
8389883 -rw-r--r--. 2 root root 158 Jun  7  2013 h_link
     # 两个文件关联在同一个 Inode 上, Inode 编号相同, 互为硬链接文件, 硬链接数增加为 2
[root@localhost test-ln]# cat /etc/hosts
127.0.0.1 localhost localhost.localdomain localhost4 localhost4.localdomain4
::1       localhost localhost.localdomain localhost6 localhost6.localdomain6
[root@localhost test-ln]# cat h_link
127.0.0.1  localhost localhost.localdomain localhost4 localhost4.localdomain4
::1       localhost localhost.localdomain localhost6 localhost6.localdomain6
```

范例 2：为文件创建软链接。（ln -s）

```
[root@localhost test-ln]# ln -s /etc/hosts s_link
[root@localhost test-ln]# ll -i /etc/hosts s_link
8389883 -rw-r--r--. 2 root root 158 Jun  7  2013 /etc/hosts
8406600 lrwxrwxrwx. 1 root root  10 Jul  2 17:11 s_link -> /etc/hosts
                                        # 两个独立的文件, 自然 Inode 编号不相同
[root@localhost test-ln]# readlink s_link
/etc/hosts                     # 软链接文件 Block 存储的内容只是指向文件的完整路径
                                                # 软链接文件占用的存储空间小
[root@localhost test-ln]# cat s_link
                                 # 根据链接文件 Block 内容, 读取到指向的文件内容
127.0.0.1 localhost localhost.localdomain localhost4 localhost4.localdomain4
::1       localhost localhost.localdomain localhost6 localhost6.localdomain6
```

若在不同的目录中需要用到相同的文件时，不需要在每个需要的目录下都放一个该文件。可通过创建该文件的软链接文件进行使用，从而节约磁盘空间。

范例 3：测试源文件、硬链接文件、软链接文件的关系。

```
[root@localhost test-ln]# rm /etc/hosts
rm: remove regular file '/etc/hosts'? y
[root@localhost test-ln]# ll -i
total 4
8389883 -rw-r--r--. 1 root root 158 Jun  7  2013 h_link
8406600 lrwxrwxrwx. 1 root root  10 Jul  2 17:11 s_link -> /etc/hosts
 #h_link 的硬链接数变为 1, 软链接 s_link 指向的源文件名动态闪烁, 表示指向的源文件不存在
[root@localhost test-ln]# cat h_link
127.0.0.1 localhost localhost.localdomain localhost4 localhost4.localdomain4
::1       localhost localhost.localdomain localhost6 localhost6.localdomain6
[root@localhost test-ln]# cat s_link
cat: s_link: No such file or directory
[root@localhost test-ln]# ln h_link /etc/hosts
[root@localhost test-ln]# ll -i
total 4
8389883 -rw-r--r--. 2 root root 158 Jun  7  2013 h_link
8406600 lrwxrwxrwx. 1 root root  10 Jul  2 17:11 s_link -> /etc/hosts
[root@localhost test-ln]# rm s_link
```

```
rm: remove symbolic link 's_link'? y
[root@localhost test-ln]# cat /etc/hosts
127.0.0.1 localhost localhost.localdomain localhost4 localhost4.localdomain4
::1       localhost localhost.localdomain localhost6 localhost6.localdomain6
[root@localhost test-ln]# cat h_link
127.0.0.1   localhost localhost.localdomain localhost4 localhost4.localdomain4
::1         localhost localhost.localdomain localhost6 localhost6.localdomain6
```

当系统中重要配置文件被误删除时，可借助其事先创建的硬链接文件快速还原。删除软链接文件，对其指向的文件没有任何影响。

范例 4：为目录创建软链接。

```
[root@localhost test-ln]# mkdir data
[root@localhost test-ln]# touch data/file
[root@localhost test-ln]# ll -id data/
17027074 drwxr-xr-x. 2 root root 18 Jul  2 17:15 data/
[root@localhost test-ln]# ln data data_hlink
ln: 'data': hard link not allowed for directory      # 不允许对目录创建硬链接
[root@localhost test-ln]# ln -s data data_slink
[root@localhost test-ln]# readlink data_slink
data                                                 # 并未存储目录的绝对路径
[root@localhost test-ln]# ln -snf /root/test-ln/data/ data_slink
    # 对目录创建软链接时，务必使用绝对路径，使用 -snf 选项更新原有软链接文件存储的内容
[root@localhost test-ln]# readlink data_slink
/root/test-ln/data/                                  # 存储目录的绝对路径
[root@localhost test-ln]# rm data_slink/
rm: cannot remove 'data_slink/': Is a directory
[root@localhost test-ln]# rm data_slink     # 删除目录的软链接文件时后面不能有 /
rm: remove symbolic link 'data_slink'? y
```

当某目录存储空间不够时，为该目录在其他路径下创建软链接，可缓解该目录的存储压力，实现对该目录的磁盘扩容。

范例 5：目录的硬链接数。

```
[root@localhost test-ln]# mkdir data/test
[root@localhost test-ln]# ll -d data/
drwxr-xr-x. 3 root root 30 Jul  2 17:17 data/
          #data 为空目录时，硬链接数为 2，data 下有一个子目录 test，硬链接数为 3
[root@localhost test-ln]# ll -id data data/. data/test/..
17027074 drwxr-xr-x. 3 root root 30 Jul  2 17:17 data
17027074 drwxr-xr-x. 3 root root 30 Jul  2 17:17 data/.
17027074 drwxr-xr-x. 3 root root 30 Jul  2 17:17 data/test/..
```

硬链接数为 3，分别是指 data、data 下系统默认的 .（表示当前目录本身）和 data/test 下系统默认的 ..（表示 test 目录的上一级目录，即 data 目录），即符号“.”和“..”是 Linux 操作系统自带的目录硬链接。一个空目录的硬链接数为 2。因此，可根据目录的硬链接数（n）知道该目录下是否有子目录，以及第一层子目录的个数（n−2）。

思维导图小结

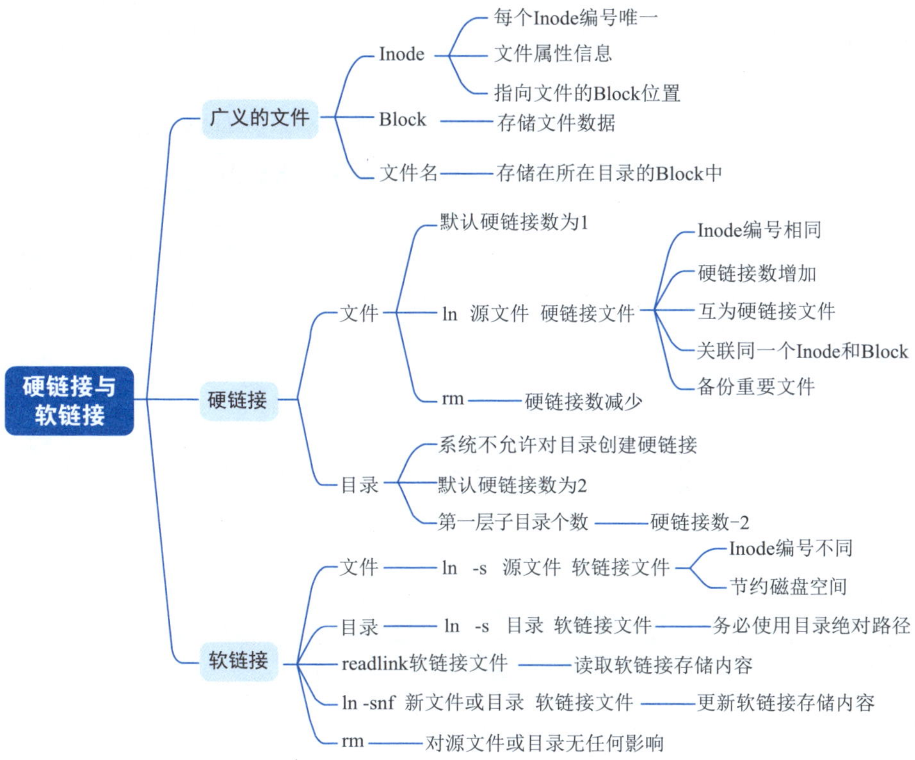

2.15 find 查找文件

在 Linux 操作系统中一切皆文件，因此在运维过程中经常需要查找文件。

视 频

find查找文件

【功能说明】

find 命令是 Linux 操作系统中功能强大的文件查找命令，同时还可以调用其他命令执行相应的操作。

【语法格式】

```
find  [查找起始路径]  [选项]  [查找条件]  [操作语句]
```

以 root 用户环境练习以下内容。

范例 1：按名称查找。（-name，-iname）

按文件名进行查找时，支持 *、?、[] 三个通配符的使用。

```
[root@localhost ~]# mkdir -p test-find/dir{1..3}
[root@localhost ~]# touch test-find/file{1..3}
[root@localhost ~]# cd test-find/
[root@localhost test-find]# find -name "dir*"          #默认在当前目录下查找
./dir1
./dir2
./dir3
[root@localhost test-find]# find /etc -name "ifcfg*"   #指定在/etc目录下查找
```

```
/etc/sysconfig/network-scripts/ifcfg-lo
/etc/sysconfig/network-scripts/ifcfg-ens33
```

Linux 操作系统中的配置文件很多（如网卡配置文件 ifcfg-ens33），用户只需要记住文件大概的名称（如以 ifcfg 开头），以及在哪个主要的目录下（如在 /etc 目录下），可使用名称查找到需要的配置文件的完整路径：/etc/sysconfig/network-scripts/ifcfg-ens33。

若文件名称不记得字母大小写，还可使用 -iname 选项，不区分大小写按名称查找。

```
[root@localhost test-find]# find /etc -iname "net*"
/etc/netconfig
/etc/sysconfig/netconsole
/etc/sysconfig/network-scripts
/etc/sysconfig/network-scripts/network-functions
/etc/sysconfig/network-scripts/network-functions-ipv6
/etc/sysconfig/network
/etc/selinux/targeted/active/modules/100/netlabel
/etc/selinux/targeted/active/modules/100/netutils
/etc/selinux/targeted/active/modules/100/networkmanager
/etc/systemd/system/multi-user.target.wants/NetworkManager.service
/etc/systemd/system/network-online.target.wants
/etc/systemd/system/network-online.target.wants/NetworkManager-wait-online.service
/etc/rc.d/init.d/netconsole
/etc/rc.d/init.d/network
/etc/dbus-1/system.d/net.reactivated.Fprint.conf
/etc/NetworkManager
/etc/NetworkManager/NetworkManager.conf
/etc/networks
/etc/vmware-tools/scripts/vmware/network
/etc/libvirt/qemu/networks
/etc/sane.d/net.conf
```

范例 2：按文件类型查找。（-type）

按文件类型查找时，常用参数有 f（普通文件）、d（目录）、l（符号链接文件）、c（字符设备文件）、b（块设备文件）、s（套接字文件）、p（管道文件）。

```
[root@localhost test-find]# find ./ -type f        # 在当前目录下查找所有普通文件
./file1
./file2
./file3
[root@localhost test-find]# find /etc -type l
                                        # 在目录 /etc 下查找所有符号链接文件
/etc/mtab
/etc/fonts/conf.d/65-0-khmeros-base.conf
/etc/fonts/conf.d/61-urw-fallback-backwards.conf
/etc/fonts/conf.d/65-0-jomolhari.conf
/etc/fonts/conf.d/31-cantarell.conf
……
[root@localhost test-find]# find /etc -type l -ls
8388676  0 lrwxrwxrwx   1 root   root  17 Jan 21 13:58 /etc/mtab -> /proc/self/mounts
……
  # 在 find 命令中使用处理动作“-ls”表示对查找到的文件执行“ls -l”命令，输出文件的详细信息
```

范例 3：按文件大小查找。（-size）

使用“+”表示大于指定的文件大小，“-”表示小于指定的文件大小。此处常用文件的单

位有 k（注意是小写，KB）、M（MB）和 G（GB）。

```
[root@localhost test-find]# find /etc -size +1M
/etc/selinux/targeted/contexts/files/file_contexts.bin
/etc/selinux/targeted/policy/policy.31
/etc/selinux/targeted/active/policy.kern
/etc/selinux/targeted/active/policy.linked
/etc/udev/hwdb.bin
/etc/brltty/zh-tw.ctb
```

范例 4： 利用“！”反向查找。

```
[root@localhost test-find]# find ! -type d        # 查找文件类型不是目录的文件
./file1
./file2
./file3
```

范例 5： 按时间戳查找。

在按时间戳查找前，先了解一下什么是文件的时间戳。

在文件的 Inode 部分存储的文件属性称为文件的元数据（metadata），可使用 stat 命令查看文件的元数据。

```
[root@localhost test-find]# stat /etc/passwd
  File: '/etc/passwd'
  Size: 2326            Blocks: 8          IO Block: 4096   regular file
Device: 803h/2051d      Inode: 8397158     Links: 1
Access: (0644/-rw-r--r--)  Uid: (    0/    root)   Gid: (    0/    root)
Context: system_u:object_r:passwd_file_t:s0
Access: 2022-03-20 19:40:01.488046382 +0800
Modify: 2022-02-28 19:58:02.036308124 +0800
Change: 2022-02-28 19:58:02.036308124 +0800
 Birth: -
```

上述显示的信息中：

（1）Size 部分表示文件大小（单位：字节，B）。

（2）Blocks 部分表示文件使用的块的个数。

（3）Inode 部分为该文件的索引节点编号。

（4）Access 部分表示该文件的权限

（5）其最后几行显示的是文件的时间戳：

- Access（最近访问时间）：查看读取文件内容时，文件的访问时间会改变。
- Modify（最近修改时间）：修改文件内容时，文件的修改时间会改变。
- Change（状态改变时间）：移动文件或改变文件属性等，文件的状态时间会改变。

```
[root@localhost test-find]# cat /etc/passwd                   # 读取文件内容
[root@localhost test-find]# stat /etc/passwd
  File: '/etc/passwd'
  Size: 2326            Blocks: 8          IO Block: 4096   regular file
Device: 803h/2051d      Inode: 8397158     Links: 1
Access: (0644/-rw-r--r--)  Uid: (    0/    root)   Gid: (    0/    root)
Context: system_u:object_r:passwd_file_t:s0
Access: 2022-03-20 19:40:01.488046382 +0800           # 最近访问时间没有变
Modify: 2022-02-28 19:58:02.036308124 +0800
Change: 2022-02-28 19:58:02.036308124 +0800
```

```
 Birth: -
[root@localhost test-find]# touch /etc/passwd                    # 更新文件时间戳
[root@localhost test-find]# stat /etc/passwd
  File: '/etc/passwd'
  Size: 2326            Blocks: 8          IO Block: 4096   regular file
Device: 803h/2051d      Inode: 8397158     Links: 1
Access: (0644/-rw-r--r--)  Uid: (    0/    root)   Gid: (    0/    root)
Context: system_u:object_r:passwd_file_t:s0
Access: 2022-03-20 20:40:31.524673512 +0800                      # 最近访问时间发生改变
Modify: 2022-03-20 20:40:31.524673512 +0800
Change: 2022-03-20 20:40:31.524673512 +0800
 Birth: -
[root@localhost test-find]# useradd stu1                          # 创建一个普通用户
[root@localhost test-find]# stat /etc/passwd
  File: '/etc/passwd'
  Size: 2365            Blocks: 8          IO Block: 4096   regular file
Device: 803h/2051d      Inode: 8397195     Links: 1
Access: (0644/-rw-r--r--)  Uid: (    0/    root)   Gid: (    0/    root)
Context: system_u:object_r:passwd_file_t:s0
Access: 2022-03-20 20:47:38.040802993 +0800
Modify: 2022-03-20 20:47:38.026802955 +0800
Change: 2022-03-20 20:47:38.027802958 +0800
 Birth: -
```

为了避免对硬盘频繁进行写入，Linux 操作系统对时间戳的修改进行了优化，尤其是 Access 最近访问时间，往往并不会实时改变。如果时间戳某两次变化的时间间隔非常短，系统也不会对时间戳进行修改。

touch 命令除了可以创建新的空文件，还有一个功能就是更新文件的时间戳。

上述范例中的 /etc/passwd 文件，是系统中保存用户账号信息的文件。当新建一个普通用户时，该文件被读取，相应的 Access 时间记录何时被读取；该文件内容发生变化，相应的 Modify 时间记录何时发生变化；文件中增加了新的用户信息，文件大小发生变化，文件大小是文件的元数据，相应的 Change 时间记录何时元数据发生变化。通常情况下只要文件内容发生了改变，文件的元数据多半也会相应发生改变，但反之则未必。

在使用 find 按文件时间戳查找时，可以指定以“天”或“分钟”为单位进行查找，相应选项见表 2-7。

表2-7　按时间戳查找

以“天”为单位	以“分钟”为单位	说　明
-atime [-n|n|+n]	-amin [-n|n|+n]	按文件的最近访问时间来查找文件
-mtime [-n|n|+n]	-mmin [-n|n|+n]	按文件的最近修改时间来查找文件
-ctime [-n|n|+n]	-cmin [-n|n|+n]	按文件的状态改变时间来查找文件

-n：表示文件修改时间距现在*n*天或分钟以内
n：表示文件修改时间距现在第*n*天或分钟
+n：表示文件修改时间距现在*n*天或分钟以前

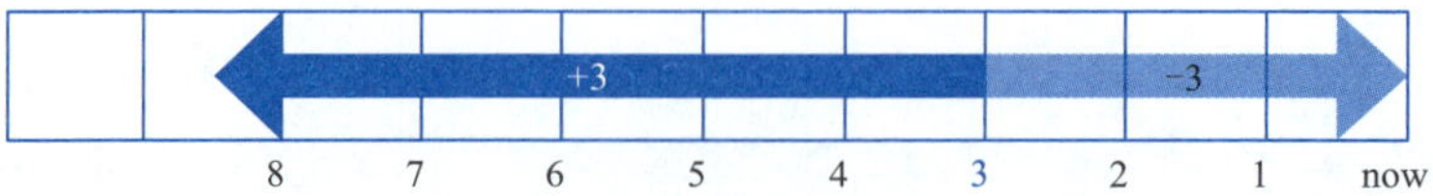

```
[root@localhost test-find]# find /etc -type f -mtime -1
                               # 查找目录 /etc 下最近 1 天之内被修改过内容的文件
/etc/resolv.conf
/etc/group
/etc/gshadow
/etc/passwd
/etc/shadow
/etc/subgid
/etc/subuid
/etc/passwd-
/etc/tuned/active_profile
/etc/tuned/profile_mode
```

注意: 在find命令中可以同时指定多个查找条件，各个条件之间默认是逻辑“与”的关系，即同时满足各个条件。

范例6：对查找到的结果进行操作处理。（-exec）

若想对查找到的结果做进一步处理，可在 -exec 选项后面跟上要处理执行的命令（注意：不可使用命令别名），在命令中使用 { } 表示 find 命令查找到的结果，最后加上“空格 \;”表示命令结束。

```
[root@localhost test-find]# find -name "file*" -exec cp {} dir1 \;
                         # 将当前目录下以 file 开头的文件复制到当前的 dir1 目录下
[root@localhost test-find]# ls dir1/
file1  file2  file3
[root@localhost test-find]# find -name "file*" -exec rm -i {} \;
                                        # 批量删除当前目录下以 file 开头的文件
rm: remove regular empty file './dir1/file1'? y
rm: remove regular empty file './dir1/file2'? y
rm: remove regular empty file './dir1/file3'? y
rm: remove regular empty file './file1'? y
rm: remove regular empty file './file2'? y
rm: remove regular empty file './file3'? y
[root@localhost test-find]# mkdir dir2/dir{4..6}
[root@localhost test-find]# find -name "dir*" -exec ls -ld {} \;
              # 显示当前目录下（包括所有子目录下）所有 dir 开头的目录本身的详细信息
drwxr-xr-x. 2 root root  6 Mar 20 21:44 ./dir1
drwxr-xr-x. 5 root root 42 Mar 20 21:51 ./dir2
drwxr-xr-x. 2 root root  6 Mar 20 21:51 ./dir2/dir4
drwxr-xr-x. 2 root root  6 Mar 20 21:51 ./dir2/dir5
drwxr-xr-x. 2 root root  6 Mar 20 21:51 ./dir2/dir6
drwxr-xr-x. 2 root root  6 Mar 20 21:42 ./dir3
[root@localhost test-find]# find -name "dir*" -exec ll -d {} \;
                                  # 在 -exec 后处理执行的命令中，不可使用命令别名
find: 'll': No such file or directory
find: 'll': No such file or directory
find: 'll': No such file or directory
find: 'll': No such file or directory
find: 'll': No such file or directory
find: 'll': No such file or directory
```

思维导图小结

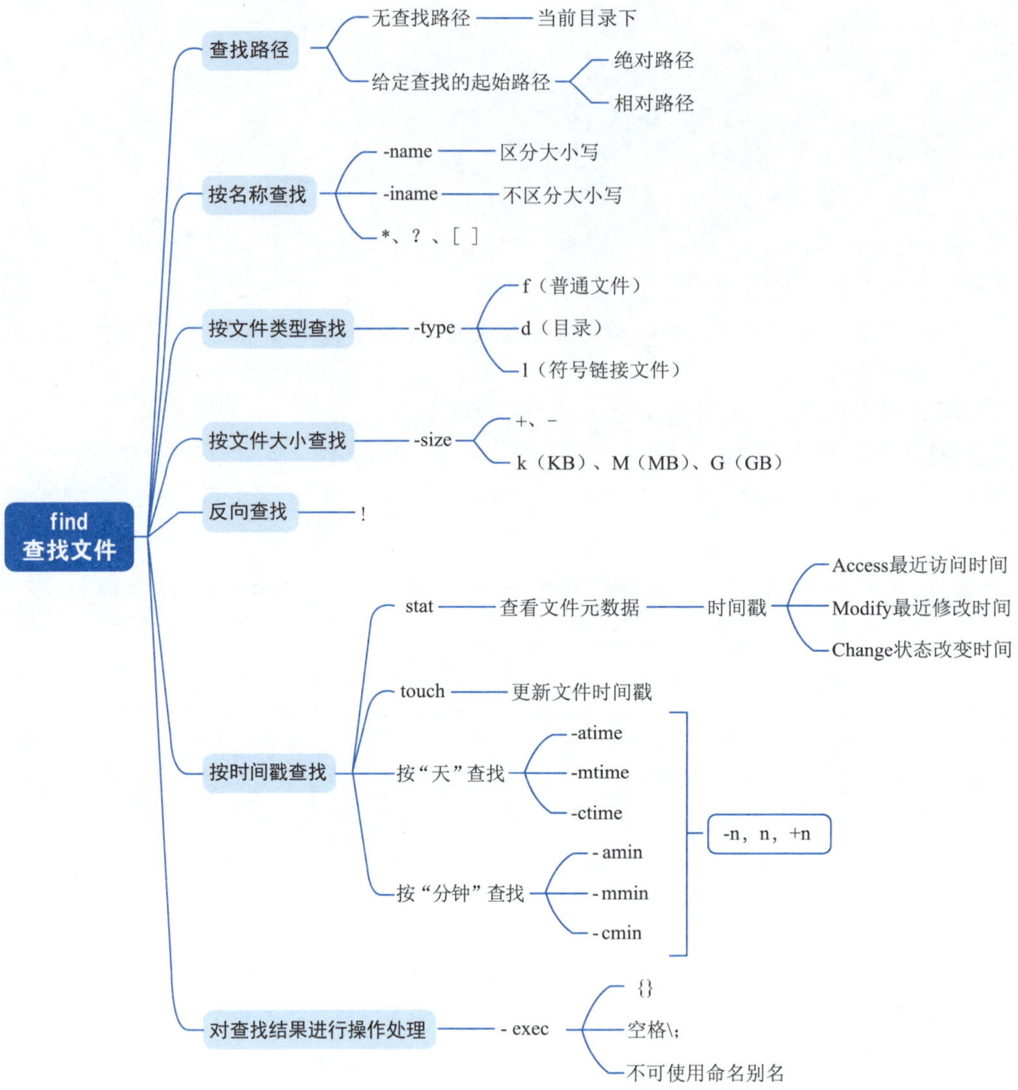

拓展阅读　国产操作系统银河麒麟

国产操作系统银河麒麟（Kylin OS）是由中国的麒麟软件有限公司（前身包括天津麒麟信息技术有限公司和中标软件有限公司）研发的基于Linux开源技术的操作系统系列，它是中国自主知识产权的计算机操作系统产品，具有高安全、高稳定、高可靠的特点，适用于服务器、桌面、工控等多种应用场景。

银河麒麟操作系统的主要特点包括：

（1）高安全：银河麒麟操作系统通过了严格的国家安全认证，达到了国内最高安全等级，同时，其内生安全体系的设计有助于保障系统的安全运行。

（2）强实时性：针对特定行业需求，银河麒麟也推出了实时操作系统版本，通过优化内核机制，提供高度实时响应能力和稳定性。

（3）跨平台兼容：系统兼容多种架构，通过了美国自由标准化组织 LSB 认证，能很好地运行 Linux 平台上的应用程序。

（4）中文化程度高：系统遵循 GB 18030 国家标准，具有完善的中文处理能力，满足国内用户的实际需求。

（5）用户友好：银河麒麟 V10 等桌面版操作系统在设计上注重用户体验，界面布局和功能设置借鉴了 Windows 操作系统的易用性，对习惯了 Windows 操作习惯的用户较为友好。

（6）生态建设：预装了一系列常用软件，如金山 WPS 办公套件、搜狗输入法、360 安全浏览器等，同时也致力于搭建本土化的应用生态，吸引更多的开发者参与，以解决软件生态短板问题。

（7）多样化应用领域：除了应用于通用桌面环境，银河麒麟操作系统也在工控、服务器、国防、云计算等领域得到应用，特别是在国家关键基础设施和特殊行业领域发挥重要作用。

总之，银河麒麟操作系统是中国在推进信息产业自主可控、保障国家信息安全方面的重要成果之一，不断通过技术创新和生态建设，努力提升市场竞争力和影响力。

实践练习 2

以普通用户在 Xshell 上远程登录 VMware 上 CentOS 7.9 系统后，练习以下内容：

1．切换工作目录到 /usr/src，并执行命令查看当前所在的目录。

2．当前所在的工作目录是 /usr/src，切换工作目录到当前目录的上一级目录。

3．将工作目录切换到当前用户的家目录。

4．查看 /dev 目录中所有文件的详细信息（包含隐藏文件），注意观察各类别文件的字符标识。

5．列出 /dev 目录下以 tty 开头，文件名共 4 个字符的文件。

6．列出 /dev 目录下以 0 ~ 9 中任意数字结尾的文件。

7．列出 /dev 目录下不以 a ~ v 字符开头的所有文件或目录，其中目录只显示其本身。

8．以长格式显示 /etc/inittab 文件的详细信息。

9．以长格式显示 /etc 目录本身的详细信息。

10．在普通用户的家目录中，仅使用一条命令创建一组目录 test1/a/b/c。

11．在 test1 目录中，仅使用一条命令创建一批空文件 temp1、temp2、……、temp10。

12．复制文件 temp1 进行备份，仍然保存在 test1 目录下，备份的文件名为 temp1.bak。

13．将文件 temp1.bak 移动到 /tmp 目录下，并重命名为 temp.bak。

14．在普通用户环境下，为 rm -i 定义别名为 rm（非永久有效）。

15．将目录 test1 删除。

16．取消 14 题中定义的别名。

17．要求不切换到 root 用户环境下，查看 root 用户环境下已经设置的别名命令（提示：学会查看命令的帮助信息）。

切换到 root 用户环境练习以下内容：

18．将 /etc 目录中所有以“.d”结尾的文件或目录复制到 /tmp/test1 目录（若没有则先创建该目录）。

19．将 /etc 目录中所有以“.conf”结尾并且以 m、n、r 或 p 开头的文件或目录复制到 /tmp/test2 目录（若没有则先创建该目录）。

20．显示 /etc 目录中所有以“pa”开头的文件，如果它是目录，则只显示目录本身。

21．显示 /dev 目录中所有以“d”或“f”开头并且文件名为 3 个字符的文件。

22．查找 /etc 目录下以“net”开头的普通文件，将结果保存到 /tmp/net.file 文件中。

23．在 /boot 目录中查找大小超过 1 024 KB 且文件名以“init”开头的文件。

24．查找 /etc 目录下文件大小超过 1 MB 的所有普通文件。

25．在 /etc 目录中查找最近 1 天之内被改动过的普通文件。

26．从 /tmp 目录及其子目录中找出扩展名为“.txt”的普通文件，并将其删除。

面试演练 2

1．CentOS 7 系统有哪些系统日志文件?

2．简述 Linux 文件系统。

3．什么是硬链接和软链接?

模块 3 文件内容操作

学习目标

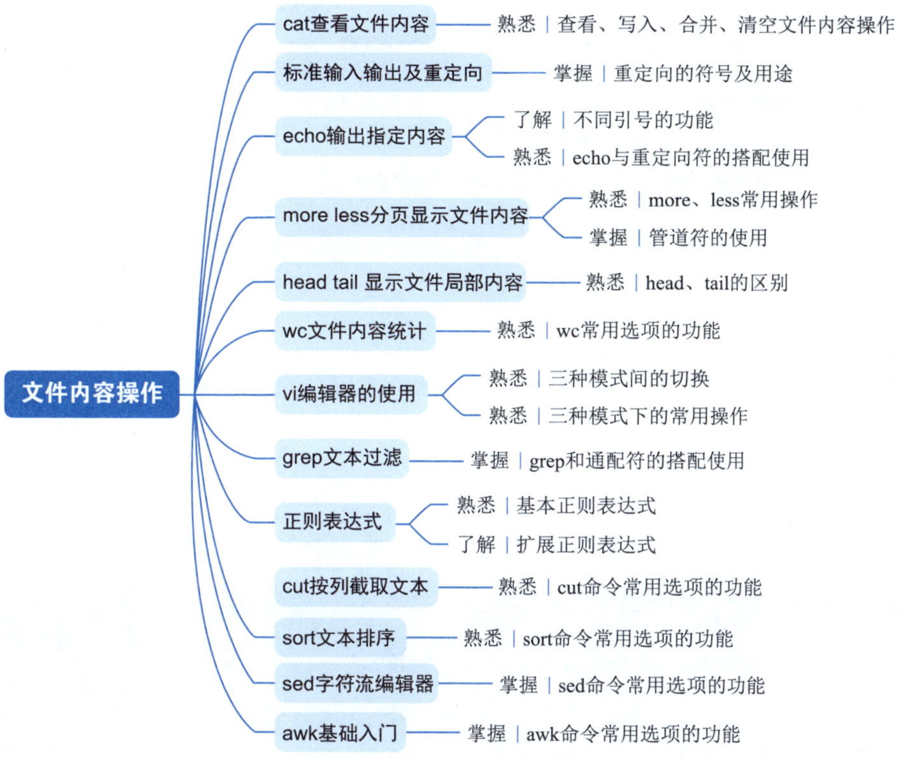

工欲善其事，必先利其器。 ——《论语·卫灵公》

在 Linux 系统内核的学习之旅上，对文件内容的操作技艺切不可忽视，正如古训有云：“工欲善其事，必先利其器。”精准且高效地编辑文件内容是实现系统配置、编程开发以及数据管理等任务的关键，没有这一基础，很难达到理想的系统运行效能。

3.1 cat 查看文件内容

【功能说明】

视 频

cat查看文件内容

cat（concatenate）命令用于查看文件内容，即将文件内容输出到屏幕（标准输出）上，该功能与标准输出重定向符（>、>>）结合使用，可将键盘输入（标准输入）内容存放到新文件或覆盖、追加到已有文件中，此外还可合并多个文件内容到指定文件中，以及清空文件内容。

【语法格式】

```
cat  [选项]  [文件]
```

以普通用户环境练习以下内容。

范例 1：创建新文件并输入内容。

```
[student@localhost ~]$ mkdir test-cat
[student@localhost ~]$ cd test-cat
[student@localhost ~/test-cat]$ cat >test1
                        #符号">"是标准输出重定向，覆盖文件内容，详见3.2节
Hello boys and girls!
             #结束输入时，先按【Enter】键，然后按【Ctrl+D】或【Ctrl+c】组合键退出
```

上述操作中，如果内容输错，需按【Ctrl+Backspace】组合键进行删除，不是很方便，因此了解即可。

范例 2：查看文件内容。

```
[student@localhost ~/test-cat]$ cat test1
Hello boys and girls!
```

该方法将一次性输出文件中所有内容，适用于查看内容较少的文件。当文件内容较多时，需上下滚动查看，此时可使用 more 或 less 命令分屏查看文件内容，详见 3.4 节。

范例 3：覆盖或追加文件内容。

```
[student@localhost ~/test-cat]$ cat >test2<<EOF
  #若test2为已有文件，则覆盖文件中已有内容；若test2原先不存在，则将新建test2文件
                              #符号EOF(end of file)为用户自定义终止符
> Welcome to Linux world.
>                                                  #留有空行，为后面范例使用
> Study hard and make progress every day.
>
>
> Bye!boys and girls
> EOF                      #使用的字符需与开始时的字符一致，表示用户输入内容到此结束
[student@localhost ~/test-cat]$ cat test2
Welcome to Linux world.

Study hard and make progress every day.


Bye!boys and girls
[student@localhost test-cat]$ cat >>test2<<EOF
                   #符号">>"是标准输出重定向，在已有文件末尾追加内容，详见3.2节
> Doing what you like is freedom,liking what you do is happiness.
> EOF
```

```
[student@localhost test-cat]$ cat test2
Welcome to Linux world.

Study hard and make progress every day.


Bye!boys and girls
Doing what you like is freedom,liking what you do is happiness.
```

范例 4：带选项查看文件内容。（-n、-b）

```
[student@localhost ~/test-cat]$ cat -n test2
     1	Welcome to Linux world.
     2
     3	Study hard and make progress every day.
     4
     5
     6	Bye!boys and girls
     7	Doing what you like is freedom,liking what you do is happiness.
[student@localhost ~/test-cat]$ cat -b test2
     1	Welcome to Linux world.

     2	Study hard and make progress every day.


     3	Bye!boys and girls
     4	Doing what you like is freedom,liking what you do is happiness.
```

范例 5：把多个文件合并显示。

```
[student@localhost ~/test-cat]$ cat test1 test2
Hello boys and girls!
Welcome to Linux world.

Study hard and make progress every day.


Bye!boys and girls
Doing what you like is freedom,liking what you do is happiness.
```

范例 6：把多个文件合并到指定文件中。

```
[student@localhost ~/test-cat]$ cat test1 test2  >test3
[student@localhost ~/test-cat]$ cat test3
Hello boys and girls!
Welcome to Linux world.

Study hard and make progress every day.


Bye!boys and girls
Doing what you like is freedom,liking what you do is happiness.
```

范例 7：借助“黑洞”文件 /dev/null 清空文件内容。

```
[student@localhost ~/test-cat]$ cat /dev/null >test3
                # 文件 /dev/null 是 Linux 中一个特殊的设备文件，称为“黑洞”空设备文件
[student@localhost ~/test-cat]$ cat test3
[student@localhost test-cat]$ > test2                        # 推荐使用，更简洁
```

```
[student@localhost test-cat]$ cat test2
[student@localhost test-cat]$
```

思维导图小结

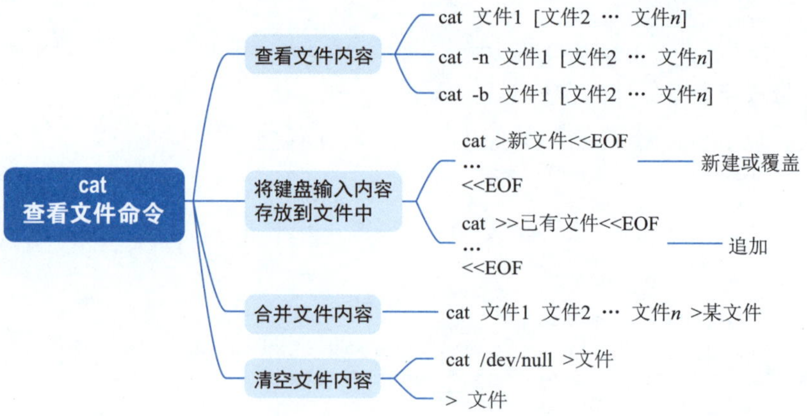

3.2 标准输入输出及重定向

视 频

标准输入输出及重定向

由于 Linux 中一切皆文件，因此用户和 Linux 系统交互时使用的输入设备（如键盘）和输出设备（如显示器），在系统中也是以文件的形式存在。用户通过操作系统处理信息的过程中，包括以下三类交互设备文件：

（1）标准输入（stdin）：默认设备是键盘，文件描述符为 0，程序从标准输入文件中读取执行过程中需要的数据。

（2）标准输出（stdout）：默认设备是显示器，文件描述符为 1，程序将执行后的输出结果发送到标准输出文件。

（3）标准错误（stderr）：默认设备是显示器，文件描述符为 2，程序将执行时产生的错误信息发送到标准错误文件。

```
[student@localhost ~]$ ll /dev/std*
lrwxrwxrwx. 1 root root 15 Jul  1 16:58 /dev/stderr -> /proc/self/fd/2
lrwxrwxrwx. 1 root root 15 Jul  1 16:58 /dev/stdin -> /proc/self/fd/0
lrwxrwxrwx. 1 root root 15 Jul  1 16:58 /dev/stdout -> /proc/self/fd/1
```

如图 3-1 所示，在某些情况下，我们可能需要从键盘以外的其他输入地方读取数据（如数据来自某个文件），或者将数据传送到显示器以外的其他地方（如将数据传送到某个文件中），这种情况就称为**重定向**。

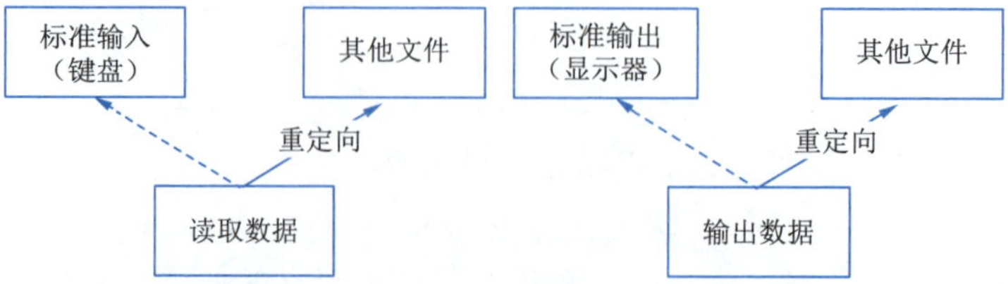

图3-1 重定向

在 Shell 中使用重定向操作符来实现标准输入输出的重定向，见表 3-1。

表3-1　重定向操作符

重定向操作符	说　明
<	标准输入重定向
>	标准输出重定向，清空原来的内容后添加新的内容
>>	标准输出重定向，在原来内容的后面追加新的内容

以普通用户环境练习以下内容。

范例 1：标准输出重定向。

标准输出重定向是将命令执行过程中的正确信息输出重定向，即不再直接显示在显示器上，而是将正确信息保存（覆盖或追加）到指定的文件中。

```
[student@localhost ~]$ cat >test-cdx<<eof
> Hello World!
> eof
[student@localhost ~]$ cat test-cdx
Hello World!
[student@localhost ~]$ echo 'I like Linux!'
I like Linux!
[student@localhost ~]$ echo 'I like Linux!' > test-cdx
[student@localhost ~]$ cat test-cdx
I like Linux!
[student@localhost ~]$ echo 'I like CentOS!' >> test-cdx
[student@localhost ~]$ cat test-cdx
I like Linux!
I like CentOS!
```

范例 2：标准输入重定向。

标准输入重定向是将命令接受输入的途径由键盘重定向为指定的文件。

```
[student@localhost ~]$ wc < test-cdx
 2  6 29
```

范例 3：标准错误重定向。

标准错误重定向是将命令执行过程中出现的错误信息重定向，即不再直接显示在显示器上，而是将错误信息保存到指定的文件中。

```
[student@localhost ~]$ find /etc -name "net*"
                        #输出的信息中，既有命令执行后的正确信息，也有执行时产生的错误信息
find: '/etc/grub.d': Permission denied
find: '/etc/pki/CA/private': Permission denied
find: '/etc/pki/rsyslog': Permission denied
/etc/netconfig
/etc/sysconfig/netconsole
/etc/sysconfig/network-scripts
/etc/sysconfig/network-scripts/network-functions
/etc/sysconfig/network-scripts/network-functions-ipv6
/etc/sysconfig/network
find: '/etc/selinux/targeted/active': Permission denied
find: '/etc/selinux/final': Permission denied
find: '/etc/dhcp': Permission denied
```

```
/etc/systemd/system/network-online.target.wants
/etc/rc.d/init.d/netconsole
/etc/rc.d/init.d/network
find: '/etc/lvm/archive': Permission denied
find: '/etc/lvm/backup': Permission denied
find: '/etc/lvm/cache': Permission denied
/etc/dbus-1/system.d/net.reactivated.Fprint.conf
find: '/etc/polkit-1/rules.d': Permission denied
find: '/etc/polkit-1/localauthority': Permission denied
/etc/networks
/etc/vmware-tools/scripts/vmware/network
find: '/etc/audisp': Permission denied
find: '/etc/audit': Permission denied
find: '/etc/ipsec.d': Permission denied
find: '/etc/libvirt': Permission denied
find: '/etc/firewalld': Permission denied
find: '/etc/cups/ssl': Permission denied
find: '/etc/sudoers.d': Permission denied
/etc/sane.d/net.conf
[student@localhost ~ ]$ find /etc -name "net*" 2> test-cdx
      #将命令执行时产生的错误信息保存到test-cdx文件中，正确信息仍然显示在显示器上
/etc/netconfig
/etc/sysconfig/netconsole
/etc/sysconfig/network-scripts
/etc/sysconfig/network-scripts/network-functions
/etc/sysconfig/network-scripts/network-functions-ipv6
/etc/sysconfig/network
/etc/systemd/system/network-online.target.wants
/etc/rc.d/init.d/netconsole
/etc/rc.d/init.d/network
/etc/dbus-1/system.d/net.reactivated.Fprint.conf
/etc/networks
/etc/vmware-tools/scripts/vmware/network
/etc/sane.d/net.conf
[student@localhost ~ ]$ cat test-cdx
find: '/etc/grub.d': Permission denied
find: '/etc/pki/CA/private': Permission denied
find: '/etc/pki/rsyslog': Permission denied
find: '/etc/selinux/targeted/active': Permission denied
find: '/etc/selinux/final': Permission denied
find: '/etc/dhcp': Permission denied
find: '/etc/lvm/archive': Permission denied
find: '/etc/lvm/backup': Permission denied
find: '/etc/lvm/cache': Permission denied
find: '/etc/polkit-1/rules.d': Permission denied
find: '/etc/polkit-1/localauthority': Permission denied
find: '/etc/audisp': Permission denied
find: '/etc/audit': Permission denied
find: '/etc/ipsec.d': Permission denied
find: '/etc/libvirt': Permission denied
find: '/etc/firewalld': Permission denied
```

```
find: '/etc/cups/ssl': Permission denied
find: '/etc/sudoers.d': Permission denied
[student@localhost ~]$ find /etc -name "net*" 2> /dev/null
  #若只想看命令执行的正确输出，不关心错误信息，可以将错误信息重定向到“黑洞”文件丢弃
/etc/netconfig
/etc/sysconfig/netconsole
/etc/sysconfig/network-scripts
/etc/sysconfig/network-scripts/network-functions
/etc/sysconfig/network-scripts/network-functions-ipv6
/etc/sysconfig/network
/etc/systemd/system/network-online.target.wants
/etc/rc.d/init.d/netconsole
/etc/rc.d/init.d/network
/etc/dbus-1/system.d/net.reactivated.Fprint.conf
/etc/networks
/etc/vmware-tools/scripts/vmware/network
/etc/sane.d/net.conf
[student@localhost ~]$ find /etc -name "net*" &> test-cdx
          #将命令执行产生的所有信息都保存到test-cdx文件中，显示器上没有显示任何信息
                                    #使用“&>”或“&>>”符号合并正确输出和错误输出
[student@localhost ~]$ cat test-cdx
find: '/etc/grub.d': Permission denied
find: '/etc/pki/CA/private': Permission denied
find: '/etc/pki/rsyslog': Permission denied
/etc/netconfig
/etc/sysconfig/netconsole
/etc/sysconfig/network-scripts
/etc/sysconfig/network-scripts/network-functions
/etc/sysconfig/network-scripts/network-functions-ipv6
/etc/sysconfig/network
find: '/etc/selinux/targeted/active': Permission denied
find: '/etc/selinux/final': Permission denied
find: '/etc/dhcp': Permission denied
/etc/systemd/system/network-online.target.wants
/etc/rc.d/init.d/netconsole
/etc/rc.d/init.d/network
find: '/etc/lvm/archive': Permission denied
find: '/etc/lvm/backup': Permission denied
find: '/etc/lvm/cache': Permission denied
/etc/dbus-1/system.d/net.reactivated.Fprint.conf
find: '/etc/polkit-1/rules.d': Permission denied
find: '/etc/polkit-1/localauthority': Permission denied
/etc/networks
/etc/vmware-tools/scripts/vmware/network
find: '/etc/audisp': Permission denied
find: '/etc/audit': Permission denied
find: '/etc/ipsec.d': Permission denied
find: '/etc/libvirt': Permission denied
find: '/etc/firewalld': Permission denied
find: '/etc/cups/ssl': Permission denied
find: '/etc/sudoers.d': Permission denied
/etc/sane.d/net.conf
```

思维导图小结

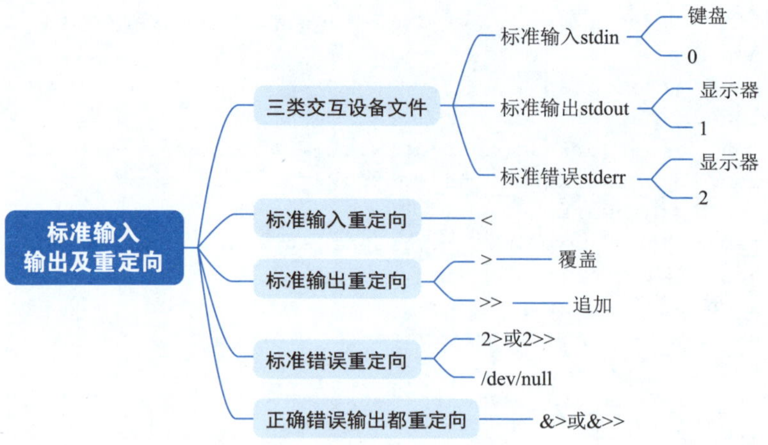

3.3 echo 输出指定内容（不同引号的使用）

视 频

echo输出指定内容

【功能说明】

echo 命令用于将指定内容输出显示在屏幕上，与重定向符结合使用可将指定内容写入到文件中。

【语法格式】

```
echo  [选项]  [文本]
```

以普通用户环境练习以下内容。

范例 1：输出指定内容到屏幕。

```
[student@localhost ～]$ echo Hello World                              # 文本未使用引号
Hello World
[student@localhost ～]$ echo 'Hello World'                            # 文本放在单引号内
Hello World
[student@localhost ～]$ echo "Hello World"                            # 文本放在双引号内
Hello World
            # 上述三条命令输出结果无区别，但若希望输出 "Hello World"，看看怎么办？
[student@localhost ～]$ echo '"Hello World"'
"Hello World"
[student@localhost ～]$ echo "\"Hello World\""                       # 解析转义符 \" 后输出
"Hello World"
     # 在 Linux 操作系统中，除了单引号和双引号，还有反引号（主键盘上和～在一起）可使用
[student@localhost ～]$ date                                 # 命令 date 输出当前系统的时间
Sun Mar 27 14:52:56 CST 2022
[student@localhost ～]$ echo date
date
[student@localhost ～]$ echo 'date'
date
[student@localhost ～]$ echo '`date`'                                 # 原样输出单引号中内容
`date`
[student@localhost ～]$ echo "`date`"                               # 输出命令 date 的执行结果
Sun Mar 27 14:54:10 CST 2022
```

```
[student@localhost ~]$ echo "$(date)"                # 用 $( ) 替代反引号
Sun Mar 27 14:54:21 CST 2022
```

在 Linux 操作系统中，需注意不同引号的用途，见表 3-2。

表3-2　不同引号的功能

符　号	作　用
反引号``	反引号一般用于引用命令，执行时系统先将反引号中的字符串当作命令进行解析，然后针对解析后的结果做进一步的处理。由于反引号外观上似单引号，一般使用“$()”替代反引号
单引号''	所见即所得，即将单引号内的所有内容都原样输出，称为强引用
双引号""	输出双引号内的所有内容时，如果内容中有命令（放在反引号中）、变量、特殊转义符等，会先将变量、命令、转义符解析出结果，然后再输出最终内容，称为弱引用（推荐使用）
无引号	不使用引号的功能与双引号类似，但由于没有引号，很难确定字符串的边界，因此很容易出现各种未知的操作错误。因此，若无特殊情况，在处理字符串内容时建议使用双引号替代不加引号

范例 2：与重定向符搭配使用。

```
[student@localhost ~]$ echo "Hello World" > test-echo
                                        # 当前目录中原先没有 test-echo 文件
              # 使用 > 或 >> 都可以，该命令将创建 test-echo 文件，并保存双引号中内容
[student@localhost ~]$ cat test-echo
Hello World
[student@localhost ~]$ echo "I like Linux" >> test-echo
[student@localhost ~]$ cat test-echo
Hello World
I like Linux
```

范例 3：输出变量内容

```
[student@localhost ~]$ echo $PWD                  # 系统环境变量名前需使用 $ 符号
/home/student
[student@localhost ~]$ test=12345
[student@localhost ~]$ echo $test
12345
```

思维导图小结

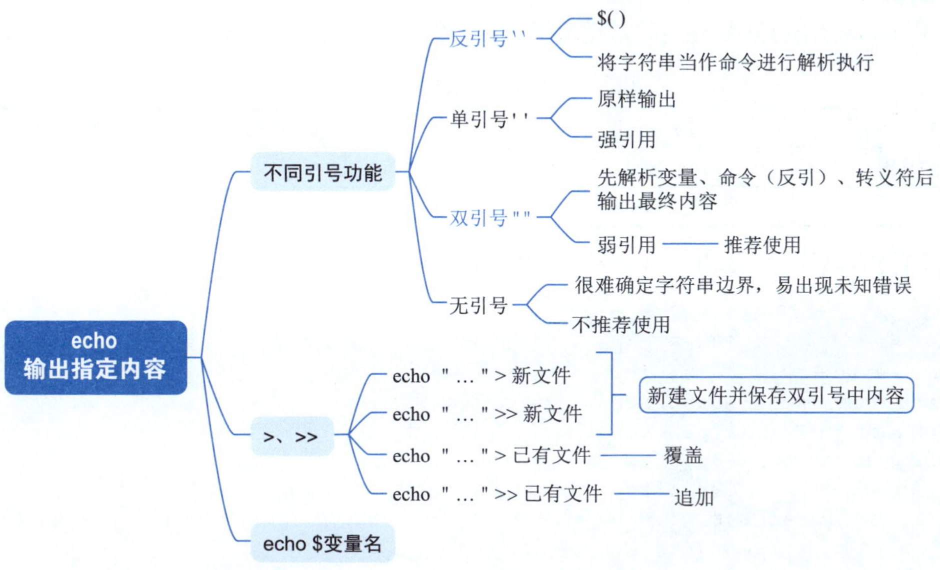

3.4 more less 分页显示文件内容（管道符的使用）

视 频

more-less分页显示文件内容

【功能说明】

more 和 less 命令适用于显示内容较长的文件，采用全屏方式显示文件内容，当内容满屏时会暂停（不同于 cat 命令一次性输出显示文件所有内容），用户通过交互式命令，分页显示查看文件内容。less 命令是 more 命令的增强版，比 more 命令功能更强大。

【语法格式】

```
more  [选项]  [文件]
less  [选项]  [文件]
```

以普通用户环境练习以下内容。

范例 1：使用 more 命令查看文件内容。

```
[student@localhost ~]$ more /etc/services
# /etc/services:
# $Id: services,v 1.55 2013/04/14 ovasik Exp $
#
# Network services, Internet style
# IANA services version: last updated 2013-04-10
#
# Note that it is presently the policy of IANA to assign a single well-known
# port number for both TCP and UDP; hence, most entries here have two entries
# even if the protocol doesn't support UDP operations.
# Updated from RFC 1700, ``Assigned Numbers'' (October 1994).  Not all ports
# are included, only the more common ones.
#
# The latest IANA port assignments can be gotten from
#       http://www.iana.org/assignments/port-numbers
# The Well Known Ports are those from 0 through 1023.
# The Registered Ports are those from 1024 through 49151
# The Dynamic and/or Private Ports are those from 49152 through 65535
#
# Each line describes one service, and is of the form:
--More--(0%)
```

使用 more 命令打开文件后的常用交互式命令及说明见表 3-3。

表3-3 more的常用交互式命令

选 项	说 明	选 项	说 明
空格键	向下滚动一屏	Enter	向下显示一行
b	返回上一屏	q	退出more

当文件内容显示到末尾时，more 命令会自动退出阅读环境。

```
blp5            48129/tcp       # Bloomberg locator
blp5            48129/udp       # Bloomberg locator
com-bardac-dw   48556/tcp       # com-bardac-dw
com-bardac-dw   48556/udp       # com-bardac-dw
iqobject        48619/tcp       # iqobject
iqobject        48619/udp       # iqobject
matahari        49000/tcp       # Matahari Broker
[student@localhost ~]$                                    #自动退出阅读环境
```

范例 2：使用 less 命令查看文件内容。

```
[student@localhost ~]$ less /etc/services
# /etc/services:
# $Id: services,v 1.55 2013/04/14 ovasik Exp $
#
# Network services, Internet style
# IANA services version: last updated 2013-04-10
#
# Note that it is presently the policy of IANA to assign a single well-known
# port number for both TCP and UDP; hence, most entries here have two entries
# even if the protocol doesn't support UDP operations.
# Updated from RFC 1700, ``Assigned Numbers'' (October 1994).  Not all ports
# are included, only the more common ones.
#
# The latest IANA port assignments can be gotten from
#       http://www.iana.org/assignments/port-numbers
# The Well Known Ports are those from 0 through 1023.
# The Registered Ports are those from 1024 through 49151
# The Dynamic and/or Private Ports are those from 49152 through 65535
#
# Each line describes one service, and is of the form:
/etc/services
```

使用 less 命令打开文件后的常用交互式命令及说明见表 3-4。

表3-4　less的常用交互式命令

选　项	说　明	选　项	说　明
空格键	向下滚动一屏	/xyz	向下搜索xyz字符串
b	返回上一屏	?xyz	向上搜索xyz字符串
Enter、↓	向下滚动一行	n	向后查找下一个匹配的字符串
y、↑	向上滚动一行	N	向前查找前一个匹配的字符串
G	移动到最后一行	q	退出less
g	移动到第一行		

当文件内容显示到末尾时，不同于 more 命令会自动退出阅读环境，less 命令不会自动退出。

```
blp5            48129/tcp               # Bloomberg locator
blp5            48129/udp               # Bloomberg locator
com-bardac-dw   48556/tcp               # com-bardac-dw
com-bardac-dw   48556/udp               # com-bardac-dw
iqobject        48619/tcp               # iqobject
iqobject        48619/udp               # iqobject
matahari        49000/tcp               # Matahari Broker
(END)
```

范例 3：使用 less 命令查看文件内容时显示行号。

```
[student@localhost ~]$ less -N /etc/services
      1 # /etc/services:
      2 # $Id: services,v 1.55 2013/04/14 ovasik Exp $
      3 #
      4 # Network services, Internet style
      5 # IANA services version: last updated 2013-04-10
      6 #
```

```
        7 # Note that it is presently the policy of IANA to assign a single well-known
/etc/services
```

从上述范例中可以看到，less 命令更有利于对文件内容进行反复阅读，而 more 命令更多时候是与其他命令结合使用。

范例 4： 分页显示命令执行结果

```
[student@localhost ～]$ ll /etc | more
total 1452
drwxr-xr-x.  3 root root      101 Jul     1     16:45  abrt
-rw-r--r--.  1 root root       16 Jul     1     16:56  adjtime
drwxr-xr-x.  2 root root      116 Jul     1     16:48  akonadi
-rw-r--r--.  1 root root     1529 Apr     1     2020   aliases
-rw-r--r--.  1 root root    12288 Jul     1     16:58  aliases.db
drwxr-xr-x.  3 root root       65 Jul     1     16:47  alsa
drwxr-xr-x.  2 root root     4096 Jul     1     16:53  alternatives
-rw-------.  1 root root      541 Aug     9     2019   anacrontab
-rw-r--r--.  1 root root       55 Aug     8     2019   asound.conf
-rw-r--r--.  1 root root        1 Oct    31     2018   at.deny
drwxr-x---.  3 root root       43 Jul     1     16:45  audisp
--More--
```

管道符“|”可用来连接多条指令，将“|”左边命令的正确输出信息作为“|”右边命令的操作对象，从而把多个简单命令连接起来以实现更复杂的功能。

思维导图小结

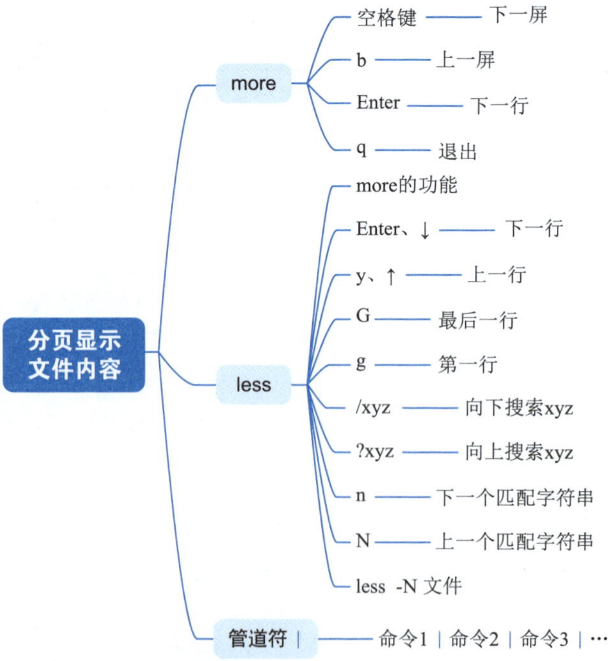

3.5 head tail 显示文件局部内容

视 频

head-tail显示文件局部内容

【功能说明】

head 命令用于显示文件的头部内容。tail 命令用于显示文件的尾部内容。

【语法格式】

```
head  [选项]  [文件]
tail  [选项]  [文件]
```

以普通用户环境练习以下内容。

范例 1：使用 head 命令不带选项。

```
[student@localhost ~]$ head /etc/passwd                #默认显示文件内容前10行
root:x:0:0:root:/root:/bin/bash
bin:x:1:1:bin:/bin:/sbin/nologin
daemon:x:2:2:daemon:/sbin:/sbin/nologin
adm:x:3:4:adm:/var/adm:/sbin/nologin
lp:x:4:7:lp:/var/spool/lpd:/sbin/nologin
sync:x:5:0:sync:/sbin:/bin/sync
shutdown:x:6:0:shutdown:/sbin:/sbin/shutdown
halt:x:7:0:halt:/sbin:/sbin/halt
mail:x:8:12:mail:/var/spool/mail:/sbin/nologin
operator:x:11:0:operator:/root:/sbin/nologin
```

范例 2：显示文件前 5 行内容。

```
[student@localhost ~]$ head -n 5 /etc/passwd           #指定只显示文件内容前5行
root:x:0:0:root:/root:/bin/bash
bin:x:1:1:bin:/bin:/sbin/nologin
daemon:x:2:2:daemon:/sbin:/sbin/nologin
adm:x:3:4:adm:/var/adm:/sbin/nologin
lp:x:4:7:lp:/var/spool/lpd:/sbin/nologin
[student@localhost ~]$ head -5 /etc/passwd                         #精简格式-n
root:x:0:0:root:/root:/bin/bash
bin:x:1:1:bin:/bin:/sbin/nologin
daemon:x:2:2:daemon:/sbin:/sbin/nologin
adm:x:3:4:adm:/var/adm:/sbin/nologin
lp:x:4:7:lp:/var/spool/lpd:/sbin/nologin
[student@localhost ~]$ head -5 /etc/passwd > test-passwd
                   #与标准输出重定向符>搭配使用，将文件局部内容覆盖保存到指定文件中
[student@localhost ~]$ cat test-passwd
root:x:0:0:root:/root:/bin/bash
bin:x:1:1:bin:/bin:/sbin/nologin
daemon:x:2:2:daemon:/sbin:/sbin/nologin
adm:x:3:4:adm:/var/adm:/sbin/nologin
lp:x:4:7:lp:/var/spool/lpd:/sbin/nologin
```

范例 3：使用 tail 命令不带选项。

```
[student@localhost ~]$ tail /etc/passwd              #默认显示文件内容最后10行
saned:x:990:984:SANE scanner daemon user:/usr/share/sane:/sbin/nologin
rpcuser:x:29:29:RPC Service User:/var/lib/nfs:/sbin/nologin
nfsnobody:x:65534:65534:Anonymous NFS User:/var/lib/nfs:/sbin/nologin
gnome-initial-setup:x:989:983::/run/gnome-initial-setup/:/sbin/nologin
```

```
sshd:x:74:74:Privilege-separated SSH:/var/empty/sshd:/sbin/nologin
avahi:x:70:70:Avahi mDNS/DNS-SD Stack:/var/run/avahi-daemon:/sbin/nologin
postfix:x:89:89::/var/spool/postfix:/sbin/nologin
ntp:x:38:38::/etc/ntp:/sbin/nologin
tcpdump:x:72:72::/:/sbin/nologin
student:x:1000:1000:student:/home/student:/bin/bash
```

范例 4：显示文件末尾 5 行内容。

```
[student@localhost ~]$ tail -n 5 /etc/passwd        # 指定只显示文件内容最后 5 行
avahi:x:70:70:Avahi mDNS/DNS-SD Stack:/var/run/avahi-daemon:/sbin/nologin
postfix:x:89:89::/var/spool/postfix:/sbin/nologin
ntp:x:38:38::/etc/ntp:/sbin/nologin
tcpdump:x:72:72::/:/sbin/nologin
student:x:1000:1000:student:/home/student:/bin/bash
[student@localhost ~]$ tail -5 /etc/passwd                            # 精简格式 -n
avahi:x:70:70:Avahi mDNS/DNS-SD Stack:/var/run/avahi-daemon:/sbin/nologin
postfix:x:89:89::/var/spool/postfix:/sbin/nologin
ntp:x:38:38::/etc/ntp:/sbin/nologin
tcpdump:x:72:72::/:/sbin/nologin
student:x:1000:1000:student:/home/student:/bin/bash
[student@localhost ~]$ tail -2 /etc/passwd >> test-passwd
                # 与标准输出重定向符 >> 搭配使用，将文件局部内容追加保存到指定文件末尾
[student@localhost ~]$ cat test-passwd
root:x:0:0:root:/root:/bin/bash
bin:x:1:1:bin:/bin:/sbin/nologin
daemon:x:2:2:daemon:/sbin:/sbin/nologin
adm:x:3:4:adm:/var/adm:/sbin/nologin
lp:x:4:7:lp:/var/spool/lpd:/sbin/nologin
tcpdump:x:72:72::/:/sbin/nologin
student:x:1000:1000:student:/home/student:/bin/bash
```

范例 5：实时显示文件增量内容。

使用“su -”命令切换到 root 用户环境，实时查看 messages 日志文件增量内容。

```
[root@localhost ~]# tail -f /var/log/messages
…                                                        # 在此省略已有日志内容
```

在 Xshell 上使用普通用户 student 再打开一个连接会话，messages 文件末尾增加 New session 内容。

```
[root@localhost ~]# tail -f /var/log/messages
…
Mar 31 14:20:50 localhost systemd-logind: New session 42 of user student.
                                                            # 可看到文件增量内容
```

在第 2 个连接会话中退出登录，messages 文件末尾增加 Removed session 内容。

```
[root@localhost ~]# tail -f /var/log/messages
…
Mar 31 14:20:50 localhost systemd-logind: New session 42 of user student.
Mar 31 14:22:49 localhost systemd-logind: Removed session 42.
^C                              # 按【Ctrl+C】组合键退出实时显示文件增量内容
[root@localhost ~]#
```

思维导图小结

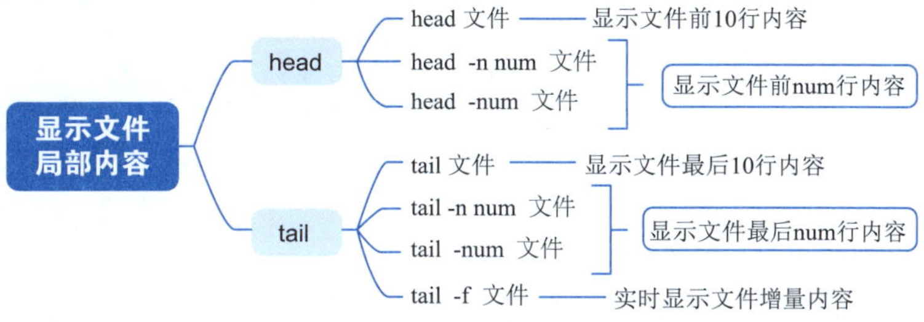

3.6　wc 文件内容统计

视　频

wc文件内容统计

【功能说明】

wc（word count）命令用于统计指定文件的行数、单词数和字节数。

【语法格式】

```
wc  [选项]  [文件]
```

以普通用户环境练习以下内容。

范例 1：对指定文件进行内容统计。

```
[student@localhost ~]$ wc /etc/passwd
44   89 2326 /etc/passwd         #行数(-l)、单词数(-w)、字节数(-c)、文件名
[student@localhost ~]$ wc -l /etc/passwd                          #文件中的行数
44 /etc/passwd
```

范例 2：查看登录系统的用户数。

在 Xshell 上启动三个会话连接，均为普通用户 student 登录到虚拟机 Master。

```
[student@localhost ~]$ who                          #查看有哪些用户登录系统
student  pts/0       2022-03-31 09:04 (192.168.57.1)
student  pts/1       2022-03-31 19:09 (192.168.57.1)
student  pts/2       2022-03-31 19:09 (192.168.57.1)
[student@localhost ~]$ who | wc -l                  #统计出登录系统的用户数
3
```

思维导图小结

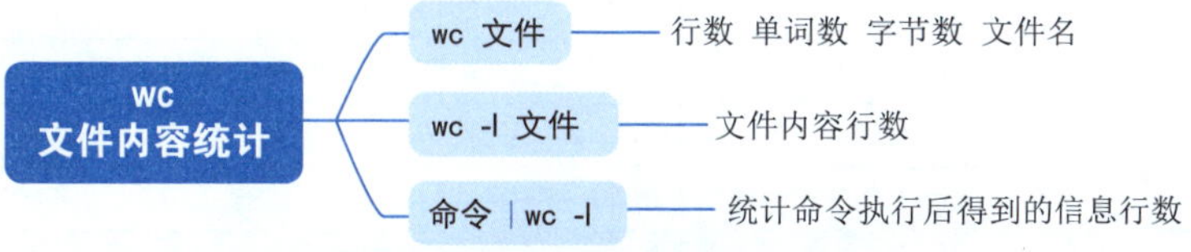

3.7　vi 编辑器的使用

视　频

vi编辑器的使用

【功能说明】

vi 是 Linux 命令行界面下的重要文字编辑器。vim 是 vi 命令的增强版（带高亮显

示代码、自动缩进等功能）。在系统默认环境下，vi 是 vim 命令的别名。

```
[student@localhost ~]$ alias vi
alias vi='vim'
```

【语法格式】

```
vim  [选项]  [文件]
```

以普通用户环境练习以下内容。

范例 1： 命令模式的常用操作。

```
[student@localhost ~]$ cp /etc/passwd passwd.bak
[student@localhost ~]$ vi passwd.bak                # 自行练习表 3-5 中所列常用操作
```

vim 打开一个文件，直接进入其命令模式（默认的模式），如图 3-2 所示（在 test 文件中仅一行内容“hello”）。

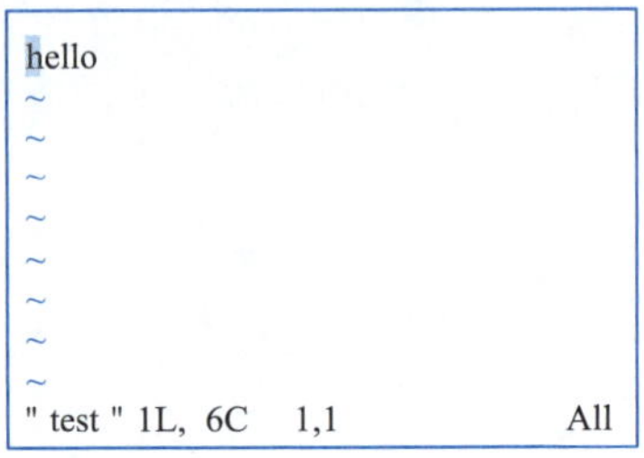

图3-2 命令模式

该模式下可进行光标移动、复制、粘贴、删除、查找等操作，见表3-5，但不可编辑文件内容。

表3-5 命令模式下常用操作

操作类型	操作键	功能
光标移动	↑、↓、→、←	上下左右移动光标
	PgUp、PgDn	上下翻页
	^或Home键	移动到行首
	$或End键	移动到行尾
	gg	移动到文件首行
	G	移动到文件末尾行
	nG	移动到文件第*n*行
复制	yy	复制当前行
	nyy	复制从光标处开始的*n*行
粘贴	p	将缓冲区中内容粘贴到光标位置处之后
删除	x或Delete键	删除单个字符
	nx	删除*n*个字符
	d^	删除光标所在处至行首
	d$	删除光标所在处至行尾
	dd	删除当前行
	ndd	删除光标所在处开始的*n*行

续表

操作类型	操 作 键	功　能
撤销	u	撤销最近一次操作（默认最多50次）
	U	撤销当前行所有编辑
查找	/xyz	从光标位置向下搜索字符串"xyz"
	?xyz	从光标位置向上搜索字符串"xyz"
	n	移动到下一个查找结果
	N	移动到上一个查找结果
	:noh（末行模式）	取消搜索到的字符串的高亮显示

范例 2： 插入模式的常用操作。

使用 vi 编辑器若要在文件中输入新的内容，需从命令模式切换到插入模式，有三种方法（如图 3-3 所示，test 文件中仅一行“hello”），且各有区别：

- 按 i 键：在光标所在处输入。
- 按 a 键：在光标所在处后方插入。
- 按 o 键：在光标所在处下方打开一个新行，光标处在行首。

```
hello
~
~
~
~
~
~
~
~
-- INSERT --      1,1             All
```

```
hello
~
~
~
~
~
~
~
~
-- INSERT --      1,2             All
```

```
hello

~
~
~
~
~
~
~
-- INSERT --      2,1             All
```

图3-3　插入模式

在范例 1 的 passwd.bak 文件中，自行练习插入模式下的常用操作，见表 3-6。

表3-6　插入模式下常用操作

操作类型	操 作 键	功　能
换行	Enter键	新建一空行
删除	Backspace键	删除光标前一个字符
	Delete键	删除光标后一个字符
光标移动	↑、↓、→、←	上下左右移动光标
	Home键	移动到行首
	End键	移动到行尾
	PgUp、PgDn	上下翻页
退回命令模式	Esc键	

范例 3： 末行模式的常用操作。

在命令模式下，按下“: / ? ”三个中任何一个字符，进入末行模式，光标将移动到最下面一行。在末行模式可以保存、退出、搜索、替换、显示行号等相关操作。

在范例 1 的 passwd.bak 文件中，自行练习末行模式下的常用操作，见表 3-7。

表3-7　末行模式下常用操作

操作类型	操 作 键	功　　能
行号	:set nu	显示行号
	:set nonu	取消行号显示
保存文件	:w	保存文件，但不退出vi编辑器
	:w 某绝对路径文件	将文件另存为其他文件
退出vim编辑器	:q	未修改文件时，退出vim编辑器
	:q!	不保存对文件的修改，强制退出vim编辑器
保存并退出	:wq或:x	
退回命令模式	Esc键	
文件内容替换	:[替换范围]s/旧的内容/新的内容[/g][/c]	
	:s /old/new	将当前行中查找到的第1个字符串"old"替换为"new"
	:s /old/new/g	将当前行中查找到的所有字符串"old"替换为"new"
	:x,y s/old/new/g	在行号“x,y”范围内查找到的所有字符串"old"替换为"new"
	:% s/old/new/g	在整个文件范围内查找到的所有字符串"old"替换为"new"
	:s /old/new/c	在替换命令末尾加入c命令，将对每个替换动作提示用户进行确认
	:s /old/new/gc	将当前行中查找到的所有字符串"old"替换为"new"，并将对每个替换动作提示用户进行确认

通过上述范例练习，初学者需注意三种模式的切换关系，如图 3-4 所示。

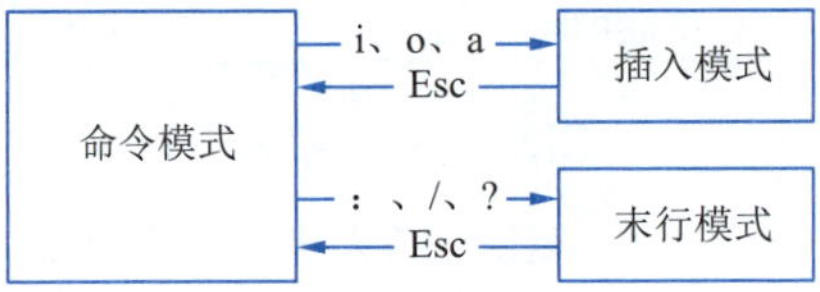

图3-4　三种模式的切换

范例 4：为普通用户永久设置某命令别名。

```
[student@localhost ~]$ vi .bashrc
        # 将光标移动到最后一行，在最后一行的下一行输入 alias cp='cp -i'，保存并退出
# .bashrc

# Source global definitions
if [ -f /etc/bashrc ]; then
        . /etc/bashrc
fi

# Uncomment the following line if you don't like systemctl's auto-paging feature:
# export SYSTEMD_PAGER=

# User specific aliases and functions
alias cp='cp -i'
                        # 只在配置文件最后一行添加内容，也可以使用 echo 命令实现上述操作
                                # 在命令行运行 echo "alias cp='cp -i'">>.bashrc
                                        # 此处务必使用的是“>>”，不能是“>”
```

```
[student@localhost ~]$ source .bashrc
[student@localhost ~]$ cp /etc/passwd passwd.bak
cp: overwrite 'passwd.bak'? y
[student@localhost ~]$
                                                   # 取消刚才别名的永久设置
[student@localhost ~]$ vi .bashrc
                       # 将光标移动到最后一行，删除最后一行内容，保存并退出
# .bashrc

# Source global definitions
if [ -f /etc/bashrc ]; then
        . /etc/bashrc
fi

# Uncomment the following line if you don't like systemctl's auto-paging feature:
# export SYSTEMD_PAGER=

# User specific aliases and functions
[student@localhost ~]$ source .bashrc
[student@localhost ~]$ exit                        # 务必退出登录后重新登录
…
[student@localhost ~]$ cp /etc/passwd passwd.bak
[student@localhost ~]$
```

思维导图小结

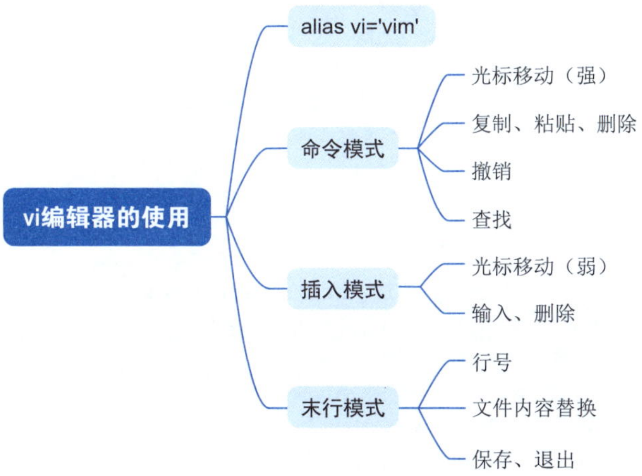

3.8　grep 文本过滤

【功能说明】

grep 是 Linux 系统文本“三剑客（grep、sed、awk）”之一，是 Linux 系统中最重要的命令之一。grep 命令相当于一个筛子，对文本文件或管道数据流按指定匹配模式进行过滤，筛选出匹配的行及数据。

当 grep 命令配合正则表达式（详见 3.9 节）使用时，文本过滤功能会更加强大。

视频

grep文本过滤

【语法格式】

```
grep  [选项]  匹配模式  [被过滤的文本]
```

注意：若无特殊需求，须用双引号将使用的匹配模式引起来，否则可能会遇到异常问题。以普通用户环境练习以下内容。

范例 1：使用 grep 过滤不包含某字符串的行。（-v）

```
[student@localhost ~]$ cat >test-grep<<eof
> stu
> student
> STU
> study Linux
> linux
> eof
[student@localhost ~]$ cat -n test-grep
     1	stu
     2	student
     3	STU
     4	study Linux
     5	linux
[student@localhost ~]$ grep -v "stu" test-grep
STU
linux
```

范例 2：使用 grep 过滤包含某字符串的行，并显示行号。（-n）

```
[student@localhost ~]$ grep "stu" test-grep
stu
student
study Linux
[student@localhost ~]$ grep -n "stu" test-grep
1:stu
2:student
4:study Linux
```

范例 3：不区分大小写过滤。（-i）

```
[student@localhost ~]$ grep -i "stu" test-grep
stu
student
STU
study Linux
```

范例 4：以单词为单位进行过滤。（-w）

```
[student@localhost ~]$ grep -w "stu" test-grep
stu
```

范例 5：同时过滤多个不同的字符串。（-E）

```
[student@localhost ~]$ grep -E "stu|linux" test-grep
 # 选项 -E 使用 egrep 命令功能，从而可使用扩展正则表达式中的逻辑或“|”同时过滤多个字符串
stu
student
study Linux
linux
[student@localhost ~]$ egrep "stu|linux" test-grep
```

```
stu
student
study Linux
linux
```

范例 6：计算匹配到字符串的行数。（-c）

```
[student@localhost ~ ]$ grep "stu" test-grep
stu
student
study Linux
[student@localhost ~ ]$ grep "stu" test-grep | wc -l
3
[student@localhost ~ ]$ grep -c "stu" test-grep
3
```

思维导图小结

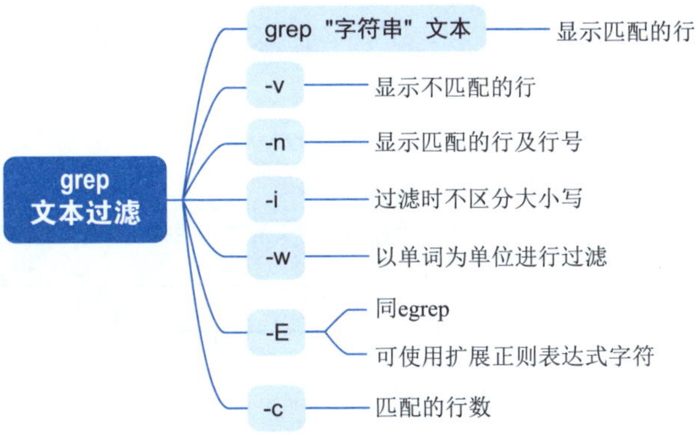

3.9　正则表达式

视频　正则表达式

正则表达式是为处理大量的字符串及文本而定义的一套规则和方法。不仅 Linux 系统中支持使用，Python 等很多编程语言都支持正则表达式。

正则表达式与之前所学通配符等字符的区别：

（1）正则表达式工作时以行为单位进行，即一次处理一行，在 Linux 系统中主要用于 grep/egrep、sed、awk 等文本内容处理工具中。

（2）通配符针对的是文件名，主要用于 ls、find、cp 等文件处理命令。grep 等文本内容处理工具不支持通配符。

（3）正则表达式中的字符虽然有的和通配符（*、?、[]）、特殊字符（{}、.、|）等字符相同，但功能不同。

正则表达式分为基本正则表达式（BRE，basic regular expression，使用的字符以下简称基本字符）和扩展正则表达式（ERE，extended regular expression，使用的字符以下简称扩展字符）。正则表达式中使用的字符称为元字符，具体说明见表 3-8。

表3-8 正则表达式中的元字符

作　用	字符	说　明	备　注
位置锚定	^	如“^stu”，表示匹配以stu开头的行	基本字符
	$	如“stu$”，表示匹配以stu结尾的行	
字符匹配	.	表示匹配任意单个字符（但是不能匹配空行）	基本字符
	[]	匹配“[abc]”集合内的任意一个字符a或b或c [abc]也可写成[a-c] 常用的形式如下： • [a-z]表示匹配所有单个小写字母 • [A-Z]表示匹配所有单个大写字母 • [a-zA-Z]表示匹配所有单个大小写字母 • [0-9]表示匹配所有单个数字 • [a-zA-Z0-9]表示匹配所有字母和数字 [^abc]表示匹配不包含a或b或c中的任意字符，此处的“^”不能用“!”替代	
匹配次数	*	匹配前一个字符0次或1次以上	基本字符
	+	匹配前一个字符1次或多次	扩展字符
	?	匹配前一个字符0次或1次	
	{}	{n}　匹配前一个字符正好*n*次 {n,}　匹配前一个字符最少*n*次 {,m}　匹配前一个字符最多*m*次 {n,m}　匹配前一个字符最少*n*次，最多*m*次	
分组	()	分组过滤，被括起来的内容表示一个整体	扩展字符
转义	\	在基本正则表达式中，用于让有特殊含义的字符脱掉“马甲”，现出原形 如“\.”只表示小数点	基本字符
逻辑或	|	表示或者，即可用于同时过滤多个字符串	扩展字符

正则表达式中使用扩展字符有如下三种方法：

（1）grep -E，即同 egrep。

（2）使用 grep 命令时不加参数 -E，在使用的每个扩展字符前面加“\”。

（3）egrep 命令可直接支持扩展字符，推荐使用。

以普通用户环境练习以下内容。

范例 1：位置锚定元字符的使用。

（1）查找 /etc/passwd 文件中含有字符串 root 的行。

```
[student@localhost ~ ]$ grep "root" /etc/passwd
root:x:0:0:root:/root:/bin/bash
operator:x:11:0:operator:/root:/sbin/nologin
```

（2）查找 /etc/passwd 文件中以字符串 root 开头的行。

```
[student@localhost ~ ]$ grep "^root" /etc/passwd
root:x:0:0:root:/root:/bin/bash
```

（3）查找 /etc/passwd 文件中以字符串 bash 结尾的行。

```
[student@localhost ~ ]$ grep "bash$" /etc/passwd
root:x:0:0:root:/root:/bin/bash
student:x:1000:1000:student:/home/student:/bin/bash
```

（4）/etc/profile 文件中有很多空行，查看该文件内容，过滤掉空行。

```
[student@localhost ~ ]$ cat /etc/profile
```

```
# /etc/profile

# System wide environment and startup programs, for login setup
# Functions and aliases go in /etc/bashrc

# It's NOT a good idea to change this file unless you know what you
…
[student@localhost ~]$ grep -v "^$" /etc/profile
# /etc/profile
# System wide environment and startup programs, for login setup
# Functions and aliases go in /etc/bashrc
# It's NOT a good idea to change this file unless you know what you
…
```

范例 2：字符匹配元字符的使用。

（1）使用“.”匹配 /etc/profile 文件中任意一个字符，但不包括空行，即查看该文件内容，但过滤掉空行。

```
[student@localhost ~]$ grep "." /etc/profile
# /etc/profile
# System wide environment and startup programs, for login setup
…
```

（2）使用转义字符“\”去掉“.”的特殊含义，查看 /etc/profile 文件中以“.”结尾的行。

```
[student@localhost ~]$ grep "\.$" /etc/profile
# will prevent the need for merging in future updates.
```

（3）查找 /etc/passwd 文件中含有指定模式字符串的行：4 个字符的字符串，以 r 开头，以 t 结尾。

```
[student@localhost ~]$ grep "r..t" /etc/passwd
root:x:0:0:root:/root:/bin/bash
operator:x:11:0:operator:/root:/sbin/nologin
ftp:x:14:50:FTP User:/var/ftp:/sbin/nologin
```

（4）查找 /etc/passwd 文件中以 100 开头，后面是任意一个数字的字符串所在的行。

```
[student@localhost ~]$ grep "100[0-9]" /etc/passwd
student:x:1000:1000:student:/home/student:/bin/bash
```

（5）查找 /etc/passwd 文件中不以 h 或 n 字符结尾的行。

```
[student@localhost ~]$ grep "[^hn]$" /etc/passwd
sync:x:5:0:sync:/sbin:/bin/sync
halt:x:7:0:halt:/sbin:/sbin/halt
```

范例 3：匹配次数元字符的使用。

（1）使用“.”过滤文件时显示文件全部内容，不包括空行；而“.*”显示文件全部内容，包括空行。

```
[student@localhost ~]$ grep ".*" /etc/profile
# /etc/profile

# System wide environment and startup programs, for login setup
# Functions and aliases go in /etc/bashrc
…
```

（2）查找 /etc/profile 文件中以 r 开头，以 t 结尾，且中间为任意字符的字符串所在的行。

```
[student@localhost ~]$ grep "r.*t" /etc/profile
# System wide environment and startup programs, for login setup
# are doing. It's much better to create a custom.sh shell script in
# /etc/profile.d/ to make custom changes to your environment, as this
# will prevent the need for merging in future updates.
            if [ "$2" = "after" ] ; then
if [ -x /usr/bin/id ]; then
…
```

（3）当使用扩展字符时（如？），建议使用 egrep 提高正则表达式的可读性。

```
[student@localhost ~]$ egrep "r?t" /etc/passwd
                                          # 同 grep "r\?t" /etc/passwd
                        # 实际上是将 /etc/passwd 文件中所有含有字母 t 的行查找出来
root:x:0:0:root:/root:/bin/bash
shutdown:x:6:0:shutdown:/sbin:/sbin/shutdown
halt:x:7:0:halt:/sbin:/sbin/halt
operator:x:11:0:operator:/root:/sbin/nologin
…
```

（4）在 /etc/passwd 文件中查找以 r 开头，以 t 结尾，中间一个字符是 r 或没有字符的字符串所在行。

```
[student@localhost ~]$ egrep "rr?t" /etc/passwd
abrt:x:173:173::/etc/abrt:/sbin/nologin
rtkit:x:172:172:RealtimeKit:/proc:/sbin/nologin
```

（5）在 /etc/passwd 文件中查找以 r 开头，以 t 结尾，中间字符至少是 1 个字母 o 的字符串所在行。

```
[student@localhost ~]$ egrep "ro+t" /etc/passwd
                                         # 同 grep "ro\+t" /etc/passwd
root:x:0:0:root:/root:/bin/bash
operator:x:11:0:operator:/root:/sbin/nologin
```

（6）在 /etc/passwd 文件中查找以 r 开头，以 t 结尾，中间包含 2 个字母 o 的字符串所在行。

```
[student@localhost ~]$ egrep "ro{2}t" /etc/passwd
                                      # 同 grep "ro\{2\}t" /etc/passwd
root:x:0:0:root:/root:/bin/bash
operator:x:11:0:operator:/root:/sbin/nologin
```

（7）在 /etc/passwd 文件中查找以 r 开头，以 t 结尾，中间至少包含 3 个字母 o 的字符串所在行。

```
[student@localhost ~]$ egrep "ro{3,}t" /etc/passwd
[student@localhost ~]$   # 同 grep "ro\{3,\}t" /etc/passwd，查找不到任何结果
```

（8）在 /etc/passwd 文件中查找以 r 开头，以 t 结尾，中间最多包含 1 个字母 o 的字符串所在行。

```
[student@localhost ~]$ egrep "ro{,1}t" /etc/passwd
                                     # 同 grep "ro\{,1\}t" /etc/passwd
abrt:x:173:173::/etc/abrt:/sbin/nologin
rtkit:x:172:172:RealtimeKit:/proc:/sbin/nologin
```

（9）在 /etc/passwd 文件中查找包含 3 位数或 4 位数的行。

```
[student@localhost ~ ]$ egrep -w "[0-9]{3,4}" /etc/passwd
                                          # 同 grep -w "[0-9]\{3,4\}" /etc/passwd
games:x:12:100:games:/usr/games:/sbin/nologin
systemd-network:x:192:192:systemd Network Management:/:/sbin/nologin
polkitd:x:999:998:User for polkitd:/:/sbin/nologin
…
```

（10）grep 或 egrep 命令的“-o”选项可以仅显示匹配到的字符串。IP 地址的表示形式是 4 个数字，中间用“.”分隔，如 1.1.1.1。

```
[student@localhost ~ ]$ ifconfig ens33
ens33: flags=4163<UP,BROADCAST,RUNNING,MULTICAST>  mtu 1500
        inet 192.168.57.128  netmask 255.255.255.0  broadcast 192.168.57.255
        inet6 fe80::4d4e:645f:ef3b:304d  prefixlen 64  scopeid 0x20<link>
        ether 00:0c:29:5e:f9:af  txqueuelen 1000  (Ethernet)
        RX packets 14894  bytes 3474252 (3.3 MiB)
        RX errors 0  dropped 0  overruns 0  frame 0
        TX packets 11870  bytes 2743111 (2.6 MiB)
        TX errors 0  dropped 0 overruns 0  carrier 0  collisions 0

[student@localhost ~ ]$ ifconfig ens33 | egrep -o "inet [0-9.]{7,}"
        # 正则表达式 [0-9.]{7,} 表示由点号“.”和任意数字组成，至少 7 个字符的字符串
inet 192.168.57.128
                          # 后续将学习 cut 命令，可将 IP 地址在上述输出的字符串中按列截取出来
```

范例 4：分组元字符的使用。

在 /etc/passwd 文件中查找包含以 g 开头，以 d 结尾，中间为 oo 或 la 的字符串所在行。

```
[student@localhost ~ ]$ su -
Password:
…
[root@localhost ~ ]# useradd good                          # 创建普通用户 good
[root@localhost ~ ]# useradd glad                          # 创建普通用户 glad
[root@localhost ~ ]# exit
logout
[student@localhost ~ ]$ egrep "g(oo|la)d" /etc/passwd
good:x:1001:1001::/home/good:/bin/bash
glad:x:1002:1002::/home/glad:/bin/bash
```

不需要 good、glad 普通用户时，在 root 环境下使用“userdel -r good”和“userdel -r glad”删除这两个普通用户。关于创建、删除用户详见 4.4 节和 4.6 节。

范例 5：逻辑或的使用

过滤掉 /etc/profile 中的空行和注释信息，只看该配置文件有效内容。

```
[student@localhost ~ ]$ egrep -v "^$|^#" /etc/profile
pathmunge () {
    case ":${PATH}:" in
        *:"$1":*)
            ;;
…
```

思维导图小结

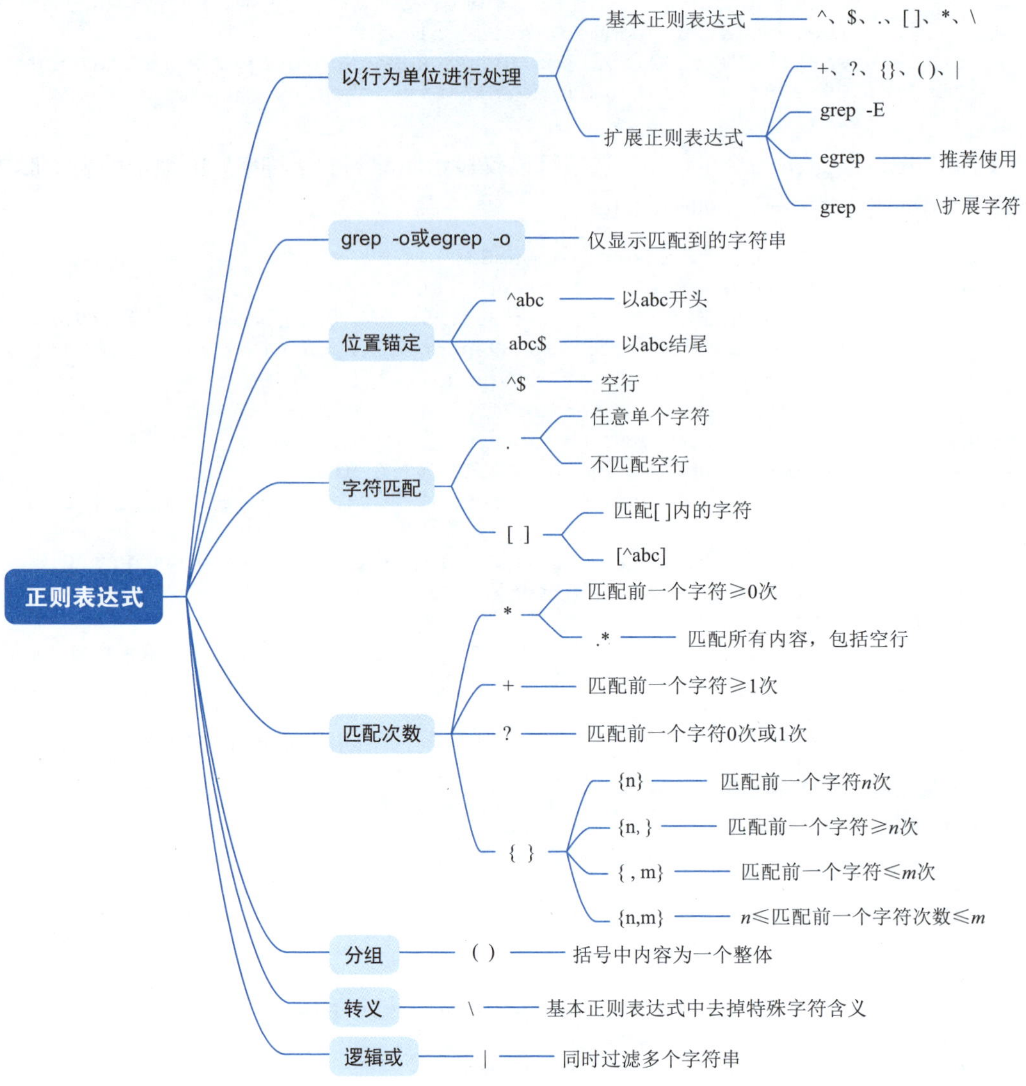

3.10 cut 按列截取文本

视 频

cut按列截取文本

【功能说明】

不同于 grep 命令按行过滤文本信息，cut 命令用于按列截取文本信息。

【语法格式】

```
cut  [ 选项 ]  [ 文本信息 ]
```

以普通用户环境练习以下内容。

范例 1：截取单列文本。

获取 ens33 网卡的 IP 地址。

```
[student@localhost ~ ]$ ifconfig ens33
```

```
ens33: flags=4163<UP,BROADCAST,RUNNING,MULTICAST>  mtu 1500
        inet 192.168.57.128  netmask 255.255.255.0  broadcast 192.168.57.255
        inet6 fe80::4d4e:645f:ef3b:304d  prefixlen 64  scopeid 0x20<link>
        ether 00:0c:29:5e:f9:af  txqueuelen 1000  (Ethernet)
        RX packets 14894  bytes 3474252 (3.3 MiB)
        RX errors 0  dropped 0  overruns 0  frame 0
        TX packets 11870  bytes 2743111 (2.6 MiB)
        TX errors 0  dropped 0 overruns 0  carrier 0  collisions 0
```

【方法 1】

```
[student@localhost ~]$ ifconfig ens33|egrep -o "inet [0-9.]{7,}"|cut -d" " -f2
                                        # 选项 -d 后的字符为文本信息中的分隔符
                          # 以空格作为分隔符时，应将空格放在一对单引号或双引号之内
                     # 选项 -f 指定要截取的字段，-f2 表示提取分隔后第 2 列文本内容
192.168.57.128
```

【方法 2】

```
[student@localhost ~]$ ifconfig ens33 | grep -w "inet" | cut -d" " -f10
                # 在 inet 前有 8 个空格，因此分隔后 inet 是第 9 列，IP 地址是第 10 列
192.168.57.128
```

范例 2： 截取连续的多列文本。

获取 /etc/passwd 文件中 root 用户信息的第 1 ～ 4 列文本。

```
[student@localhost ~]$ grep "^root" /etc/passwd
root:x:0:0:root:/root:/bin/bash
[student@localhost ~]$ grep "^root" /etc/passwd | cut -d: -f1-4
root:x:0:0
```

范例 3： 截取不连续的多列文本。

获取 /etc/passwd 文件中 root 用户信息的第 1、3、4、7 列文本。

```
[student@localhost ~]$ grep "^root" /etc/passwd | cut -d: -f1,3,4,7
root:0:0:/bin/bash
```

思维导图小结

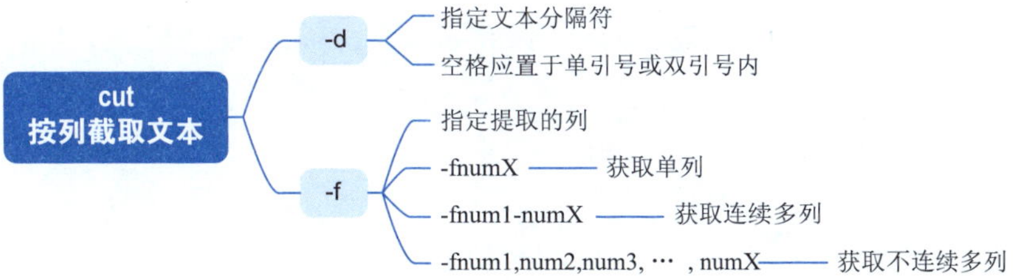

3.11　sort 文本排序

【功能说明】

sort 命令按照指定的规则对文本内容进行排序，然后输出到标准输出。注意：sort 命令对文件排序时，只影响文件输出结果，不影响文件原有内容。

视 频

sort文本排序

【语法格式】

```
sort  [选项]  [文本]
```

以普通用户环境练习以下内容。

范例 1：不使用任何选项排序。

sort 命令默认以行为单位，按每行首字符对应的 ASCII 码值大小升序排序。

```
[student@localhost ~]$ sort /etc/passwd
abrt:x:173:173::/etc/abrt:/sbin/nologin
adm:x:3:4:adm:/var/adm:/sbin/nologin
avahi:x:70:70:Avahi mDNS/DNS-SD Stack:/var/run/avahi-daemon:/sbin/nologin
bin:x:1:1:bin:/bin:/sbin/nologin
chrony:x:994:991::/var/lib/chrony:/sbin/nologin
colord:x:998:997:User for colord:/var/lib/colord:/sbin/nologin
…
```

范例 2：降序排序。（-r）

```
[student@localhost ~]$ sort -r /etc/passwd
usbmuxd:x:113:113:usbmuxd user:/:/sbin/nologin
unbound:x:993:990:Unbound DNS resolver:/etc/unbound:/sbin/nologin
tss:x:59:59:Account used by the trousers package to sandbox the tcsd
daemon:/dev/null:/sbin/nologin
tcpdump:x:72:72::/:/sbin/nologin
…
```

范例 3：按指定字段排序。（-t、-k）

将 /etc/passwd 文件中内容按第 3 个字段 UID 进行排序。

```
[student@localhost ~]$ sort -t: -k3 /etc/passwd
                              # 选项 -t 指定分隔符，选项 -k 用于指定排序字段
 # 注意：sort 默认排序不是按 UID 的数值大小排序，而是按数字串字符的 ASCII 码值大小排序
root:x:0:0:root:/root:/bin/bash
student:x:1000:1000:student:/home/student:/bin/bash
qemu:x:107:107:qemu user:/:/sbin/nologin
operator:x:11:0:operator:/root:/sbin/nologin
usbmuxd:x:113:113:usbmuxd user:/:/sbin/nologin
bin:x:1:1:bin:/bin:/sbin/nologin
…
```

范例 4：按数值大小排序。（-n）

```
[student@localhost ~]$ sort -t: -k3 -n /etc/passwd
                                              # 按第 3 列 UID 的数值大小排序
root:x:0:0:root:/root:/bin/bash
bin:x:1:1:bin:/bin:/sbin/nologin
daemon:x:2:2:daemon:/sbin:/sbin/nologin
adm:x:3:4:adm:/var/adm:/sbin/nologin
lp:x:4:7:lp:/var/spool/lpd:/sbin/nologin
sync:x:5:0:sync:/sbin:/bin/sync
shutdown:x:6:0:shutdown:/sbin:/sbin/shutdown
…
```

范例 5：去重排序。（-u）

显示 /etc/passwd 文件中用户有哪些不同的登录 Shell。

```
[student@localhost ~]$ cut -d: -f7 /etc/passwd | sort -u
/bin/bash
/bin/sync
/sbin/halt
```

```
/sbin/nologin
/sbin/shutdown
[student@localhost ~]$ cut -d: -f7 /etc/passwd | sort | uniq
                                    # 命令 uniq 也可用于去除重复出现的行
/bin/bash
/bin/sync
/sbin/halt
/sbin/nologin
/sbin/shutdown
[student@localhost ~]$ cut -d: -f7 /etc/passwd | sort | uniq -c
                              # 命令 uniq 的 -c 选项可以统计出重复行出现的次数
      2 /bin/bash
      1 /bin/sync
      1 /sbin/halt
     39 /sbin/nologin
      1 /sbin/shutdown
```

思维导图小结

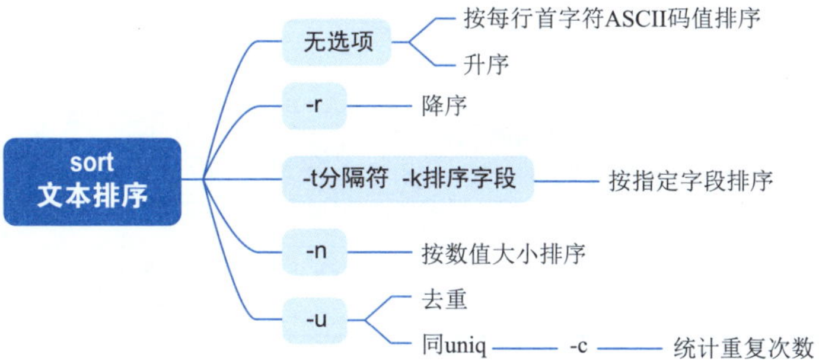

3.12 sed 字符流编辑器

【功能说明】

sed（stream editor）字符流编辑器，是 Linux 系统文本“三剑客（grep、sed、awk）”之一，是操作、过滤和转换文本内容的强大工具。

sed 通过文件或管道读取文件内容，一次仅处理一行文本，其常用功能包含对文件实现快速增删改查，但并不直接修改文件，而是将读取的内容逐行复制到缓冲区（sed 的模式空间）中，在缓冲区中根据指定条件进行编辑操作。

不同于 grep 命令只能实现查找，而无法对查找到的内容做进一步处理，sed 命令可以对查找到的内容进行删除或替换等操作。

视 频

sed字符流编辑器(上)

【语法格式】

```
sed  [选项]  [sed 脚本]  [文本文件]
```

其中“sed 脚本”用于设置匹配条件和要进行的处理动作，一般又分为地址定界和编辑命令两部分。

（1）地址定界。地址定界用于指定所设置的匹配条件要操作的文本范围，符号说明见表 3-9。

表3-9　地址定界符号说明

符　　号	说　　明
无地址定界符号	表示全文范围
x	表示第*x*行
$	表示最后一行
x,y	第*x*到第*y*行
x,+y	第*x*行及向下*y*行
x～y	第*x*行，及从第*x*行开始的每隔*y*行
/匹配模式/	表示符合该匹配模式的行，匹配模式可以是正则表达式

（2）编辑命令。编辑命令用于指定要进行的处理动作，符号说明见表 3-10。

表3-10　编辑命令符号说明

<table>
<tr><th>符　　号</th><th colspan="2">说　　明</th></tr>
<tr><td>d</td><td colspan="2">删除指定的行</td></tr>
<tr><td>p</td><td colspan="2">输出符合匹配模式的内容</td></tr>
<tr><td>a</td><td colspan="2">在指定行之后追加内容</td></tr>
<tr><td>i</td><td colspan="2">在指定行之前插入内容</td></tr>
<tr><td>c</td><td colspan="2">将指定的行替换为新的内容</td></tr>
<tr><td>w</td><td colspan="2">将指定的内容另存为新的文件</td></tr>
<tr><td>r</td><td colspan="2">读取某文件的内容到指定的行之后</td></tr>
<tr><td>!</td><td colspan="2">取反</td></tr>
<tr><td>s/旧内容/新内容</td><td>在替换范围内只将每行中第一个“旧内容”替换为“新内容”</td><td rowspan="2">在“新内容”中，可用“&”表示“旧内容”</td></tr>
<tr><td>s/旧内容/新内容/g</td><td>在替换范围内每一行所有“旧内容”都替换为“新内容”</td></tr>
</table>

注意：使用 sed 脚本时，推荐置于单引号中。

以普通用户环境练习以下内容。

范例 1：删除指定内容。

默认情况下，sed 命令删除文件中指定内容时，只是删除输出中的相应内容，源文件中相应内容并未被删除。

（1）显示 /etc/passwd 文件内容时，删除第 1 行内容。

```
[student@localhost ~ ]$ sed '1d' /etc/passwd
bin:x:1:1:bin:/bin:/sbin/nologin       # 文件 /etc/passwd 第 1 行为 root 用户的信息
daemon:x:2:2:daemon:/sbin:/sbin/nologin
adm:x:3:4:adm:/var/adm:/sbin/nologin
…
```

（2）显示 /etc/passwd 文件内容时，删除第 1 ～ 3 行内容。

```
[student@localhost ~ ]$ sed '1,3d' /etc/passwd
                                        # 文件 /etc/passwd 第 4 行为 adm 用户的信息
adm:x:3:4:adm:/var/adm:/sbin/nologin
lp:x:4:7:lp:/var/spool/lpd:/sbin/nologin
sync:x:5:0:sync:/sbin:/bin/sync
…
```

（3）显示 /etc/passwd 文件内容时，删除以“nologin”结尾的行。

```
[student@localhost ~ ]$ sed '/nologin$/d' /etc/passwd
```

```
root:x:0:0:root:/root:/bin/bash
sync:x:5:0:sync:/sbin:/bin/sync
shutdown:x:6:0:shutdown:/sbin:/sbin/shutdown
halt:x:7:0:halt:/sbin:/sbin/halt
student:x:1000:1000:student:/home/student:/bin/bash
```

（4）显示 /etc/profile 文件内容时，删除空行和注释行。

```
[student@localhost ~]$ sed '/^$/d' /etc/profile | sed '/^#/d'
                                 # 正则表达式 ^$ 表示空行，正则表达式 ^# 表示以 # 开头的注释行
pathmunge () {
    case ":${PATH}:" in
        *:"$1":*)
            ;;
        *)
            if [ "$2" = "after" ] ; then
                PATH=$PATH:$1
…
```

（5）显示 /etc/fstab 文件内容时，删除不以 UUID 开头的行。

```
[student@localhost ~]$ sed '/^UUID/!d' /etc/fstab
UUID=dd9688f7-9fa6-49c5-b201-95389f4fafb9 /      xfs    defaults    0 0
UUID=fc7dfbd0-c88b-4f50-a8d6-4c79a332a2a9 /boot  xfs    defaults    0 0
UUID=8abc38b8-1933-40b0-9af5-885234543cd7 swap   swap   defaults    0 0
```

（6）若希望 sed 命令直接编辑（增删改）源文件，需使用“-i”选项。

```
[student@localhost ~]$ cp /etc/passwd passwd.bak
[student@localhost ~]$ sed 'd' passwd.bak
[student@localhost ~]$                                        # 删除输出内容的每一行
[student@localhost ~]$ cat passwd.bak
root:x:0:0:root:/root:/bin/bash                                    # 源文件内容还在
bin:x:1:1:bin:/bin:/sbin/nologin
…
[student@localhost ~]$ sed -i 'd' passwd.bak                     # 删除源文件每一行
[student@localhost ~]$ cat passwd.bak
[student@localhost ~]$                                          # 源文件内容已清空
```

范例 2：输出指定内容。

（1）显示 /etc/fstab 文件中以 UUID 开头的行。

```
[student@localhost ~]$ sed '/^UUID/p' /etc/fstab

#
# /etc/fstab
# Created by anaconda on Mon Jul  1 16:41:54 2024
#
# Accessible filesystems, by reference, are maintained under '/dev/disk'
# See man pages fstab(5), findfs(8), mount(8) and/or blkid(8) for more info
#
UUID=dd9688f7-9fa6-49c5-b201-95389f4fafb9   /      xfs    defaults  0 0
UUID=dd9688f7-9fa6-49c5-b201-95389f4fafb9   /      xfs    defaults  0 0
UUID=fc7dfbd0-c88b-4f50-a8d6-4c79a332a2a9   /boot  xfs    defaults  0 0
UUID=fc7dfbd0-c88b-4f50-a8d6-4c79a332a2a9   /boot  xfs    defaults  0 0
UUID=8abc38b8-1933-40b0-9af5-885234543cd7   swap   swap   defaults  0 0
UUID=8abc38b8-1933-40b0-9af5-885234543cd7   swap   swap   defaults  0 0
        # 由于 sed 命令默认会输出模式空间中的内容，因此符合条件的内容被重复输出了两次
[student@localhost ~]$ sed -n '/^UUID/p' /etc/fstab
```

```
UUID=dd9688f7-9fa6-49c5-b201-95389f4fafb9  /      xfs    defaults  0 0
UUID=fc7dfbd0-c88b-4f50-a8d6-4c79a332a2a9  /boot  xfs    defaults  0 0
UUID=8abc38b8-1933-40b0-9af5-885234543cd7  swap   swap   defaults  0 0
                                        # 使用"-n"选项不输出模式空间中的内容
                  # 编辑命令p通常与"-n"选项结合使用，从而只显示编辑命令p匹配的内容
```

（2）显示 /etc/passwd 文件第 1 行内容。

```
[student@localhost ~]$ sed -n '1p' /etc/passwd
root:x:0:0:root:/root:/bin/bash
```

（3）显示 /etc/passwd 文件第 1 ～ 3 行内容。

```
[student@localhost ~]$ sed -n '1,3p' /etc/passwd
root:x:0:0:root:/root:/bin/bash
bin:x:1:1:bin:/bin:/sbin/nologin
daemon:x:2:2:daemon:/sbin:/sbin/nologin
```

（4）显示 /etc/passwd 文件从第 1 行开始，及向下 2 行内容。

```
[student@localhost ~]$ sed -n '1,+2p' /etc/passwd
root:x:0:0:root:/root:/bin/bash
bin:x:1:1:bin:/bin:/sbin/nologin
daemon:x:2:2:daemon:/sbin:/sbin/nologin
```

（5）显示 /etc/passwd 文件从第 1 行开始，及从第 1 行开始的每隔 20 行的内容，即显示第 1 行、第 21 行、第 41 行等，直到文件结束。

```
[student@localhost ~]$ sed -n '1～20p' /etc/passwd
root:x:0:0:root:/root:/bin/bash
abrt:x:173:173::/etc/abrt:/sbin/nologin
postfix:x:89:89::/var/spool/postfix:/sbin/nologin
[student@localhost ~]$ egrep -n "^root|^abrt|^postfix" /etc/passwd
1:root:x:0:0:root:/root:/bin/bash
21:abrt:x:173:173::/etc/abrt:/sbin/nologin
41:postfix:x:89:89::/var/spool/pos2tfix:/sbin/nologin
```

（6）显示 /etc/fstab 文件从第 9 行开始，到最后一行的内容。

```
[student@localhost ~]$ sed -n '9,$p' /etc/fstab
UUID=dd9688f7-9fa6-49c5-b201-95389f4fafb9 /      xfs    defaults  0 0
UUID=fc7dfbd0-c88b-4f50-a8d6-4c79a332a2a9 /boot  xfs    defaults  0 0
UUID=8abc38b8-1933-40b0-9af5-885234543cd7 swap   swap   defaults  0 0
```

（7）显示 /etc/profile 文件中所有不是空行的内容。

```
[student@localhost ~]$ sed -n '/^$/!p' /etc/profile
# /etc/profile
# System wide environment and startup programs, for login setup
# Functions and aliases go in /etc/bashrc
# It's NOT a good idea to change this file unless you know what you
# are doing. It's much better to create a custom.sh shell script in
# /etc/profile.d/ to make custom changes to your environment, as this
# will prevent the need for merging in future updates.
pathmunge () {
    case ":${PATH}:" in
        *:"$1":*)
            ;;
        *)
            if [ "$2" = "after" ] ; then
…
```

视 频

sed字符流编辑器(下)

范例 3： 追加指定内容。

（1）在 /etc/passwd 文件输出显示内容中第 2 行之后追加新的行“Hello World”。

```
[student@localhost ~]$ sed '2a Hello World' /etc/passwd
root:x:0:0:root:/root:/bin/bash
bin:x:1:1:bin:/bin:/sbin/nologin
Hello World
daemon:x:2:2:daemon:/sbin:/sbin/nologin
```

（2）在 /etc/passwd 文件输出显示内容中以 root 开头的行之后追加新的行“Hello World”。

```
[student@localhost ~]$ sed '/^root/a Hello World' /etc/passwd
root:x:0:0:root:/root:/bin/bash
Hello World
bin:x:1:1:bin:/bin:/sbin/nologin
……
```

范例 4： 插入指定内容。

（1）在 /etc/passwd 文件输出显示内容中第 2 行之前插入新的行“Hello World”。

```
[student@localhost ~]$ sed '2i Hello World' /etc/passwd
root:x:0:0:root:/root:/bin/bash
Hello World
bin:x:1:1:bin:/bin:/sbin/nologin
```

（2）在 /etc/passwd 文件输出显示内容中以 root 开头的行之前插入新的行“Hello World”。

```
[student@localhost ~]$ sed '/^root/i Hello World' /etc/passwd
Hello World
root:x:0:0:root:/root:/bin/bash
bin:x:1:1:bin:/bin:/sbin/nologin
```

范例 5： 替换指定内容。

（1）将 /etc/passwd 文件输出显示内容中第 2 行替换为“Hello World”。

```
[student@localhost ~]$ sed '2c Hello World' /etc/passwd
root:x:0:0:root:/root:/bin/bash
Hello World
daemon:x:2:2:daemon:/sbin:/sbin/nologin
```

（2）将 /etc/passwd 文件输出显示内容中以 root 开头的行替换为“Hello World”。

```
[student@localhost ~]$ sed '/^root/c Hello World' /etc/passwd
Hello World
bin:x:1:1:bin:/bin:/sbin/nologin
```

范例 6： 多点编辑。

使用“-e”选项可以实现多点编辑，即在一个 sed 命令中实现多个编辑操作。

在 /etc/passwd 文件输出显示内容的第 2 行之前插入“Hello”，在第 3 行之后追加“CentOS”。

```
[student@localhost ~]$ sed -e '2i Hello' -e '3a CentOS' /etc/passwd
root:x:0:0:root:/root:/bin/bash
Hello
bin:x:1:1:bin:/bin:/sbin/nologin
daemon:x:2:2:daemon:/sbin:/sbin/nologin
CentOS
adm:x:3:4:adm:/var/adm:/sbin/nologin
```

范例 7：另存指定内容。

将 /etc/fstab 文件中以 UUID 开头的行另存到文件 /tmp/fstab.txt 中。

```
[student@localhost ~]$ sed -n '/^UUID/w /tmp/fstab.txt' /etc/fstab
[student@localhost ~]$ cat /tmp/fstab.txt
UUID=dd9688f7-9fa6-49c5-b201-95389f4fafb9 /       xfs    defaults  0 0
UUID=fc7dfbd0-c88b-4f50-a8d6-4c79a332a2a9 /boot   xfs    defaults  0 0
UUID=8abc38b8-1933-40b0-9af5-885234543cd7 swap    swap   defaults  0 0
```

范例 8：读取指定内容。

读取 /etc/redhat-release 文件内容，放在 /etc/passwd 文件输出显示内容的第 1 行之后显示。

```
[student@localhost ~]$ cat /etc/redhat-release
CentOS Linux release 7.9.2009 (Core)
[student@localhost ~]$ sed '1r /etc/redhat-release' /etc/passwd
root:x:0:0:root:/root:/bin/bash
CentOS Linux release 7.9.2009 (Core)
bin:x:1:1:bin:/bin:/sbin/nologin
…
```

范例 9：查找并替换指定内容。

（1）将 /etc/passwd 文件输出显示内容中所有的 bash 替换为 nologin，只输出显示被替换的行。

```
[student@localhost ~]$ sed -n 's/bash/nologin/gp' /etc/passwd
root:x:0:0:root:/root:/bin/nologin
student:x:1000:1000:student:/home/student:/bin/nologin
```

（2）将 /etc/passwd 文件输出显示内容中从第 5 行开始直到最后一行的所有 bash 都替换为空，只输出显示被替换的行。

```
[student@localhost ~]$ sed -n '5,$s/bash//gp' /etc/passwd
student:x:1000:1000:student:/home/student:/bin/
```

（3）在 /etc/passwd 文件输出显示内容的第 1 ～ 5 行的开头加上 #。

```
[student@localhost ~]$ sed -n '1,5s/^/#/gp' /etc/passwd
#root:x:0:0:root:/root:/bin/bash
#bin:x:1:1:bin:/bin:/sbin/nologin
#daemon:x:2:2:daemon:/sbin:/sbin/nologin
#adm:x:3:4:adm:/var/adm:/sbin/nologin
#lp:x:4:7:lp:/var/spool/lpd:/sbin/nologin
```

（4）删除 /etc/passwd 文件输出显示内容的第 1 ～ 5 行中所有的数字。

```
[student@localhost ~]$ sed -nr '1,5s/[0-9]+//gp' /etc/passwd
                                        # 同 sed -n '1,5s/[0-9]\+//gp' /etc/passwd
         # 使用扩展正则表达式时，推荐使用 sed 命令的“-r”选项，提高正则表达式可读性
root:x:::root:/root:/bin/bash
bin:x:::bin:/bin:/sbin/nologin
daemon:x:::daemon:/sbin:/sbin/nologin
adm:x:::adm:/var/adm:/sbin/nologin
lp:x:::lp:/var/spool/lpd:/sbin/nologin
```

（5）删除 ifconfig 命令查看 ens33 网卡时所有行开头的空格。

```
[student@localhost ~]$ ifconfig ens33 | sed -r 's/^[ ]+//g'
ens33: flags=4163<UP,BROADCAST,RUNNING,MULTICAST>  mtu 1500
inet 192.168.57.128  netmask 255.255.255.0  broadcast 192.168.57.255
inet6 fe80::ca33:5852:2c2a:1cf4  prefixlen 64  scopeid 0x20<link>
```

```
ether 00:0c:29:0a:ee:c6  txqueuelen 1000  (Ethernet)
RX packets 5510  bytes 447829 (437.3 KiB)
RX errors 0  dropped 0  overruns 0  frame 0
TX packets 3628  bytes 427900 (417.8 KiB)
TX errors 0  dropped 0 overruns 0  carrier 0  collisions 0

[student@localhost ~]$
```

（6）只显示 ifconfig 命令查看 ens33 网卡时该网卡的 IP 地址。

```
[student@localhost ~]$ ifconfig ens33 | sed -n '2s/^.*inet //gp'
                            # 使用正则表达式“^.*inet ”将 IP 地址前的内容替换为空
192.168.57.128  netmask 255.255.255.0  broadcast 192.168.57.255
[student@localhost ~]$ ifconfig ens33 | sed -n '2s/^.*inet //gp' | cut -d" " -f1
                            # 该方法获取 IP 地址相对复杂，仅练习一下正则表达式的使用
192.168.57.128
```

（7）在 /etc/passwd 文件输出显示内容中所有以 r 开头，以 t 结尾，且中间是两个任意字符的字符串后面都加上 Admin。

```
[student@localhost ~]$ sed -n 's/r..t/&Admin/gp' /etc/passwd
                            # 使用 & 表示正则表达式“r..t”匹配到的内容
rootAdmin:x:0:0:rootAdmin:/rootAdmin:/bin/bash
operator:x:11:0:operator:/rootAdmin:/sbin/nologin
ftp:x:14:50:FTP User:/var/ftAdminp:/sbin/nologin
```

思维导图小结

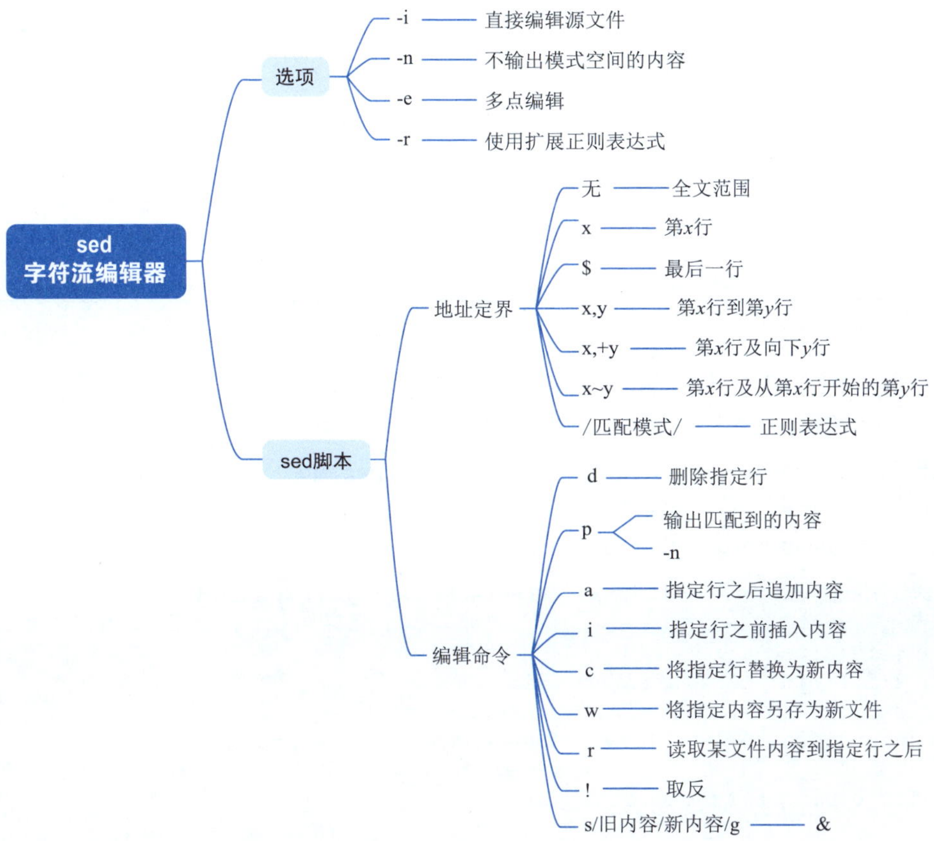

3.13 awk 基础入门

视频

awk基础入门

【功能说明】

awk（名字来自三位创始人 Alfred Aho、Peter Weinberger 和 Brian Kernighan 的 FamilyName 的首字符）不仅仅是 Linux 系统中的一个命令，而且还是一种编程语言，可以用来处理数据和生成报告，处理的数据可以是一个或多个文件。

awk 是 Linux 系统文本“三剑客”中最强大的文本处理工具（没有之一），相应的用法也比较复杂。在此仅通过范例讲解 awk 几个常用基本功能。

【语法格式】

```
awk  [选项]  '条件{动作}'  文件
```

注意：条件{动作}应置于单引号中。

在条件和动作中可使用的常用变量及说明见表 3-11。

表3-11 awk命令的常用变量

变量名	说明
NR	number of record，已经读出的记录数，也就是行号，从1开始
$0	当前整行记录
$n	当前记录的第*n*个列，字段由-F参数指定分隔符
NF	number of field，当前记录中列的个数
$(NF -n)	倒数第*n*+1列，*n*为数字
OFS	output field separator，用于自定义输出分隔符

在条件和动作中还可以使用关系运算符和逻辑运算符，见表 3-12。

表3-12 awk命令中的关系运算符和逻辑运算符

关系运算符		逻辑运算符	
>、>=	大于、大于或等于	&&	逻辑与
<、<=	小于、小于或等于	||	逻辑或
==、!=	等于、不等于	!	不匹配正则表达式

以普通用户环境练习以下内容。

范例 1：显示出某个范围内的内容。

（1）显示 /etc/passwd 文件中第 1 行。

```
[student@localhost ~]$ awk 'NR==1' /etc/passwd          # 使用 NR 指定要读取的行
root:x:0:0:root:/root:/bin/bash
```

（2）显示 /etc/passwd 文件中第 1 ～ 3 行。

```
[student@localhost ~]$ awk 'NR>=1&&NR<=3' /etc/passwd
                              # 方法 1：逻辑与 &&，连接需要同时满足的两个条件
root:x:0:0:root:/root:/bin/bash
bin:x:1:1:bin:/bin:/sbin/nologin
daemon:x:2:2:daemon:/sbin:/sbin/nologin
[student@localhost ~]$ awk 'NR==1,NR==3' /etc/passwd
                    # 方法 2：逻辑与也可使用逗号，连接需要同时满足的两个条件
root:x:0:0:root:/root:/bin/bash
```

```
bin:x:1:1:bin:/bin:/sbin/nologin
daemon:x:2:2:daemon:/sbin:/sbin/nologin
```

（3）显示 /etc/passwd 文件中第 1 行和第 3 行，并打印行号。

```
[student@localhost ~]$ awk 'NR==1||NR==3' /etc/passwd
                                              # 逻辑或 ||，显示第 1 行或第 3 行
root:x:0:0:root:/root:/bin/bash
daemon:x:2:2:daemon:/sbin:/sbin/nologin
[student@localhost ~]$ awk 'NR==1||NR==3{print NR}' /etc/passwd
1                       # 在 {} 中的是动作，print 表示打印显示，print NR 打印行号
3
[student@localhost ~]$ awk 'NR==1||NR==3{print NR,$0}' /etc/passwd
                                                            # $0 显示整行记录
1 root:x:0:0:root:/root:/bin/bash
3 daemon:x:2:2:daemon:/sbin:/sbin/nologin
```

（4）显示 /etc/passwd 文件中第 3 列 UID 值在 1000 ～ 60000 的所有行（所有普通用户）。

```
[student@localhost ~]$ awk -F':' '$3>=1000&&$3<=60000' /etc/passwd
                                         # $3 指定记录的第 3 列，由 -F 指定分隔符
student:x:1000:1000:student:/home/student:/bin/bash
```

范例 2：指定分隔符显示某几列。

默认情况下，awk 命令以空格或 Tab（制表符）作为字段之间的分隔符，即当一行中字段之间的分隔符为空格或 Tab（制表符）时，提取列时不需要指定分隔符。

（1）只显示 ifconfig 命令查看 ens33 网卡时的 IP 地址。

```
[student@localhost ~]$ ifconfig ens33
ens33: flags=4163<UP,BROADCAST,RUNNING,MULTICAST>  mtu 1500
        inet 192.168.57.128  netmask 255.255.255.0  broadcast 192.168.57.255
        inet6 fe80::4d4e:645f:ef3b:304d  prefixlen 64  scopeid 0x20<link>
        ether 00:0c:29:5e:f9:af  txqueuelen 1000  (Ethernet)
        RX packets 15264  bytes 3503312 (3.3 MiB)
        RX errors 0  dropped 0  overruns 0  frame 0
        TX packets 12147  bytes 2786354 (2.6 MiB)
        TX errors 0  dropped 0 overruns 0  carrier 0  collisions 0
                                                                    # 方法 1
[student@localhost ~]$ ifconfig ens33 | sed -n '2p'
        inet 192.168.57.128  netmask 255.255.255.0  broadcast 192.168.57.255
                                                # 使用 sed -n '2p' 读取第 2 行内容
[student@localhost ~]$ ifconfig ens33 | sed -n '2p' | cut -d" " -f10
192.168.57.128                   # 使用 cut -d" " -f10 按空格分隔符，截取第 10 列
                                                                    # 方法 2
[student@localhost ~]$ ifconfig ens33 | sed -n '2p' | awk '{print $2}'
                                        #awk 命令比 cut 命令更灵活，不用考虑空格的数量
192.168.57.128
                                                                    # 方法 3
[student@localhost ~]$ ifconfig ens33 | awk 'NR==2{print $2}'
192.168.57.128                             # 提取第 2 行内容，打印输出第 2 列内容
```

（2）提取根分区的磁盘使用率信息。

```
[student@localhost ~]$ df -h
Filesystem          Size   Used   Avail  Use%   Mounted       on
devtmpfs            895M      0   895M   0%     /dev
tmpfs               910M      0   910M   0%     /dev/shm
```

```
tmpfs              910M    11M   900M    2%    /run
tmpfs              910M      0   910M    0%    /sys/fs/cgroup
/dev/sda3           15G   4.5G    11G   30%    /
/dev/sda1         1014M   180M   835M   18%    /boot
tmpfs              182M    52K   182M    1%    /run/user/1000
[student@localhost ~]$ df -h | awk 'NR==6{print $5}'
30%
```

注意：当字段之间不是以空格为分隔时，通过“-F”选项指定分隔符，分隔符需放在单引号或双引号中。

（3）提取根分区的磁盘使用率信息，不显示百分号。

```
[student@localhost ~]$ df -h| awk 'NR==6{print $5}' | awk -F'%' '{print $1}'
30
```

（4）显示 /etc/passwd 文件中每行的第 1 列和最后 1 列。

```
[student@localhost ~]$ awk -F':' '{print $1,$NF}' /etc/passwd
                                    # 变量 NF 为当前记录中列的个数，$NF 表示最后 1 列
                # 在列 $1 和 $NF 之间以逗号分隔时，print 显示的内容默认以空格作为分隔符
root /bin/bash
bin /sbin/nologin
…
[student@localhost ~]$ awk -F':' 'OFS="#"{print $1,$NF}' /etc/passwd
                                                  # 使用变量 OFS 自定义分隔符为“#”
root#/bin/bash
bin#/sbin/nologin
…
[student@localhost ~]$ awk -F':' '{print $1"#"$NF}' /etc/passwd
      # 各列之间不以逗号分隔，直接给出各列之间的分隔符，如“#”，分隔符应置于双引号中
root#/bin/bash
bin#/sbin/nologin
```

（5）显示 /etc/passwd 文件中第 1 行倒数第 2 列字段。

```
[student@localhost ~]$ awk -F':' 'NR==1{print $(NF-1)}' /etc/passwd
/root
```

（6）根据文件 test 中内容，统计各域名访问次数。

```
[student@localhost ~]$ cat test       # 请根据显示的 test 内容自行创建该文件及内容
http://www.xyz.com/index.html
http://www.xyz.com/1.html
http://post.xyz.com/index.html
http://mp3.xyz.com/index.html
http://www.xyz.com/3.html
http://post.xyz.com/2.html
[student@localhost ~]$ awk -F'/' '{print $3}' test
www.xyz.com
www.xyz.com
post.xyz.com
mp3.xyz.com
www.xyz.com
post.xyz.com
[student@localhost ~]$ awk -F'/' '{print $3}' test | sort | uniq -c
      1 mp3.xyz.com
```

```
    2 post.xyz.com
    3 www.xyz.com
```

范例 3： 通过正则表达式取出想要的内容。

awk 命令中，可在“-F”选项中指定分隔符和“条件”描述中使用正则表达式。

（1）显示 /etc/passwd 文件中以 root 开头行中的第 1 列和第 3 列字段。

```
[student@localhost ~]$ awk -F':' '/^root/{print $1,$3}' /etc/passwd
                                   # 在“条件”描述部分，正则表达式应置于定界符“//”中
root 0
```

（2）显示 /etc/passwd 文件中不以 nologin 结尾行中的第 1 列和最后 1 列字段，输出时字段之间使用“:”作为分隔符。

```
[student@localhost ~]$ awk -F':' '!/nologin$/{print $1":"$NF}' /etc/passwd
root:/bin/bash
sync:/bin/sync
shutdown:/sbin/shutdown
halt:/sbin/halt
student:/bin/bash
```

（3）提取 ip.txt 文件中的 IP 地址信息。

```
[student@localhost ~]$ cat ip.txt     # 根据显示的内容自行创建文件 ip.txt 及内容
inet  addr:192.168.57.128  Bcast:192.168.57.255  Mask:255.255.255.0
[student@localhost ~]$ awk -F'[: ]+' '{print $3}' ip.txt
  # 使用正则表达式“[: ]+”（冒号后面有一个空格）表示一个（多个）冒号或空格作为分隔符
192.168.57.128
```

思维导图小结

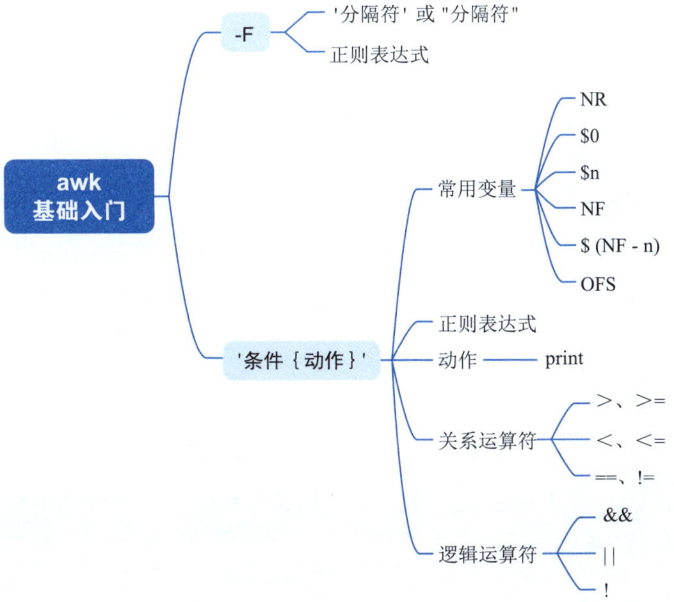

拓展阅读 华罗庚与中国计算机科学的开创与发展

华罗庚（1910—1985）先生不仅以解析数论研究而闻名，同样也是计算机科学与技术领域的杰出先驱和奠基人，对我国计算机科学发展作出了不可磨灭的贡献。

1. 前瞻视野与战略规划

在1946—1950年赴美访问期间，华罗庚先生敏锐洞察到计算机科学与技术在国际科技舞台上的巨大潜力及其对未来我国科技、经济和国防建设的关键作用。回国后，他积极倡导并推动计算机科学在我国的引入与发展，视其为我国未来科学发展的重要突破口。

2. 早期倡导与发展计算数学

1952年，华罗庚先生担任中国科学院数学研究所所长，明确提出我国数学发展的三大方向，其中计算数学占据一席之地。他指出，尽管当时我国对于计算数学的关注度不高，但其在科学研究中的基础性和实用性不容忽视，并着手筹备相关设施建设和人才培养工作。

3. 组建科研团队与启动重大工程

在其引领下，我国成功组建了首个电子计算机研究小组，该小组由闵乃大、王传英、夏培肃等科学家组成，他们成为我国计算机技术研发的先行者。这一举措标志着我国正式步入计算机硬件自主研发的轨道。

4. 科研规划与战略布局

1956年，在华罗庚先生担任计算技术规划组组长时，积极参与并主导制定了我国科学发展的长期规划。他提出的“先集中，后分散”发展战略，建议首先依托中国科学院成立计算技术研究所，集聚优势资源进行关键技术攻关，继而通过人才培养和科技成果推广，逐步将计算机技术辐射至全国各地，形成全国范围内的发展态势。

5. 重视人才培养与教育体系建设

华罗庚先生深知人力资源是科技创新的核心要素，因此大力倡导并实施了一系列人才培养计划。他强调既要坚持自主创新，又要广泛吸收和借鉴国际先进经验。通过设立专业机构和科研项目，有力地推动了我国计算机领域专业技术人才的培养和成长。

6. 科研指导与学术引领

华罗庚先生不仅在数学理论研究方面成就斐然，其学术思想和理念对我国计算机科学研究的方向和路径产生了深远影响。他鼓励跨学科交叉融合和运用计算机进行复杂系统模拟以及逻辑思维模拟等前沿探索，这些都对提升我国计算机技术水平、拓宽应用领域起到了关键性的推动作用。

华罗庚先生凭借其深邃的战略眼光和务实的行动力，为我国计算机科学从起步阶段到全面发展绘制了蓝图，并通过具体的实践操作，包括组建科研团队、制定发展规划、强化人才培养和引领学术潮流等方面，实实在在地推进了我国计算机科学与技术的蓬勃发展，为我国这一领域的进步树立了不朽的丰碑。

实践练习3

以普通用户在Xshell上远程登录VMware上CentOS 7.9系统后，练习以下内容：

1．查看文件/etc/passwd的内容，并显示行号。

2．使用cat命令，在/tmp目录中创建一个名为hi.txt的文件，文件内容为“Hello World”。

3．将执行“find / -user jssc”命令时产生的错误信息重定向到/dev/null文件中。

4．以“年-月-日”的形式显示当前系统的日期。

5．以“年月日”的形式显示当前系统的日期。

6．以“年-月-日 时:分:秒”的形式显示当前系统的日期和时间。

7．在/tmp目录中为/etc/passwd文件创建一个备份，备份文件名格式为“/tmp/passwd.bak.年月日”，要求自动将系统当前日期替换到文件名中的“年月日”。

8．分别使用more、less命令分屏查看/etc/passwd文件的内容。

9．查看/etc/passwd文件的前10行内容，并将结果保存到/tmp/1.txt文件中。

10．查看/etc/passwd文件的后5行内容，并将结果保存到/tmp/2.txt文件中。

11．某台Linux服务器疑似正在遭受黑客攻击，作为管理员（root）的你需要实时观察系统日志文件/var/log/messages中的最新内容，该使用什么命令实现？

12．以root管理员身份，统计/etc目录中后缀是“.conf”的文件个数。

13．在/etc/passwd文件中查找包含“root”字符串的行。

14．查找/etc/profile文件中所有不以“#”开头并且不是空行的行。

15．统计/etc/profile文件中不以“#”开头且不是空行的行数。

16．查找/etc/passwd文件中所有以“nologin”结尾的行。

17．从/etc/passwd文件中找出所有UID（第3列）是4位数或5位数的行。

18．提取出CentOS 7.9系统的IP地址。

19．显示系统中所有用户的用户名（第1列）、UID（第3列）、GID（第4列）、Shell解释器（第7列）信息。

20．显示/etc/passwd文件中用户的登录Shell（第7列），并进行去重排序。

21．将/etc/passwd文件根据用户UID（第3列）数值大小降序排序显示。

22．查看系统中UID值最大的用户的信息：用户名、UID、Shell解释器。

23．清空/tmp/test.txt文件（使test.txt文件先存储/etc/passwd内容）的内容。

24．显示/etc/passwd文件中的第5行内容。

25．在屏幕上输出/etc/passwd文件时删除第5行不显示。

26．在屏幕上输出/etc/passwd文件时，将文件中的root替换为admin（仅显示匹配的内容）。

27．在屏幕上输出/etc/passwd文件时，删除文件中第5～10行中所有的数字。

28．在屏幕上输出/etc/passwd文件时，在文件原有的第1行之前插入新行“I love CentOS”。

29．在屏幕上输出/etc/passwd文件时，在第5行到第10行的开头添加“#”。

30．思考如何在不使用cat、more、less、head和tail等命令的前提下，输出/etc/passwd文件的内容。要求至少写出两种方法。

面试演练 3

1．你知道哪些基本的 vim 命令？

2．如何显示 /test 目录下的所有目录（给出多种方法）。

3．执行命令取出 CentOS 7 系统中 ens33 的 IP 地址（给出多种方法）。

4．如何一页一页地查看一个大文件的内容？

模块4 用户管理

学习目标

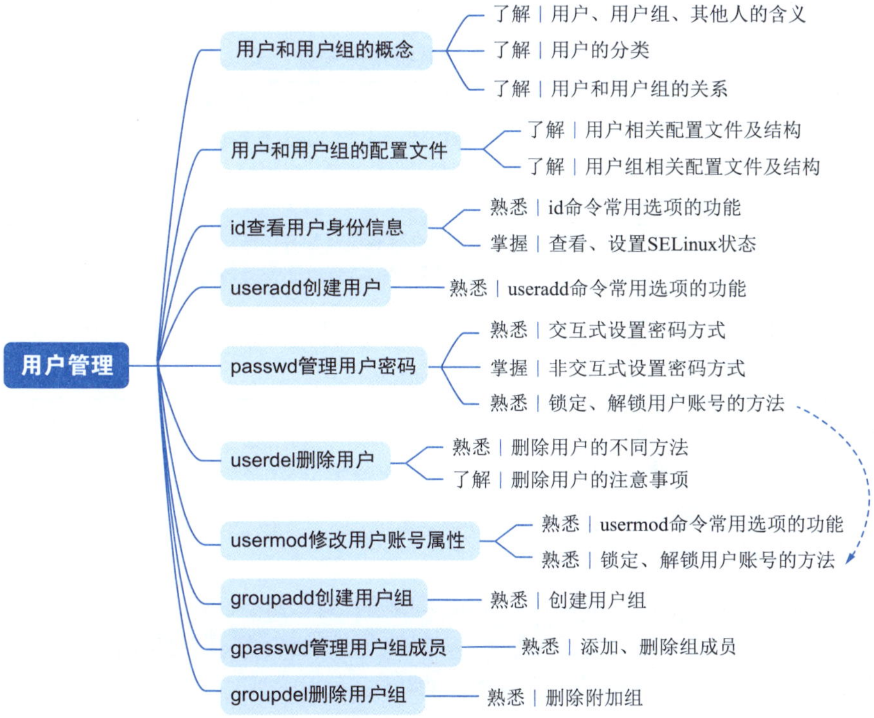

政者，正也；子帅以正，孰敢不正？ ——《论语·卫灵公》

于 Linux 学海泛舟之际，用户管理之重，可类比《论语·卫灵公》所言：“政者，正也；子帅以正，孰敢不正？”用户权限之规范设置与合理分配，实为系统安全之根基，正似治国须先正己，唯有管理者严格把控用户账户与权限，系统秩序方可井然，各司其职，互不相扰。

视频

用户和用户组的概念

4.1 用户和用户组的概念

在 Linux 操作系统中一切皆为文件。

```
[student@localhost ~]$ ll /etc/passwd
-rw-r--r--. 1 root root 2314 Mar 30 13:18 /etc/passwd
```

在显示的文件属性中：

第1列中间9个字符			第3列	第4列
rw-	r--	r--	root	root
用户权限	用户组权限	其他人权限	用户	用户组

那什么是用户？什么是用户组？什么是其他人？

在 Linux 系统中通过 UID（user identify）来识别用户。UID 相当于用户的身份证，在 Linux 系统中是唯一的。通过 GID（group identify）来识别用户组。GID 相当于户口本的编号。

1. 用户

在 Linux 系统中用户是分角色的。用户角色不同，权限和所完成的任务也不同。根据 Linux 系统管理的需要，将用户分为三种不同的类型，见表 4-1。

表4-1 Linux系统用户分类

角　色	UID范围	特　性
超级用户	0	默认为root，UID和GID均为0，在Linux操作系统中拥有最高的管理权限。root之所以是超级用户，并不是因为它的名字叫root，而是因为它的UID为0，即UID为0的用户就是超级用户
虚拟用户	1～999	不能登录系统，大多是安装系统及部分应用程序时自动添加的，权限一般比较低，主要用于后台进程或服务类进程以非管理员的身份运行，是系统正常运行不可缺少的
普通用户	1000～60000	由root或其他管理员创建，一般只在用户自己的家目录中有完全权限，如在1.3节安装系统过程中创建的student用户

2. 用户组

将用户分组是 Linux 操作系统中对用户进行管理及控制访问权限的一种手段。定义用户组，可以在很大程度上简化运维管理的工作。

例如：为 10 个用户提供某文件的访问权限。

【方法 1】通过对 10 个用户依次授权 10 次，显然这种方法不太合理。

【方法 2】先建立一个用户组，让该组具有对该文件的访问权限，然后将这 10 个用户加入该组中，那么这 10 个用户就具有了访问该文件的权限。

3. 用户与用户组的关系

如图 4-1 所示，在此以“家庭”的概念来说明用户与用户组的关系。

假设有一家人，家里只有三兄弟：王大毛、王二毛与王三毛。这个家庭登记在王大毛的名下。这三个人都有自己的房间，并且共同拥有一个客厅。

（1）用户：由于王家三人各自拥有自己的房间，房间里存放的都是私人物品，属于私人空间。因此，彼此不可以进入对方的房间。这三兄弟就是所谓的三个用户。

（2）用户组：家里的客厅为三人共同拥有。王家三兄弟都可以在客厅看电视、坐在沙发上面聊天，或一起玩游戏等。总之，只要是在客厅的东西，三兄弟都可以使用，也可以在客厅一起完成某项事情。这个“王大毛家”就是所谓的用户组，而这三兄弟即三个用户是在同一个用户组里面的。

（3）用户和用户组：三个用户虽然在同一个用户组内，但是我们可以设置权限，好让某些用户个人的信息不被用户组的拥有者查询，以保有个人私人的空间，而设置用户组共享，则可让大家共同分享某些信息。

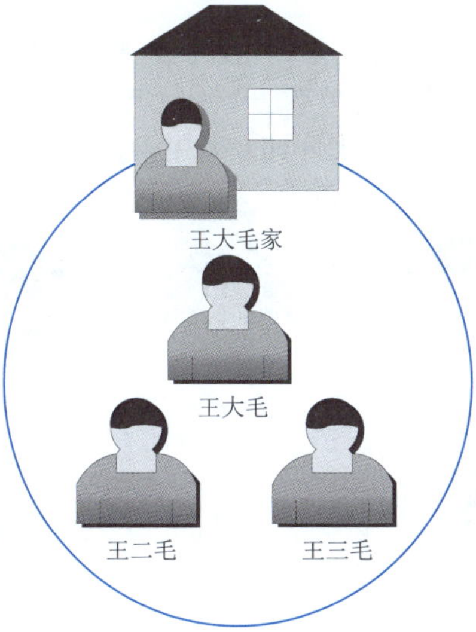

图4-1　王大毛家三兄弟

在 Linux 操作系统中，用户和用户组的对应关系如图 4-2 所示。

（1）一对一：一个用户可以存在一个组中，也可以是组中的唯一成员（如 root）。

（2）一对多：一个用户可以存在于多个用户组中，如图 4-2 中普通用户 yy 是 Tech 组成员，同时还是 hadoop 组成员、Java 组成员。

（3）多对一：多个用户可以存在于一个组中，这些用户在组中有相同的权限，如图 4-2 中普通用户 wjs、hsh、zj、yy、wh、wyh、ych、zxq 都是 Tech 组成员。

（4）多对多：多个用户也可以存在于多个组中（前三条的扩展）。

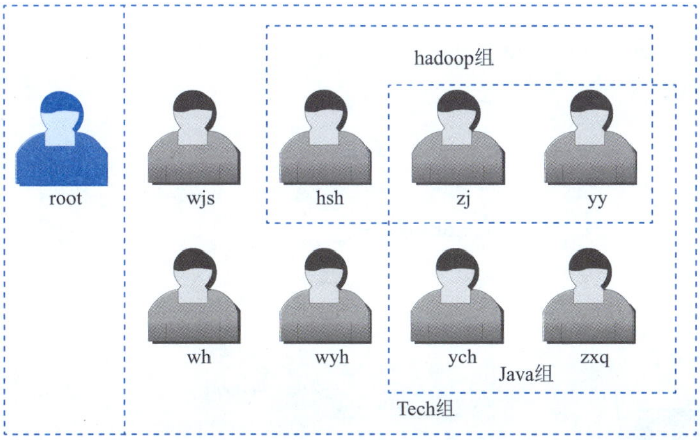

图4-2　用户与用户组关系

在 Linux 操作系统中，每一个用户账号至少要属于一个组，这个组称为该用户的基本组（主组群、私有组群）。默认情况下，在 Linux 操作系统中每创建一个用户账号就会自动创建一个与该账号同名的用户组。

在 Linux 操作系统中，每个用户都可以同时加入多个组，这些用户另外加入的组称为附加组（附属组群）。

4. 其他人

对于 Linux 操作系统中的文件，什么是其他人？如图 4-3 所示，仍然以“家庭”概念来说明：今天有个人叫张小明，与王大毛家没有关系。以王三毛为例，王三毛这个“文件”的拥有者为王三毛，它属于王大毛这个用户组，而张小明相对于王三毛，就是所谓的其他人（others）。

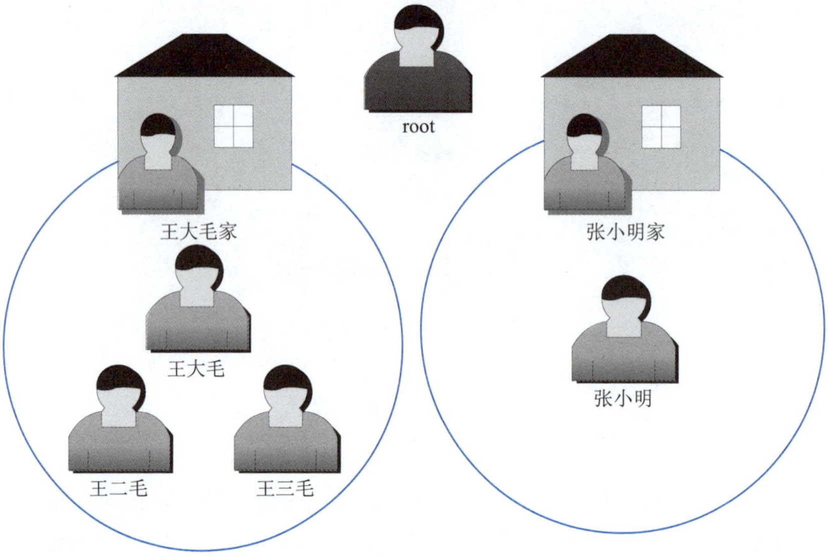

图4-3 文件的拥有者、用户组与其他人

在 Linux 操作系统中，任何一个文件都具有用户（user）、用户组（group）及其他人（others）三种身份的权限。

不过，这里有个特殊的人物——root，具有 Linux 操作系统的最高权限，root 可以到达任何它想要去的地方。

思维导图小结

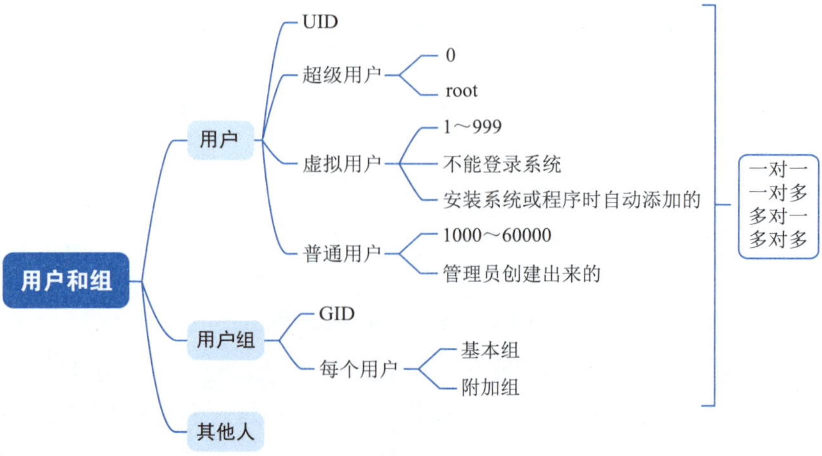

4.2　用户和用户组的配置文件

在 Linux 操作系统中一切皆为文件，因此在创建、增加、删除用户和用户组时，实际上都是修改系统中对应的文件。

视 频

用户和用户组的配置文件

1. 用户的相关配置文件

（1）存储用户信息的文件 /etc/passwd

/etc/passwd 文件的主要作用是存储系统用户的信息。文件中每一行表示一个用户信息（包括很多虚拟用户，这些用户都是系统正常运行所需要的，在不确定的情况下，不要随意删改此类用户）。

```
[student@localhost ~]$ cat /etc/passwd
root:x:0:0:root:/root:/bin/bash
bin:x:1:1:bin:/bin:/sbin/nologin
daemon:x:2:2:daemon:/sbin:/sbin/nologin
…
ntp:x:38:38::/etc/ntp:/sbin/nologin
tcpdump:x:72:72::/:/sbin/nologin
student:x:1000:1000:student:/home/student:/bin/bash
```

每一行各字段之间通过冒号“：”分隔成 7 个字段。以第一行超级用户 root 为例讲解各字段的含义，见表 4-2。

表4-2　/etc/passwd字段说明

第一行	字段名称	说　　明
root	用户名称	用户登录时使用的用户名称，在系统中是唯一的，不能重名
x	用户密码	早期的UNIX操作系统中，该字段用于存放用户密码，基于安全原因，后来将这个密码字段的内容移到/etc/shadow文件中了。x表示该用户的密码是保护在/etc/shadow文件中的
0	用户UID	用户UID，由一个整数表示
0	用户组GID	添加用户时，默认情况下会同时建立一个与用户同名且ID相同的用户组
root	用户说明	对用户的描述说明
/root	用户家目录	用户登录后默认进入的目录。 超级用户root的家目录默认是“/root”。 普通用户的家目录默认是“/home/用户名”目录
/bin/bash	Shell解释器	用户登录后所使用的解释器。 在CentOS/Red Hat等主流Linux操作系统中，默认的解释器为bash。 如果不希望用户登录系统，可以通过usermod命令或者手工修改passwd配置，将解释器类型改为/sbin/nologin即可，表示禁止登录系统，这是出于安全考虑进行的设置

（2）存储用户密码信息的文件 /etc/shadow（默认仅 root 用户可以访问该文件）

```
[root@localhost ~]# cat /etc/shadow
root:$6$Ae9MvOnolojL8lc7$YOIeFnA.sRQPmRlgiVcqJrTVmACZzUWcgoIkR3OJBIzbd8t
UQqX00AFhj3XeD05NvfslaQbQscr0hJilzXNk.1::0:99999:7:::
bin:*:18353:0:99999:7:::
daemon:*:18353:0:99999:7:::
…
ntp:!!:19905::::::
tcpdump:!!:19905::::::
```

```
student:$6$NB5hd0YdI82H4fWH$W3siL.tgqEV1GwknCQr0kNaFoZQKcrRQUlakcopKkHzr
2Oo1Y7MwZGZIesIVirFzCbfOZu7q/l3hIHUN8sgAr/::0:99999:7:::
```

/etc/shadow 文件的每一行内容，以冒号“：”分隔为 9 个字段。以第一行超级用户 root 为例讲解各字段的含义，见表 4-3。初学者主要了解第 2 个字段即可。

表4-3 /etc/shadow字段说明

字段名称	说　明
用户名称	用户名称
用户密码	该字符串是用户登录密码加密后的字符串。由$符号分隔成三部分： • $6表示采用的加密方法为SHA512，Linux操作系统提供的加密方法主要有MD5、SHA1、SHA224、SHA256、SHA384和SHA512。 • $Ae9MvOno1ojL8lc7是加密时加入的随机数salt，用于使同样的密码在加密后的密码串却不相同。 • $YOI……k.1是用户密码加密后的密码串。 此字段为“*”或“!!”表示用户不能登录到系统
最近更改密码的时间	从1970年1月1日起，到用户最近一次更改密码的天数
禁止修改密码的天数	从1970年1月1日起，到用户可以更改密码的天数 0表示可以无限次更改
用户必须更改口令的天数	从1970年1月1日起，到用户必须更改密码的天数 99999表示密码永久有效
警告更改密码的期限	在用户密码失效前多少天提醒用户更改密码 7表示密码失效前7天警告
不活动时间	在用户密码失效后到禁用账户的天数
失效时间	从1970年1月1日起，到用户被禁用的天数
标志	保留

2. 用户组的相关配置文件

（1）存储用户组信息的文件 /etc/group

/etc/group 文件用于存储用户组的信息。

```
[student@localhost ~]$ cat /etc/group
root:x:0:
bin:x:1:
…
stapdev:x:158:
student:x:1000:student
```

/etc/group 文件中每一行用冒号“:”分隔为 4 个字段。以第一行超级用户 root 为例讲解各字段的含义，见表 4-4。

表4-4 /etc/group字段说明

第一行	字段名称	说　明
root	用户组名	用户组的名称
x	用户组密码	通常不需要设置该密码，基于安全原因，该密码被存储在/etc/gshadow中，在此显示为“x”
0	GID	用户组的ID
	用户组成员	加入该组的所有用户，有多个成员时用逗号“,”分隔

（2）存储用户组密码的文件 /etc/gshadow（默认仅 root 用户可以访问该文件）

```
[root@localhost ~]# cat /etc/gshadow
root:::
bin:::
…
stapdev:!::
student:!!::student
```

/etc/gshadow 文件中每一行使用“：”分隔为 4 个字段，各字段的含义见表 4-5。

表4-5　/etc/gshadow字段说明

字段名称	说　　明
用户组名	用户组名称
用户组密码	这个字段可以是空或“！”（表示没有密码）
用户组管理员用户	用户组管理员，这个字段可以为空。 如果存在多个用户组管理员，则用逗号“,”分隔
用户组成员	加入这个组的所有用户，多个用户用逗号“,”分隔

思维导图小结

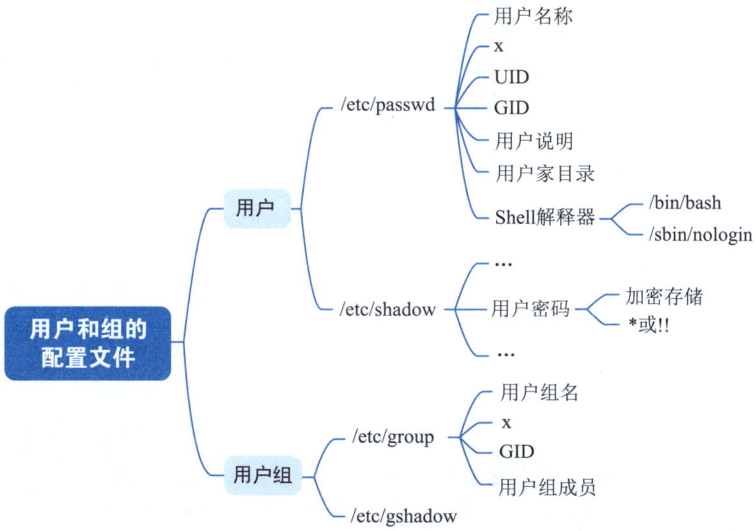

4.3　id 查看用户身份信息（SELinux 的管理）

【功能说明】

id（identity）命令能够显示指定用户真实有效的用户 ID（UID）和组 ID（GID）等信息。

【语法格式】

```
id  [选项]  [用户名]
```

以普通用户环境练习以下内容。

范例 1：查看当前登录用户的身份信息。

```
[student@localhost ~]$ id
```

视频

id查看用户身份信息

```
uid=1000(student) gid=1000(student) groups=1000(student) context=unconfined_u:
unconfined_r:unconfined_t:s0-s0:c0.c1023
```

显示的“context……”部分和 SELinux 有关，若不希望显示，需要将 SELinux 永久性关闭。

SELinux（security-enhanced Linux）是美国国家安全局（NSA）对于强制访问控制的实现，这个功能让系统管理员又爱又恨，在安装 Linux 操作系统后，大多数生产环境的做法是将其关闭（至于安全问题可通过其他手段来解决）。

若临时关闭 SELinux，可在命令行执行如下命令：

```
[root@localhost ~]# setenforce                    # 用于管理 SELinux 的级别
usage:  setenforce [ Enforcing | Permissive | 1 | 0 ]
     # 数字 0 表示 Permissive 级别，即给出警告提示，但不会阻止操作，相当于 disabled
                       # 数字 1 表示 Enforcing 级别，即表示 SELinux 为开启状态
[root@localhost ~]# setenforce 0          # 临时将 SELinux 调成 Permissive 状态
[root@localhost ~]# getenforce                   # 查看 SELinux 当前的级别状态
Permissive
```

将 SELinux 永久性关闭需修改其配置文件 /etc/selinux/config，将该配置文件中的“SELINUX=enforcing”修改为“SELINUX=disabled”。

```
[root@localhost ~]# cat -n /etc/selinux/config
     1
     2    # This file controls the state of SELinux on the system.
     3    # SELINUX= can take one of these three values:
     4    #     enforcing - SELinux security policy is enforced.
     5    #     permissive - SELinux prints warnings instead of enforcing.
     6    #     disabled - No SELinux policy is loaded.
     7    SELINUX=enforcing
     8    # SELINUXTYPE= can take one of three values:
     9    #     targeted - Targeted processes are protected,
    10    #     minimum - Modification of targeted policy. Only selected
processes are protected.
    11    #     mls - Multi Level Security protection.
    12    SELINUXTYPE=targeted
    13
    14
         # 此处可使用 vi 编辑器修改 config 文件，但推荐使用 sed 命令修改，操作更简洁
[root@localhost ~]# sed -i '7s/enforcing/disabled/g' /etc/selinux/config
         # 将 /etc/selinux/config 文件第 7 行中的 enforcing 替换为 disabled
 [root@localhost ~]# reboot
```

再次查看当前登录用户的身份信息。

```
[student@localhost ~]$ id
uid=1000(student) gid=1000(student) groups=1000(student)
```

“gid”部分表示用户所属的基本组，“groups”部分表示用户所属的基本组和附加组。如果用户没有加入任何附加组，则“groups”部分只显示用户的基本组。

范例 2：只查看当前用户的 UID 或 GID。

```
[student@localhost ~]$ id -u                          # 只查看当前用户的 UID
1000
```

```
[student@localhost ~]$ id -g                              # 只查看当前用户的 GID
1000
```

范例 3： 显示指定用户的身份信息。

```
[student@localhost ~]$ id root
uid=0(root) gid=0(root) groups=0(root)
[student@localhost ~]$ id -u root
0
[student@localhost ~]$ id -g root
0
```

思维导图小结

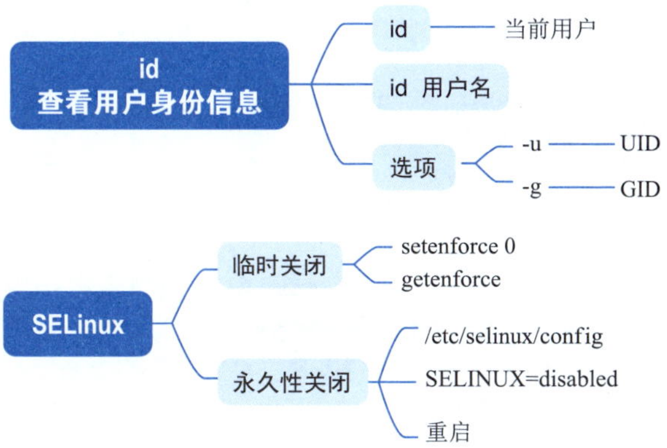

4.4　useradd 创建用户

视 频

useradd创建用户

【功能说明】

useradd 命令用于创建新的用户。该命令默认只有超级用户 root 可以使用。

【语法格式】

```
useradd  [选项]  用户名
```

以 root 用户环境练习以下内容。

范例 1： 不使用选项创建用户。

```
[root@localhost ~]# useradd stu1
[root@localhost ~]# tail -1 /etc/passwd
stu1:x:1001:1001::/home/stu1:/bin/bash # 用户配置文件中自动增加用户 stu1 的信息
[root@localhost ~]# tail -1 /etc/group
stu1:x:1001:                            # 系统自动创建同名的用户基本组 stu1
[root@localhost ~]# tail -1 /etc/shadow
stu1:!!:19906:0:99999:7:::                    # 未设置密码，因此不可登录系统
[root@localhost ~]# tail -1 /etc/gshadow
stu1:!::
[root@localhost ~]# ll /home
total 4
drwx------   3  stu1    stu1     78   Jul  2 20:46 stu1
drwx------. 15 student student 4096 Jul  2 20:46 student
```

```
# 在 /home 目录下系统自动创建同名的家目录 stu1
[root@localhost ~]# id stu1
uid=1001(stu1) gid=1001(stu1) groups=1001(stu1)
```

范例 2：创建用户时指定 UID。

```
[root@localhost ~]# useradd -u 1200 stu2      # 选项参数 -u 指定用户 UID 为 1200
[root@localhost ~]# id stu2
uid=1200(stu2) gid=1200(stu2) groups=1200(stu2)
```

范例 3：创建用户时指定基本组。

```
[root@localhost ~]# groupadd stu                               # 创建用户组 stu
[root@localhost ~]# useradd -g stu stu3               # 选项参数 -g 指定用户基本组
[root@localhost ~]# id stu3
uid=1201(stu3) gid=1201(stu) groups=1201(stu)
```

范例 4：创建用户时指定附加组。

```
[root@localhost ~]# useradd -G stu stu4               # 选项参数 -G 指定用户附加组
[root@localhost ~]# id stu4
uid=1202(stu4) gid=1202(stu4) groups=1202(stu4),1201(stu)
```

范例 5：创建用户时指定家目录。

```
[root@localhost ~]# useradd -d /hadoop stu5     # 选项参数 -d 指定用户家目录为 /hadoop
[root@localhost ~]# tail -1 /etc/passwd
stu5:x:1203:1203::/hadoop:/bin/bash
[root@localhost ~]# ll /home                     # 在 /home 下没有用户 stu5 的家目录
total 4
drwx------    3 stu1      stu1      78 Jul     2 20:46 stu1
drwx------    3 stu2      stu2      78 Jul     2 20:49 stu2
drwx------    3 stu3      stu       78 Jul     2 20:50 stu3
drwx------    3 stu4      stu4      78 Jul     2 20:50 stu4
drwx------.  15 student student  4096 Jul   2 20:46 student
[root@localhost ~]# ll -d /hadoop      # 系统按参数创建 /hadoop 目录作为 stu5 的家目录
drwx------ 3 stu5 stu5 78 Jul  2 20:51 /hadoop
```

范例 6：创建用户时不建立家目录并指定登录 Shell。

```
[root@localhost ~]# useradd -s /sbin/nologin -M ftpuser
        # 选项参数 -s 指定用户的 Shell 解释器为 /sbin/nologin，即禁止该用户登录系统
                          # 选项参数 -M 指定系统创建用户时，不为该用户创建家目录
[root@localhost ~]# tail -1 /etc/passwd
ftpuser:x:1204:1204::/home/ftpuser:/sbin/nologin
[root@localhost ~]# ll /home
total 4
drwx------    3 stu1      stu1      78 Jul     2 20:46 stu1
drwx------    3 stu2      stu2      78 Jul     2 20:49 stu2
drwx------    3 stu3      stu       78 Jul     2 20:50 stu3
drwx------    3 stu4      stu4      78 Jul     2 20:50 stu4
drwx------.  15 student student  4096 Jul   2 20:46 student
                                      # 在 /home 目录下没有 ftpuser 的家目录
```

思维导图小结

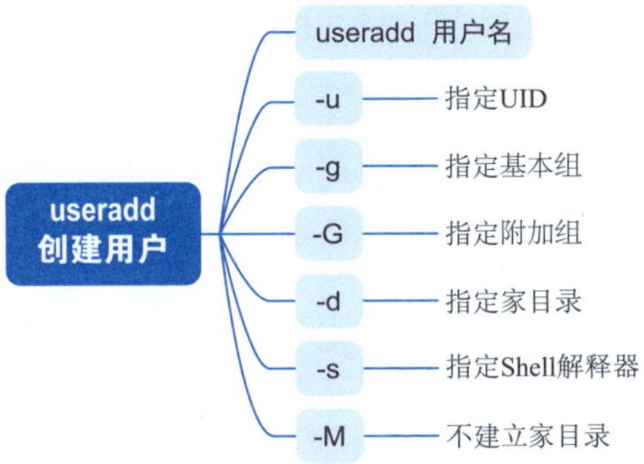

4.5　passwd 管理用户密码

视 频
passwd管理用户密码

【功能说明】

passwd 命令可以设置、更改、锁定、解锁用户密码。

说明：

（1）通过 useradd 命令新创建的用户，必须设置密码后才能登录系统。

（2）普通用户和超级用户 root 都可以运行 passwd 命令。

（3）普通用户只能更改自身的用户密码。如果使用弱密码，则给出警告信息，且修改无效。

（4）超级用户 root 可以设置或修改所有用户的密码。如果新密码不符合系统密码规则，则给出警告信息，但密码设置仍然生效。

（5）在生产环境中，应使用强密码，即密码长度应在 8 位以上，包含英文大小写字母、数字和符号。

【语法格式】

```
passwd  [选项]  [用户名]
```

以 root 用户环境练习以下内容。

范例 1： root 交互式为普通用户设置密码。

```
[root@localhost ~]# passwd stu1
Changing password for user stu1.
New password:                                      # 输入密码 123456
BAD PASSWORD: The password is shorter than 8 characters
Retype new password:                               # 再次输入密码 123456
passwd: all authentication tokens updated successfully.
```

范例 2： root 非交互式为普通用户设置密码。

```
[root@localhost ~]# echo "abc" | passwd --stdin stu2
Changing password for user stu2.
passwd: all authentication tokens updated successfully.
```

范例 3： root 交互式修改自身密码。

```
[root@localhost ~]# passwd
Changing password for user root.
```

```
New password:                                          # 输入密码 123456
BAD PASSWORD: The password is shorter than 8 characters
Retype new password:                               # 再次输入密码 123456
passwd: all authentication tokens updated successfully.
```

范例 4： 普通用户交互式修改自身密码。

```
[root@localhost ~]# su - stu1
[stu1@localhost ~]$ passwd
Changing password for user stu1.
Changing password for stu1.
(current) UNIX password:                            # 输入原有密码 123456
New password:                                         # 输入新密码 654321
BAD PASSWORD: The password is shorter than 8 characters
New password:                                      # 输入新密码 987654321
BAD PASSWORD: The password fails the dictionary check - it is too simplistic/
systematic
New password:                                     # 输入密码 CentOS2022
Retype new password:                          # 再次输入密码 CentOS2022
passwd: all authentication tokens updated successfully.
```

范例 5： root 锁定用户账号。

```
[root@localhost ~]# passwd -l stu1          # 选项参数 -l 锁定用户 stu1 的密码
Locking password for user stu1.
passwd: Success
[root@localhost ~]# grep -w stu1 /etc/shadow
stu1:!!$6$Nw/N4wI8$gflQI82Jzg/eJ9XbWq23.8veglVLHcxExNmJVJCIBnT2TbOjQtbJZ
Xrv85PpPJ/D20emk0JZPH9G.lb1pWN991:19097:0:99999:7:::
```

用户 stu1 的密码串前多了“!!”，用户密码被锁定，此时使用 stu1 登录将被 CentOS 系统拒绝，如图 4-4 所示。

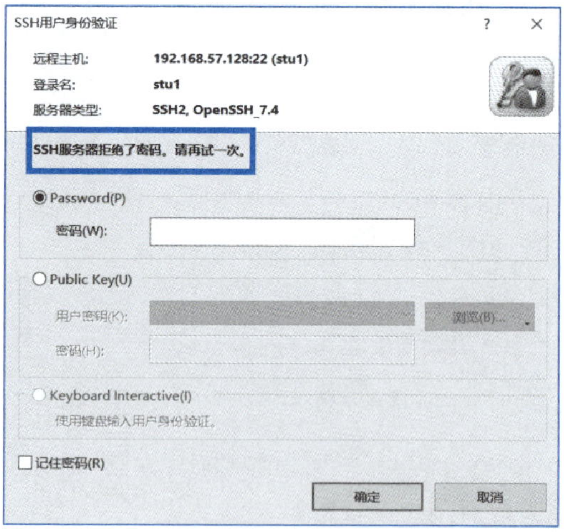

图4-4 登录被拒绝

范例 6： root 解锁用户账号。

```
[root@localhost ~]# passwd -u stu1          # 选项参数 -u 解锁用户 stu1 的密码
Unlocking password for user stu1.
passwd: Success
[root@localhost ~]# grep -w stu1 /etc/shadow
```

```
stu1:$6$Nw/N4wI8$gflQI82Jzg/eJ9XbWq23.8veglVLHcxExNmJVJCIBnT2TbOjQtbJZXr
v85PpPJ/D20emk0JZPH9G.lb1pWN991:19097:0:99999:7:::
```

思维导图小结

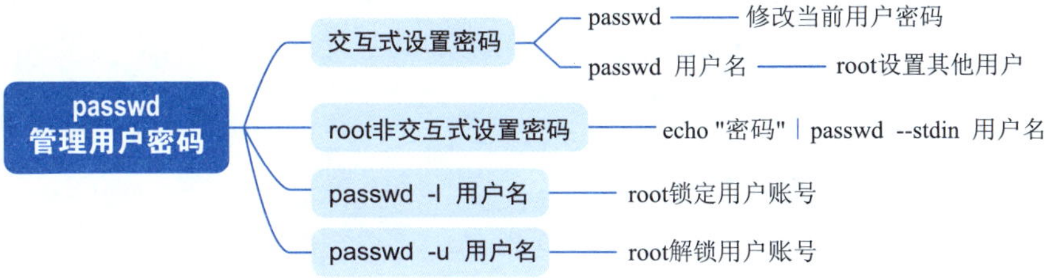

4.6 userdel 删除用户

视 频

userdel删除用户

【功能说明】

userdel 命令用于删除指定的用户及该用户相关的文件。该命令默认只有超级用户 root 可以使用。

【语法格式】

```
userdel  [选项]  用户名
```

在 4.4 节范例的基础上，以 root 用户环境练习以下内容。

范例 1： 不使用选项删除用户。

```
[root@localhost ~]# tail /etc/passwd
postfix:x:89:89::/var/spool/postfix:/sbin/nologin
ntp:x:38:38::/etc/ntp:/sbin/nologin
tcpdump:x:72:72::/:/sbin/nologin
student:x:1000:1000:student:/home/student:/bin/bash
stu1:x:1001:1001::/home/stu1:/bin/bash
stu2:x:1200:1200::/home/stu2:/bin/bash
stu3:x:1201:1201::/home/stu3:/bin/bash
stu4:x:1202:1202::/home/stu4:/bin/bash
stu5:x:1203:1203::/hadoop:/bin/bash
ftpuser:x:1204:1204::/home/ftpuser:/sbin/nologin
[root@localhost ~]# ll /home
total 4
drwx------   3 stu1     stu1     78   Jul   2 20:46 stu1
drwx------   3 stu2     stu2     78   Jul   2 20:49 stu2
drwx------   3 stu3     stu      78   Jul   2 20:50 stu3
drwx------   3 stu4     stu4     78   Jul   2 20:50 stu4
drwx------. 15 student student  4096 Jul   3 09:28 student
[root@localhost ~]# userdel stu1
[root@localhost ~]# grep -w stu1 /etc/passwd
[root@localhost ~]#        #用户配置文件/etc/passwd中已经没有用户stu1的信息
[root@localhost ~]# ll /home
total 4
drwx------   3 1001     1001     78 Jul    2 20:46 stu1
drwx------   3 stu2     stu2     78 Jul    2 20:49 stu2
drwx------   3 stu3     stu      78 Jul    2 20:50 stu3
drwx------   3 stu4     stu4     78 Jul    2 20:50 stu4
```

```
drwx------.  15 student student  4096 Jul  3 09:30 student
                                      # 虽然用户 stu1 被删除，但目录 stu1 依然存在
```

范例 2：删除用户及家目录。

```
[root@localhost ~]# userdel -r stu2
[root@localhost ~]# grep -w stu2 /etc/passwd
[root@localhost ~]#        # 用户配置文件 /etc/passwd 中已经没有用户 stu2 的信息
[root@localhost ~]# ll /home
total 4
drwx------   3  1001    1001     78   Jul    2 20:46 stu1
drwx------   3  stu3    stu      78   Jul    2 20:50 stu3
drwx------   3  stu4    stu4     78   Jul    2 20:50 stu4
drwx------.  15 student student 4096 Jul    3 09:30 student
```

注意：

（1）使用上述方法，处于登录状态中的用户无法删除。

（2）在生产场景中，不推荐使用 userdel 直接删除用户，而是推荐在 /etc/passwd 文件中注释掉该用户（在该用户行前添加“#”），或将其 Shell 解释器改为 /sbin/nologin。一旦发现问题，可以及时进行恢复工作。

```
#stu4:x:1202:1202::/home/stu4:/bin/bash
ftpuser:x:1204:1204::/home/ftpuser:/sbin/nologin
```

（3）在生产场景中，不要轻易使用 userdel 的 -r 选项，这会在删除用户的同时删除用户家目录下的所有文件和家目录，其中可能存在业务脚本或程序，从而导致数据不可逆地丢失。如果非要删除某用户的家目录，当该用户家目录下包含重要的文件时，务必在删除之前先进行备份。

思维导图小结

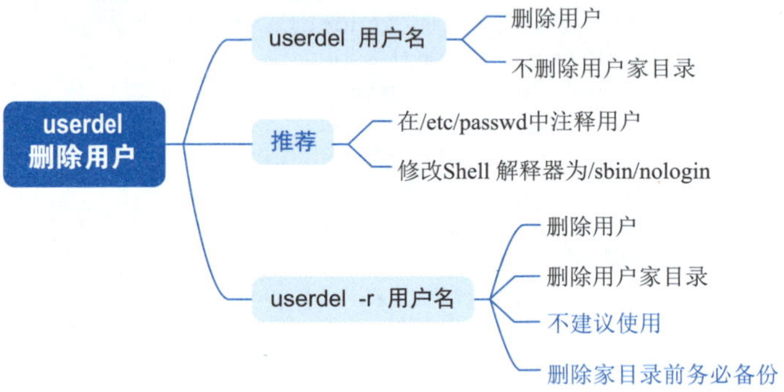

4.7 usermod 修改用户账号属性

视 频

usermod修改用户账号属性

【功能说明】

usermod（user modify）命令用于修改系统已经存在的用户的账号信息。该命令默认只有超级用户 root 可以使用。

【语法格式】

```
usermod  [选项]  用户名
```

在 4.4 节范例的基础上，以 root 用户环境练习以下内容。

范例 1：更改用户家目录。

选项“-m”用于将用户家目录移动到指定位置，选项“-d”用于指定用户新的家目录。更改用户家目录时，这两个选项必须配合一起使用。

```
[root@localhost ~]# grep -w stu5 /etc/passwd   #查看用户配置文件中用户 stu5 信息
stu5:x:1203:1203::/hadoop:/bin/bash                #用户 stu5 家目录为 /hadoop
[root@localhost ~]# usermod -m -d /home/stu5 stu5
                                              #将用户 stu5 家目录更改为 /home/stu5
                           #选项 -m -d 可以合并为 -md，但不可以是“-d -m”或“-dm”
[root@localhost ~]# grep -w stu5 /etc/passwd
stu5:x:1203:1203::/home/stu5:/bin/bash   #用户 stu5 家目录已更改为 /home/stu5
```

范例 2：更改用户账号的名称。

将用户 stu4 的账号名改为 javaStu。

```
[root@localhost ~]# id stu4
uid=1202(stu4) gid=1202(stu4) groups=1202(stu4),1201(stu)
[root@localhost ~]# usermod -l javaStu stu4   #将用户 stu4 的用户名改为 javaStu
[root@localhost ~]# id stu4
id: stu4: no such user                              #系统中无用户名为 stu4 的用户
[root@localhost ~]# id javaStu
uid=1202(javaStu) gid=1202(stu4) groups=1202(stu4),1201(stu)
#用户名为 javaStu，但用户的 uid、gid 等信息不变
```

范例 3：更改用户的基本组。

将用户 javaStu 的基本组改为 team-java。

```
[root@localhost ~]# id javaStu
uid=1202(javaStu) gid=1202(stu4) groups=1202(stu4),1201(stu)
                                                    #用户 javaStu 基本组为 stu4
[root@localhost ~]# groupadd team-java                   #创建用户组 team-java
[root@localhost ~]# usermod -g team-java javaStu       #选项 -g 修改用户基本组
[root@localhost ~]# id javaStu
uid=1202(javaStu) gid=1205(team-java) groups=1205(team-java),1201(stu)
                                               #用户 javaStu 基本组更改为 team-java
```

范例 4：重新指定用户的附加组。

将用户 javaStu 的附加组改为 root。

```
[root@localhost ~]# grep -w root /etc/group
root:x:0:
[root@localhost ~]# usermod -G root javaStu
                                            #选项 -G 重新指定用户附加组为 root
[root@localhost ~]# id javaStu
uid=1202(javaStu) gid=1205(team-java) groups=1205(team-java),0(root)
                             #用户原来的所有附加组被覆盖，重新指定用户附加组为 root
[root@localhost ~]# grep -w root /etc/group
root:x:0:javaStu                                    #用户组 root 中增加了成员 javaStu
```

范例 5：为用户添加附加组。

为用户 javaStu 添加附加组 team-hadoop。

```
[root@localhost ~]# groupadd team-hadoop                #创建用户组 team-hadoop
[root@localhost ~]# usermod -a -G team-hadoop javaStu
                               #选项 -a、-G 组合使用，为指定用户添加附加组 team-hadoop
```

```
[root@localhost ~]# id javaStu
uid=1202(javaStu) gid=1205(team-java) groups=1205(team-java),0(root),
1206(team-hadoop)
```

范例 6：锁定及解锁用户。

将用户 javaStu 的 Shell 解释器从 /bin/bash 修改为 /sbin/nologin，从而禁止其登录。

```
[root@localhost ~]# grep -w javaStu /etc/passwd
javaStu:x:1202:1205::/home/stu4:/bin/bash
[root@localhost ~]# usermod -s /sbin/nologin javaStu
                                        # 选项 -s 修改用户的 Shell 解释器
[root@localhost ~]# grep -w javaStu /etc/passwd
javaStu:x:1202:1205::/home/stu4:/sbin/nologin
```

此时使用 javaStu 用户（对其设置了登录密码）从 Xshell 上远程登录虚拟机时，将显示图 4-5 所示信息。

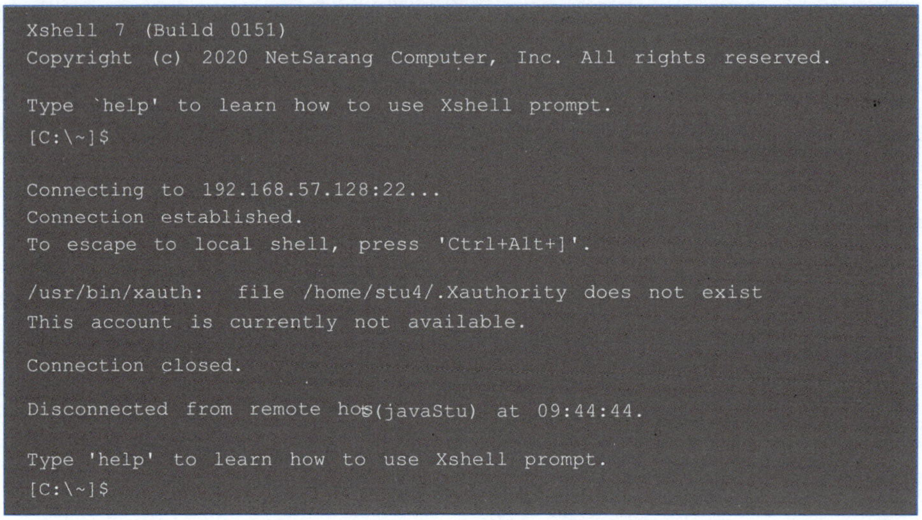

图4-5 使用javaStu用户从Xshell上远程登录虚拟机

若要解锁用户 javaStu，将其登录 Shell 再重新改为 /bin/bash 即可。

```
[root@localhost ~]# usermod -s /bin/bash javaStu
```

思维导图小结

4.8　groupadd 创建用户组

视频
groupadd
创建用户组

【功能说明】

groupadd 命令用于创建新的用户组。该命令默认只有超级用户 root 可以使用。

【语法格式】

```
groupadd  [选项]  用户组
```

以 root 用户环境练习以下内容。

范例 1：不使用选项创建用户组。

```
[root@localhost ~]# groupadd team-python
[root@localhost ~]# tail -1 /etc/group
team-python:x:1207:
```

范例 2：创建用户组时指定 GID。

```
[root@localhost ~]# groupadd -g 1100 team-spark     # 选项 -g 为用户组指定 GID
[root@localhost ~]# tail -1 /etc/group
team-spark:x:1100:
```

思维导图小结

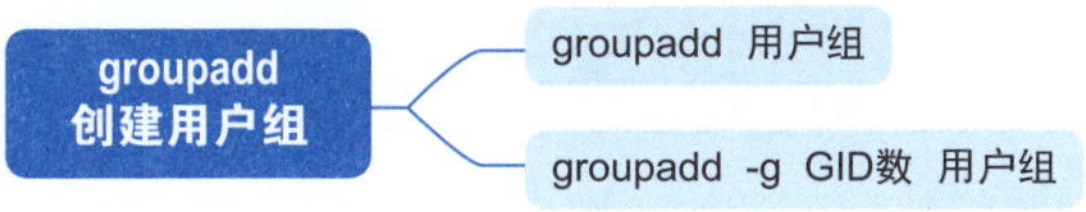

4.9　gpasswd 管理用户组成员

视频
gpasswd管理
用户组成员

【功能说明】

gpasswd 命令主要可用于将某个用户加入指定的组中（该组成为用户的附加组），或者从组中删除某个指定的用户账号。

【语法格式】

```
gpasswd  [选项]  用户组
```

在 4.4 节范例的基础上，以 root 用户环境练习以下内容。

范例 1：向用户组中添加用户。

在 team-hadoop 用户组中添加用户 stu5，team-hadoop 组成为用户 stu5 的附加组。

```
[root@localhost ~]# gpasswd -a stu5 team-hadoop
                        # 选项 -a 为用户组 team-hadoop 添加用户 stu5
Adding user stu5 to group team-hadoop                        # 添加成功
[root@localhost ~]# grep -w team-hadoop /etc/group
team-hadoop:x:1206:javaStu,stu5
[root@localhost ~]# id stu5
uid=1203(stu5) gid=1203(stu5) groups=1203(stu5),1206(team-hadoop)
```

范例 2：从用户组中删除用户。

从 team-hadoop 用户组中删除用户 stu5，即删除用户 stu5 的附加组 team-hadoop。

```
[root@localhost ~]# gpasswd -d stu5 team-hadoop
                                        # 选项 -d 为用户组 team-hadoop 删除用户 stu5
Removing user stu5 from group team-hadoop                                # 删除成功
[root@localhost ~]# grep -w team-hadoop /etc/group
team-hadoop:x:1206:javaStu
[root@localhost ~]# id stu5
uid=1203(stu5) gid=1203(stu5) groups=1203(stu5)
```

思维导图小结

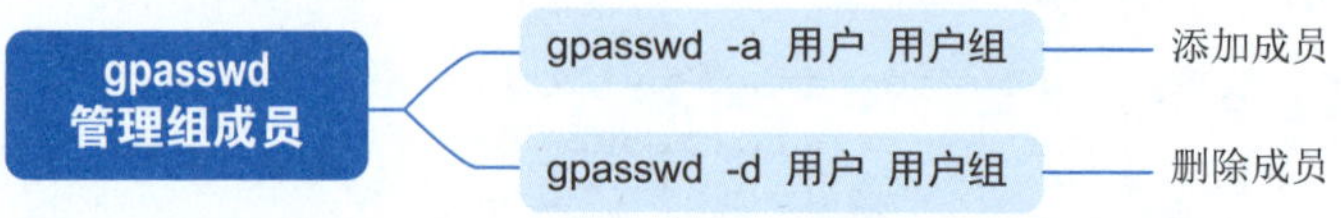

4.10 groupdel 删除用户组

视 频

groupdel
删除用户组

【功能说明】

groupdel 命令用于删除指定的用户组。该命令默认只有超级用户 root 可以使用。

注意： 不能删除作为用户基本组的组。

【语法格式】

```
groupdel  [选项]  用户组
```

在 4.7 节范例的基础上，以 root 用户环境练习以下内容。

范例： 删除用户组。

```
[root@localhost ~]# groupdel team-java
groupdel: cannot remove the primary group of user 'javaStu'
```

用户组 team-java 是用户 javaStu 的基本组，所以不能删除。

```
[root@localhost ~]# groupdel team-hadoop
[root@localhost ~]# grep -w team-hadoop /etc/group
[root@localhost ~]#                  # 在用户组配置文件中已无 team-hadoop 组的信息
```

用户组 team-hadoop 不是任何用户的基本组，所以可以删除。

思维导图小结

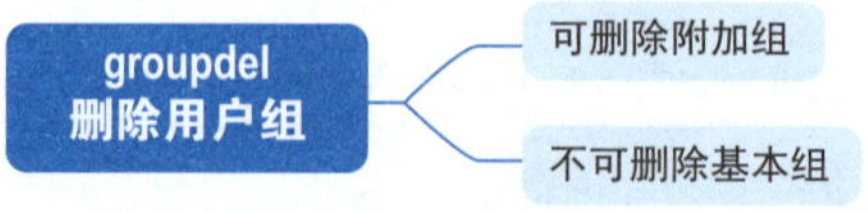

拓展阅读 中国计算机之母

夏培肃（1923—2014）被誉为“中国计算机之母”，以其在中国计算机科学领域的开创性贡献而载入史册。

1. 海外求索与科研初心确立

1947年，怀抱科技强国的梦想，夏培肃毅然赴英国爱丁堡大学深造。经过三年的刻苦钻研，她于1950年获得博士学位，成为当时极为罕见的在海外取得高级学位的中国女性科技领军人物。满载知识和技术，夏培肃于1951年回到百废待兴的祖国，矢志不渝地投入到我国尚处于萌芽状态的计算机科学与技术领域。

2. 科研硕果与行业里程碑

归国之后，夏培肃以其独到的眼光和坚定的决心，担当起我国计算机科学开疆拓土的重任。在20世纪50年代初，她领导科研团队攻坚克难，成功研制出我国第一台自主设计的通用电子数字计算机，这一壮举无疑在我国计算机发展历程中树立了一座具有划时代意义的里程碑。

进入20世纪60年代，夏培肃在高速计算机研发领域锐意进取，特别是在解决大型高速计算机内部数字信号传输瓶颈问题上表现突出。她主导设计制造的高速阵列处理机在石油勘探领域的常规地震资料处理上取得了重大突破，这项成果不仅促进了科技进步，更为国家经济建设注入强大动力。

此外，夏培肃提出的最大时间差流水线设计原则，为构建高性能计算机架构提供了宝贵的理论支撑，显著提高了计算机系统的运行效率和整体性能。

3. 教育传承与荣誉巅峰

在担任中国科学院计算技术研究所要职的同时，夏培肃培养了众多优秀的计算机科学人才。1991年，因其卓越的科研成就和巨大的行业影响力，夏培肃被授予中国科学院院士荣誉称号，这不仅是对她个人科研生涯的极高肯定，也是对她在计算机科学领域辛勤耕耘的最好褒奖。

夏培肃一生获奖无数，其中包括首届中国计算机学会终身成就奖等荣誉。这些荣誉的光环背后，映照着她为推动中国计算机科学技术独立自主和创新发展所付出的艰辛努力与无私奉献。夏培肃的科研精神和深厚的爱国情怀，共同铸就了中国计算机事业发展史上一座永恒的丰碑。

实践练习4

以root身份在Xshell上远程登录VMware上CentOS 7.9系统后，练习以下内容：

1. 查找出所有允许登录系统的用户账号，并显示其用户名和UID。

2. 创建一个普通用户stu-XXX（XXX为自己姓名拼音首字母缩写），通过id命令查看该用户的身份信息。

3. 显示系统中用户账号的个数。

4. 将stu-XXX用户的家目录复制到/tmp目录中，并保持源文件的属性不变。

5. 创建一个名为hadoop的组。

6. 创建一个名为test1的用户，指定其UID为1600，将hadoop组设置为test1用户的基本组。

7. 通过非交互方式为用户test1设置密码123。

8. 另外打开一个终端会话，以test1用户的身份登录系统。

9. 将test1用户锁定，禁止其登录。再次打开一个终端会话，尝试能否以test1用户的身份登录。

10. 将test1用户解锁，在终端会话中尝试能否以test1用户的身份登录。

11. 将test1用户及其家目录一并删除。

12. 创建用户 test2，要求没有家目录，并且禁止其登录系统。
13. 创建用户 test3，并指定其家目录为 /test3。
14. 将 test3 用户加入 root 组，使 root 组成为其附加组。
15. 将用户 test3 的基本组修改为 users。
16. 将用户 test3 的家目录 /test3 移动到 /home 目录中，然后将其家目录修改为 /home/test3。

面试演练 4

什么是 root 账户？

模块 5

权限归属管理

学习目标

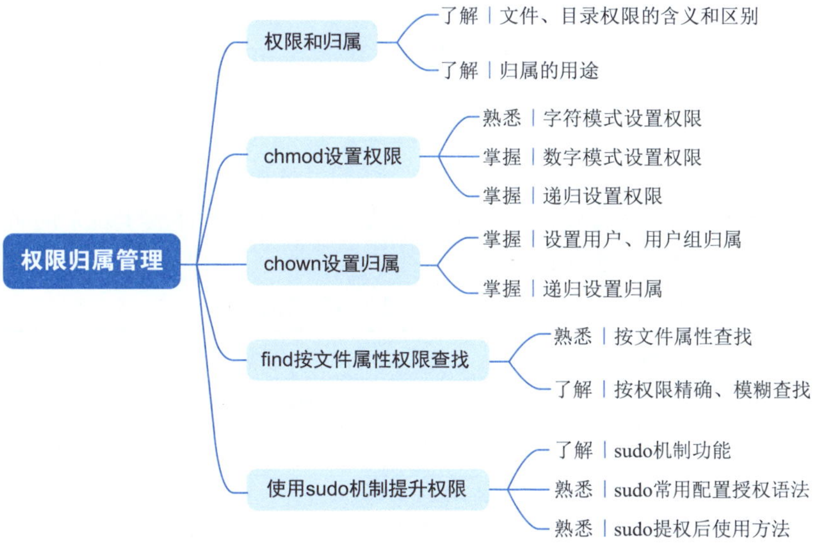

有道之君，行治修制，先民服也。 ——《管子》

钻研 Linux 系统时，权限归属管理的关键地位，正如《管子》所讲：“有道之君，行治修制，先民服也”。在 Linux 操作系统中，权限归属管理就像贤君治国时制定的制度。精准设置文件和目录的所有者、所属组及权限，是保障系统安全稳定的基石。合理的权限管理，能让程序、进程和用户各司其职，系统有序运作。若管理混乱，文件随意读写修改，系统就会漏洞百出，数据也会面临风险。只有管理者重视权限归属管理，系统才能稳定高效运行。

5.1 权限和归属

视频 权限和归属

在 Linux 操作系统中一切皆为文件，而目录可以理解为一种特殊的文件。

```
[student@localhost ~]$ ll /etc/passwd
-rw-r--r--. 1 root root 2314 Mar 30 13:18 /etc/passwd
```

Linux 操作系统中每一个文件都被赋予了两个重要属性，即访问权限和文件归属，见表 5-1。

表5-1 /etc/passwd文件的访问权限和文件归属

访问权限			文件归属	
用户权限	用户组权限	其他人权限	用户	用户组
rw-	r--	r--	root	root

（1）访问权限：包含三种基本类型，分别是可读（readable，r）、可写（writable，w）和可执行（executable，x）。使用“-”表示没有权限。

（2）文件归属：拥有该文件的用户和用户组。

在 Linux 操作系统中，通过访问权限和文件归属来控制用户的访问过程，但需要注意的是：

（1）用户 root 是超级用户，拥有对 Linux 操作系统完全管理的权限，因此文件的权限和归属限制对 root 用户不起作用。

例如，/etc/shadow 文件的 9 个文件权限位均为空，除 root 用户，任何用户对该文件没有任何权限，虽然看起来 root 用户也没有任何权限，但其实 root 用户不受权限制约。

```
[student@localhost ~]# ll /etc/shadow
---------- 1 root root 1264 Apr 19 22:17 /etc/shadow
```

（2）文件和目录的 r、w、x 权限含义不同。访问目录和文件的大体过程见图 2-5。

图 2-5 中目录的内容即 Block 部分，存储的是目录中所含文件或子目录的名称。r、w、x 对于文件和目录的具体含义见表 5-2。

表5-2 文件和目录权限含义

权限	文件	目录
r	查看文件内容	执行ls或ll命令查看目录中文件名或子目录名
w	修改文件内容	新增删除目录中文件或子目录，更改其中已有文件名或子目录名
x	执行文件内容（内容为程序或脚本）	执行cd命令可进入该目录

注意：

- 是否能新增、删除文件及修改文件名，和文件自身的权限无关，而是和文件所在目录的 w 权限有关。
- 文件只有 w 权限，没有 r 权限时，用 vim 编辑文件时会提示无法编辑，但可以输入“:wq!”强制编辑覆盖文件，但原文件内容会被清除，此时可以使用 echo 等命令追加内容到该文件中。
- 普通用户执行文件时，必须同时有 r 和 x 权限（读不到文件内容，谈何执行文件）；但对于 root 用户，只要在 9 位权限中有 x 权限，即可执行文件。
- 对于目录，没有 x 权限配合，即使有 w 权限也无法在该目录中新增、删除文件或目录，无法更改该目录中已有文件名或子目录名；没有 x 权限配合，即使有 r 权限，虽然能看到目录下文件名或子目录名，但无法正常通过 ll 或 ls –l 命令查看其属性信息（报错或显示问号）。

思维导图小结

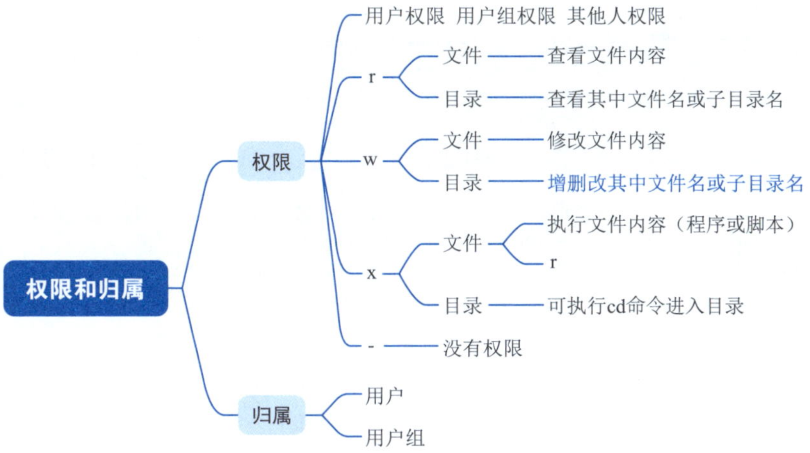

5.2　chmod 设置权限

【功能说明】

文件或目录的所属用户和超级用户 root，通过使用 chmod（change mode）命令设置更改文件或目录的权限。

视 频

chmod设置权限

【语法格式】

```
chmod  [选项]  [模式]  文件或目录
```

创建一个普通用户 teacher，以普通用户 student 环境练习以下内容。

范例 1： 使用字符模式设置权限。

字符模式可使用符号见表 5-3。

表5-3　字符模式

用户类别		权限设置	权　限	
u	用户	+ 增加权限	r	可读
g	用户组	- 减去权限	w	可写
o	其他人		x	可执行
a	所有用户	= 赋予权限	-	无权限

注意： 使用字符模式的 +、- 修改权限时，是在已有的权限上增加或减去权限。

（1）设置修改自己文件权限。

用户 student 创建目录 /tmp/test-chmod 及文件 /tmp/test-chmod/file-stu，文件内容为“Hello”。

```
[student@localhost ~]$ mkdir /tmp/test-chmod
[student@localhost ~]$ ll -d /tmp/test-chmod/
drwxrwxr-x 2 student student 6 Jul  3 09:52 /tmp/test-chmod/
[student@localhost ~]$ cd /tmp/test-chmod/
[student@localhost test-chmod]$ cat >file-stu<<eof
> Hello
> eof
```

```
[student@localhost test-chmod]$ ll file-stu
-rw-rw-r-- 1 student student 6 Jul  3 09:53 file-stu
[student@localhost test-chmod]$ cat file-stu
Hello
[student@localhost test-chmod]$ chmod a= file-stu          # 将所有权限位置空
[student@localhost test-chmod]$ ll file-stu
---------- 1 student student 6 Jul  3 09:53 file-stu
[student@localhost test-chmod]$ cat file-stu
cat: file-stu: Permission denied                           # 拒绝读取文件内容
[student@localhost test-chmod]$ chmod u=rw,g=rw,o=r file-stu
          # 为用户赋予可读可写权限，为用户组赋予可读可写权限，为其他人赋予可读权限
[student@localhost test-chmod]$ ll file-stu
-rw-rw-r-- 1 student student 6 Jul  3 09:53 file-stu
[student@localhost test-chmod]$ cat file-stu
Hello
```

（2）其他人对目录和文件的权限。

用户 teacher 对于用户 student 是其他人，对目录 /tmp/test-chmod 的权限为 r-x，对文件 file-stu 的权限为 r--。

```
[teacher@localhost ~]$ ll -d /tmp/test-chmod/
drwxrwxr-x 2 student student 22 Jul  3 09:53 /tmp/test-chmod/
[teacher@localhost ~]$ touch /tmp/test-chmod/file-tea
touch: cannot touch '/tmp/test-chmod/file-tea': Permission denied
# 用户 teacher 作为目录 /tmp/test-chmod 的其他人，被拒绝在该目录下创建文件 file-tea
[teacher@localhost ~]$ ll /tmp/test-chmod/file-stu
-rw-rw-r-- 1 student student Jul  3 09:53 /tmp/test-chmod/file-stu
[teacher@localhost ~]$ cat /tmp/test-chmod/file-stu
Hello      # 用户 teacher 作为文件 file-stu 的其他人，可以读取文件 file-stu 的内容
```

用户 student 去掉文件 file-stu 的其他人权限 r。

```
[student@localhost test-chmod]$ chmod o-r file-stu
                                # 删除文件 file-stu 在其他人权限上的可读权限
[student@localhost test-chmod]$ ll file-stu
-rw-rw---- 1 student student 6 Jul  3 09:53 file-stu
```

此时，用户 teacher 无法读取文件 file-stu 的文件内容。

```
[teacher@localhost ~]$ cat /tmp/test-chmod/file-stu
cat: /tmp/test-chmod/file-stu: Permission denied
```

（3）用户组成员对目录和文件的权限。

在 root 环境下将用户 teacher 加入用户组 student。

```
[root@localhost ~]# gpasswd -a teacher student
Adding user teacher to group student
```

此时，用户 teacher 和用户 student 在同一用户组 student 中，对目录 /tmp/test-chmod 的权限为 rwx，对文件 file-stu 的权限为 rw-。

```
[teacher@localhost ~]$ id
uid=1001(teacher) gid=1001(teacher) groups=1001(teacher),1000(student)
[teacher@localhost ~]$ touch /tmp/test-chmod/file-tea
     # 用户 teacher 作为同组成员，可以在目录 /tmp/test-chmod 下创建文件 file-tea
[teacher@localhost ~]$ ll /tmp/test-chmod/file-tea
-rw-rw-r-- 1 teacher teacher 0 Jul  3 10:00 /tmp/test-chmod/file-tea
[teacher@localhost ~]$ cat /tmp/test-chmod/file-stu
```

```
Hello                        # 用户 teahcer 作为同组成员，可以读文件 file-stu 的内容
[teacher@localhost ~]$ echo 'Linux' >/tmp/test-chmod/file-stu
[teacher@localhost ~]$ cat /tmp/test-chmod/file-stu
Linux                       # 用户 teahcer 作为同组成员，可以修改文件 file-stu 的内容
[teacher@localhost ~]$ rm /tmp/test-chmod/file-stu
[teacher@localhost ~]$         # 用户 teahcer 作为同组成员，可以删除文件 file-stu
```

范例 2： 使用数字模式设置权限。

数字模式可使用数字与 rwx 转换，关系如图 5-1 所示，其中用 4 表示 r，2 表示 w，1 表示 x，0 表示“-”。每一组权限数字累加值表示该组权限。例如，rwx 采用累加数字形式表示为 7，r-x 数字形式为 5，-wx 数字形式为 3。

```
rwx r - x - wx
421 4 0 1 0 21
 ||   ||   ||
 7    5    3
```

图5-1　rwx和数字模式转换关系

（1）对文件使用数字模式设置权限。

```
[teacher@localhost ~]$ cd /tmp/test-chmod/
[teacher@localhost test-chmod]$ ll
total 0
-rw-rw-r-- 1 teacher teacher 0 Mar 25 14:46 file-tea
[teacher@localhost test-chmod]$ chmod 000 file-tea            # 将所有权限位置空
[teacher@localhost test-chmod]$ ll file-tea
---------- 1 teacher teacher 0 Jul  3 10:00 file-tea
[teacher@localhost test-chmod]$ chmod 664 file-tea
            # 为用户赋予可读可写权限，为用户组赋予可读可写权限，为其他人赋予可读权限
[teacher@localhost test-chmod]$ ll file-tea
-rw-rw-r-- 1 teacher teacher 0 Jul  3 10:00 file-tea
```

（2）对目录使用数字模式设置权限。

```
[student@localhost ~]$ ll -d /tmp/test-chmod/
drwxrwxr-x 2 student student 22 Jul  3 10:01 /tmp/test-chmod/
[student@localhost ~]$ chmod 755 /tmp/test-chmod/
# 设置目录 /tmp/test-chmod 的用户权限为可读可写可执行，用户组和其他人权限为可读可执行
[student@localhost ~]$ ll -d /tmp/test-chmod/
drwxr-xr-x 2 student student 22 Jul  3 10:01 /tmp/test-chmod/
```

用户 teacher 对目录 /tmp/test-chmod 的权限为用户组权限 r-x。

```
[teacher@localhost ~]$ id
uid=1001(teacher) gid=1001(teacher) groups=1001(teacher),1000(student)
[teacher@localhost ~]$ rm /tmp/test-chmod/file-tea
rm: cannot remove '/tmp/test-chmod/file-tea': Permission denied
```

可以看到文件 file-tea 虽然归用户 teacher 所有，但用户 teacher 无权删除该文件。文件 file-tea 所在目录 /tmp/test-chmod 归用户 student 所有，因此用户 student 可以删除文件 file-tea。

```
[student@localhost ~]$ rm /tmp/test-chmod/file-tea
[student@localhost ~]$
```

可以看到，使用数字模式设置权限更方便，因此，在实际工作中，推荐使用数字形式设置权限。

范例 3： 递归设置权限。

chmod 命令使用 -R 选项，可以递归修改指定目录下所有文件和子目录的权限。

```
[student@localhost ~]$ mkdir /tmp/test-chmod/dir{1..3}
[student@localhost ~]$ touch /tmp/test-chmod/file{1..3}
[student@localhost ~]$ ll /tmp/test-chmod/
total 0
```

```
drwxrwxr-x 2 student student 6 Jul  3 10:04 dir1
drwxrwxr-x 2 student student 6 Jul  3 10:04 dir2
drwxrwxr-x 2 student student 6 Jul  3 10:04 dir3
-rw-rw-r-- 1 student student 0 Jul  3 10:04 file1
-rw-rw-r-- 1 student student 0 Jul  3 10:04 file2
-rw-rw-r-- 1 student student 0 Jul  3 10:04 file3
[student@localhost ~]$ chmod -R 755 /tmp/test-chmod
[student@localhost ~]$ ll /tmp/test-chmod
total 0
drwxr-xr-x 2 student student 6 Jul  3 10:04 dir1
drwxr-xr-x 2 student student 6 Jul  3 10:04 dir2
drwxr-xr-x 2 student student 6 Jul  3 10:04 dir3
-rwxr-xr-x 1 student student 0 Jul  3 10:04 file1
-rwxr-xr-x 1 student student 0 Jul  3 10:04 file2
-rwxr-xr-x 1 student student 0 Jul  3 10:04 file3
```

思维导图小结

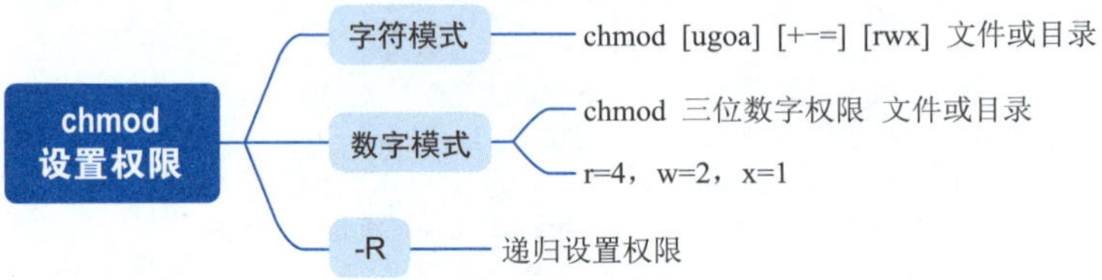

5.3 chown 设置归属

视 频

chown设置归属

【功能说明】

chown（change ownership）命令用于改变文件或目录的用户和用户组。该命令默认只有 root 用户可以使用。

【语法格式】

```
chown  [选项]  [用户][:用户组]  文件或目录
```

说明：

（1）其中的“:”可以用“.”代替。

（2）要授权的用户和用户组，必须是 Linux 操作系统中已存在的。

以 root 用户环境练习以下内容。

范例 1： 更改所属用户。

```
[root@localhost ~]# mkdir test-chown
[root@localhost ~]# cd test-chown/
[root@localhost test-chown]# touch file1
[root@localhost test-chown]# ll file1
-rw-r--r-- 1 root root 0 Mar 26 09:43 file1
[root@localhost test-chown]# chown xxx file1
chown: invalid user: 'xxx'                                  #用户 xxx 不存在
[root@localhost test-chown]# chown student file1
[root@localhost test-chown]# ll file1
-rw-r--r-- 1 student root 0 Mar 26 09:43 file1
```

范例 2： 更改所属用户组。

```
[root@localhost test-chown]# groupadd team-hadoop
```

```
[root@localhost test-chown]# chown :team-hadoop file1
[root@localhost test-chown]# ll file1
-rw-r--r-- 1 student team-hadoop 0 Mar 26 09:43 file1
```

范例 3： 同时更改所属用户和用户组。

```
[root@localhost test-chown]# chown root:root file1
[root@localhost test-chown]# ll file1
-rw-r--r-- 1 root root 0 Apr 24 01:44 file1
```

范例 4： 递归更改。

使用 -R 选项可递归更改指定的目录及其下所有文件和子目录的归属。

```
[root@localhost test-chown]# mkdir dir
[root@localhost test-chown]# cp file1 dir/
[root@localhost test-chown]# ll -d dir/
drwxr-xr-x 2 root root 19 Mar 26 09:49 dir/
[root@localhost test-chown]# ll dir/
total 0
-rw-r--r-- 1 root root 0 Mar 26 09:49 file1
                    # 目录 dir 和文件 file1 的所属用户和用户组都是 root
[root@localhost test-chown]# chown -R student:student dir/
[root@localhost test-chown]# ll -d dir/
drwxr-xr-x 2 student student 19 Mar 26 09:49 dir/
[root@localhost test-chown]# ll dir/
total 0
-rw-r--r-- 1 student student 0 Mar 26 09:49 file1
               # 目录 dir 和文件 file1 的所属用户和用户组都被改为 student
```

思维导图小结

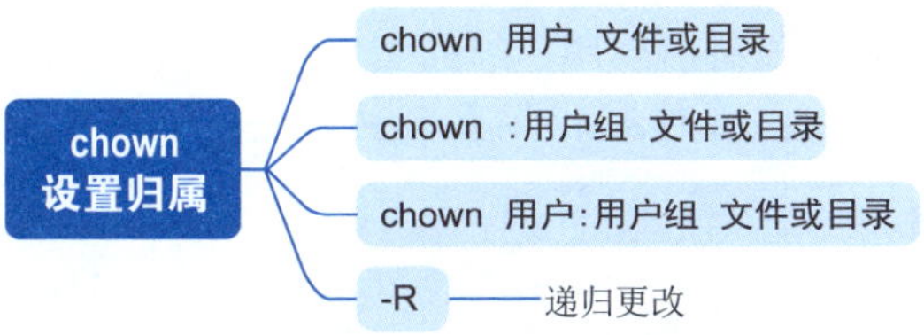

5.4 find 按文件属性权限查找

视 频

find按文件属性权限查找

使用 find 命令可根据文件属性（所属用户、用户组、UID、GID）查找文件，也可以根据文件权限匹配查找。

以 root 用户环境练习以下内容（创建一个普通用户 teacher）。

范例 1： 根据文件属性查找。

（1）在 /home 目录下查找所有属于用户 teacher 的文件或目录。

```
[root@localhost ~]# find /home -user teacher
                    # 在目录 /home 下按选项 -user 指定所属用户 teacher 查找文件或目录
/home/teacher
/home/teacher/.mozilla
/home/teacher/.mozilla/extensions
/home/teacher/.mozilla/plugins
/home/teacher/.bash_logout
/home/teacher/.bash_profile
```

```
/home/teacher/.bashrc
[root@localhost ~]# find /home -user teacher -exec ls -ld {} \;
    # 选项 -exec 对 find 命令查找出来的对象，执行 ls -ld 命令，显示查找出对象的长信息
drwx------. 3 teacher  teacher  78   Jul  3  10:10 /home/teacher
drwxr-xr-x. 4 teacher  teacher  39   Jul  1  16:42 /home/teacher/.mozilla
drwxr-xr-x. 2 teacher  teacher  6    Jun  10 2014  /home/teacher/.mozilla/extensions
drwxr-xr-x. 2 teacher  teacher  6    Jun  10 2014  /home/teacher/.mozilla/plugins
-rw-r--r--. 1 teacher  teacher  18   Apr  1  2020  /home/teacher/.bash_logout
-rw-r--r--. 1 teacher  teacher  193  Apr  1  2020  /home/teacher/.bash_profile
-rw-r--r--. 1 teacher  teacher  231  Apr  1  2020  /home/teacher/.bashrc
```

（2）在 /var 目录中查找所有者为 root 且所属组为 mail 的文件或目录。

```
[root@localhost ~]# find /var -user root -group mail -exec ls -ld {} \;
                                                        # 选项 -group 指定所属用户组
drwxrwxr-x. 2 root mail 59 Mar 26 10:11 /var/spool/mail
```

（3）根据 UID 或 GID 查找文件。

```
[root@localhost ~]# id teacher
uid=1001(teacher) gid=1001(teacher) groups=1001(teacher)
                                          # 用户 teacher 的 UID 和 GID 为 1001
[root@localhost ~]# userdel teacher       # 删除用户 teacher，但其家目录未删除
[root@localhost ~]# find /home -uid 1001 -exec ls -ld {} \;
drwx------. 3 1001 1001 78  Jul  3   10:10 /home/teacher
drwxr-xr-x. 4 1001 1001 39  Jul  1   16:42 /home/teacher/.mozilla
drwxr-xr-x. 2 1001 1001 6   Jun  10  2014  /home/teacher/.mozilla/extensions
drwxr-xr-x. 2 1001 1001 6   Jun  10  2014  /home/teacher/.mozilla/plugins
-rw-r--r--. 1 1001 1001 18  Apr  1   2020  /home/teacher/.bash_logout
-rw-r--r--. 1 1001 1001 193 Apr  1   2020  /home/teacher/.bash_profile
-rw-r--r--. 1 1001 1001 231 Apr  1   2020  /home/teacher/.bashrc
      # 用户 teacher 家目录及其下内容仍然存在，所属用户和用户组均显示为 UID 和 GID
```

（4）查找没有所属用户或没有所属用户组的文件。

```
[root@localhost ~]# find /home -nouser -exec ls -ld {} \;
drwx------. 3 1001 1001 78  Jul  3   10:10 /home/teacher
drwxr-xr-x. 4 1001 1001 39  Jul  1   16:42 /home/teacher/.mozilla
drwxr-xr-x. 2 1001 1001 6   Jun  10  2014  /home/teacher/.mozilla/extensions
drwxr-xr-x. 2 1001 1001 6   Jun  10  2014  /home/teacher/.mozilla/plugins
-rw-r--r--. 1 1001 1001 18  Apr  1   2020  /home/teacher/.bash_logout
-rw-r--r--. 1 1001 1001 193 Apr  1   2020  /home/teacher/.bash_profile
-rw-r--r--. 1 1001 1001 231 Apr  1   2020  /home/teacher/.bashrc
                                  # 选项 -nouser 表示查找没有所属用户的文件或目录
    # 没有所属用户或没有所属用户组的文件目录，其长信息中所属用户显示为原用户的 UID
[root@localhost ~]# find /home -nogroup -exec ls -ld {} \;
drwx------. 3 1001 1001 78  Jul  3   10:10 /home/teacher
drwxr-xr-x. 4 1001 1001 39  Jul  1   16:42 /home/teacher/.mozilla
drwxr-xr-x. 2 1001 1001 6   Jun  10  2014  /home/teacher/.mozilla/extensions
drwxr-xr-x. 2 1001 1001 6   Jun  10  2014  /home/teacher/.mozilla/plugins
-rw-r--r--. 1 1001 1001 18  Apr  1   2020  /home/teacher/.bash_logout
-rw-r--r--. 1 1001 1001 193 Apr  1   2020  /home/teacher/.bash_profile
-rw-r--r--. 1 1001 1001 231 Apr  1   2020  /home/teacher/.bashrc
                              # 选项 -nogroup 表示查找没有所属用户组的文件或目录
  # 没有所属用户或没有所属用户组的文件目录，其长信息中所属用户组显示为原用户组的 GID
```

在找到没有所属用户或用户组的文件目录后，最好利用 chown 命令重新为其指定所属用户和用户组。例如，将 /home/teacher 目录及其所含子目录和文件全部分配给已有的系统用户（自行创建普通用户 linux）。

```
[root@localhost ~]# chown -R linux:linux /home/teacher
```

范例 2：根据文件权限匹配查找

（1）根据文件权限精确匹配查找。

查找 /boot 目录中权限为 755 的普通文件，并显示详细信息。

```
[root@localhost ~]# find /boot -perm 755 -type f -exec ls -lh {} \;
                    # 选项 -perm 指定按精确匹配 755（rwxr-xr-x）权限查找
-rwxr-xr-x. 1 root root 6.5M Oct 20  2020 /boot/vmlinuz-3.10.0-1160.el7.
x86_64
-rwxr-xr-x. 1 root root 6.5M Jul  1  16:52 /boot/vmlinuz-0-rescue-676f0
7e03a2f47cdb807193b3c72704c
```

（2）根据文件权限模糊匹配查找。

在 Linux 操作系统运维时，更多情况下是按文件权限进行模糊匹配查找。

```
[root@localhost ~]# mkdir /tmp/test-find
[root@localhost ~]# touch /tmp/test-find/test{1..3}
[root@localhost ~]# ll /tmp/test-find/test*
-rw-r--r-- 1 root root 0 Mar 26 11:09 /tmp/test-find/test1
-rw-r--r-- 1 root root 0 Mar 26 11:09 /tmp/test-find/test2
-rw-r--r-- 1 root root 0 Mar 26 11:09 /tmp/test-find/test3
[root@localhost ~]# chmod 664 /tmp/test-find/test2
[root@localhost ~]# chmod 600 /tmp/test-find/test3
[root@localhost ~]# ll /tmp/test-find/test*
-rw-r--r-- 1 root root 0 Nov 10 15:23 /tmp/test-find/test1
-rw-rw-r-- 1 root root 0 Nov 10 15:23 /tmp/test-find/test2
-rw------- 1 root root 0 Nov 10 15:23 /tmp/test-find/test3
```

查找 /tmp/test-find 目录中与权限 220 之间是“或”关系的文件。

```
[root@localhost ~]# find /tmp/test-find/ -perm /220 -type f
          # 权限 220 前使用“/”表示“或”关系，即用户或用户组权限上有可写 w 权限
                                                # -w--w----
/tmp/test-find/test1                            # rw-r--r--
/tmp/test-find/test2                            # rw-rw-r--
/tmp/test-find/test3                            # rw-------
```

查找 /tmp/test-find 目录中与权限 220 之间是“与”关系的文件。

```
[root@localhost ~]# find /tmp/test-find/ -perm -220 -type f
        # 权限 220 前使用“-”表示“与”关系，即用户和用户组权限上都要有可写 w 权限
/tmp/test-find/test2                            # rw-rw-r--
```

思维导图小结

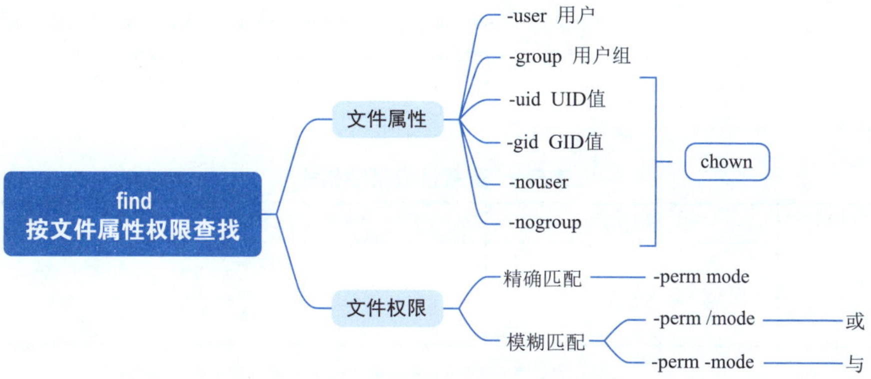

5.5 使用 sudo 机制提升权限

视 频

使用sudo机制提升权限

【功能说明】

在 Linux 操作系统中，由于超级用户 root 的权限太大，如果管理不好，就会带来严重的系统安全隐患。因此在工作场景中，只在必要时才使用超级用户权限。一般临时性工作处理，都是以普通用户的身份完成的。当普通用户需要超级用户的权限时，有如下两种解决途径：

（1）从普通用户使用 su 命令切换到超级用户 root（需要知道 root 的登录密码）。这种方法的适用场景为一般的中小型公司，不超过三个管理员，为了管理方便，使用 su 来共同管理（非集权式管理）。

（2）使用 sudo（superuser do）命令让普通用户在执行指定的命令或程序时，拥有超级用户的权限（不需要知道 root 的登录密码）。这种方法的适用场景为管理员人数较多，采用集权式管理，不是所有管理员都知道超级用户 root 的登录密码，由管理团队负责人将超级用户的指定权限，根据管理工作需要授权给指定的普通用户使用。

与 vi 或 vim 命令相比，sudo 授权**推荐**使用 visudo 命令配置管理。visudo 命令用于专门编辑 sudo 的配置文件 /etc/sudoers，同时提供语法检查等功能。

【语法格式】

```
sudo   [选项]
visudo  [选项]
```

以 root 用户环境练习以下内容。

【准备工作】

创建普通用户 boy 和 girl，并设置密码为 123456。

范例 1：visudo 对普通用户授权。

```
[root@localhost ~]# visudo
```

在 /etc/sudoers 文件大约第 100 行下面（输入“100gg”将光标快速移动到第 100 行）添加需要提升为 root 权限的普通用户及对应权限（按【o】键切换到编辑模式）：

- 用户 boy 被授权拥有与 root 相同的权限，但不可以修改 root 的密码，不可以使用 visudo 命令，不可以编辑 *sudoer* 文件。
- 用户 girl 被授权可以在所有机器上，不需要输入自己的登录密码，直接运行 useradd、userdel 命令。

```
## Allow root to run any commands anywhere
root    ALL=(ALL)     ALL
boy     ALL=(ALL)     ALL,!/usr/bin/passwd root,!/usr/sbin/visudo,!/usr/bin/vi *sudoer*
girl    ALL=(ALL)     NOPASSWD:/usr/sbin/useradd,/usr/sbin/userdel
            #按【Esc】键，输入“:wq”保存并退出时，会自动检查添加的规则是否存在语法错误
```

上述授权内容对应的配置授权语法说明见表 5-4。

表5-4 配置授权语法格式

用户或组	主机	授权用户	可以执行的命令
用户 或 %用户组	机器=	（授权使用哪个角色的权限）	命令1，命令2，…，命令n

续表

用户或组	主机	授权用户	可以执行的命令
root	ALL=	(ALL)	ALL
boy	ALL=	(ALL)	ALL,!/usr/bin/passwd root,!/usr/sbin/visudo,!/usr/bin/vi *sudoer*
girl	ALL=	(ALL)	/usr/sbin/useradd,/usr/sbin/userdel

/etc/sudoers 文件中配置授权的语法说明如下：

（1）/etc/sudoers 配置文件中的每一行就是一个规则，前面带 # 号的为注释说明内容，当规则超过一行的长度时，可以用“\”号来续行。

（2）可对指定的用户组统一授权。用户组前面必须加“%”号。如 /etc/sudoers 文件中的一行设置项，表示 wheel 组中的成员拥有超级用户 root 的权限。因此，如果把某个普通用户加入 wheel 组，那么该用户就具有超级用户 root 的权限。

```
## Allows people in group wheel to run all commands
%wheel   ALL=(ALL)       ALL
```

（3）指定切换的用户要用“()”括起来。如果省略括号，则默认为 root 用户。如果括号里是 ALL，则代表能够切换到所有用户。

（4）定义授权规则时，可执行的命令必须以绝对路径书写（可使用 which 命令查看命令的绝对路径）。

（5）若想禁止某类程序或命令执行，则要在命令动作前面加上“!”号，并且放在允许执行命令的后面。

（6）如果希望不需要密码就直接运行命令，则应该加上“NOPASSWD:”参数（**不推荐使用**）。

（7）对于 Linux 操作系统 bash 的内置命令，无法进行 sudo 授权控制。

范例 2： sudo 查看普通用户授权后拥有的权限。

在普通用户 boy 的身份环境下，查看其被授权后拥有的权限。

```
[boy@localhost ~]$ sudo -l

We trust you have received the usual lecture from the local System
Administrator. It usually boils down to these three things:

    #1) Respect the privacy of others.
    #2) Think before you type.
    #3) With great power comes great responsibility.

[sudo] password for boy:                               # 输入用户 boy 的密码
Matching Defaults entries for boy on localhost:
    !visiblepw, always_set_home, match_group_by_gid, always_query_group_
plugin, env_reset, env_keep="COLORS
    DISPLAY HOSTNAME HISTSIZE KDEDIR LS_COLORS", env_keep+="MAIL PS1 PS2
QTDIR USERNAME LANG LC_ADDRESS
    LC_CTYPE", env_keep+="LC_COLLATE LC_IDENTIFICATION LC_MEASUREMENT
LC_MESSAGES", env_keep+="LC_MONETARY
    LC_NAME LC_NUMERIC LC_PAPER LC_TELEPHONE", env_keep+="LC_TIME LC_ALL
LANGUAGE LINGUAS _XKB_CHARSET
    XAUTHORITY", secure_path=/sbin\:/bin\:/usr/sbin\:/usr/bin
```

```
User boy may run the following commands on localhost:
    (ALL) ALL, !/usr/bin/passwd root, !/usr/sbin/visudo, !/usr/bin/vi *sudoer*
```

在普通用户 girl 的身份环境下，查看其被授权后拥有的权限。

```
[girl@localhost ~]$ sudo -l
Matching Defaults entries for girl on localhost:
    !visiblepw, always_set_home, match_group_by_gid, always_query_group_
plugin, env_reset, env_keep="COLORS
    DISPLAY HOSTNAME HISTSIZE KDEDIR LS_COLORS", env_keep+="MAIL PS1 PS2
QTDIR USERNAME LANG LC_ADDRESS
    LC_CTYPE", env_keep+="LC_COLLATE LC_IDENTIFICATION LC_MEASUREMENT
LC_MESSAGES", env_keep+="LC_MONETARY
    LC_NAME LC_NUMERIC LC_PAPER LC_TELEPHONE", env_keep+="LC_TIME LC_ALL
LANGUAGE LINGUAS _XKB_CHARSET
    XAUTHORITY", secure_path=/sbin\:/bin\:/usr/sbin\:/usr/bin

User girl may run the following commands on localhost:
    (ALL) NOPASSWD: /usr/sbin/useradd, /usr/sbin/userdel
                                                    # 不需要输入 girl 的密码
```

范例 3：普通用户 sudo 使用授权。

（1）普通用户 boy 使用授权。

```
[boy@localhost ~]$ sudo useradd yy
[sudo] password for boy:                          # 输入用户 boy 的密码
[boy@localhost ~]$ id yy
uid=1003(yy) gid=1003(yy) groups=1003(yy)
[boy@localhost ~]$ sudo userdel -r yy
[boy@localhost ~]$ id yy
id: yy: no such user
[boy@localhost ~]$ sudo passwd root
Sorry, user boy is not allowed to execute '/bin/passwd root' as root on
localhost.localdomain.
```

用户执行 sudo 并且输入密码后，用户会获得一张默认存活期为 5 分钟的“入场券”（相应用户的时间戳文件）。超时以后，用户就必须重新输入密码。

（2）普通用户 girl 使用授权。

```
[girl@localhost ~]$ sudo useradd yy
[girl@localhost ~]$ id yy
uid=1003(yy) gid=1003(yy) groups=1003(yy)
[girl@localhost ~]$ sudo userdel -r yy
[girl@localhost ~]$ id yy
id: yy: no such user
[girl@localhost ~]$ sudo passwd root

We trust you have received the usual lecture from the local System
Administrator. It usually boils down to these three things:

    #1) Respect the privacy of others.
    #2) Think before you type.
    #3) With great power comes great responsibility.

[sudo] password for girl:                         # 输入用户 girl 的密码
Sorry, user girl is not allowed to execute '/bin/passwd root' as root on
localhost.localdomain.
```

如果配置授权时对应的用户规则使用了 NOPASSWD 选项，那么执行 sudo 命令时就永远不会提示输入该用户密码。

sudo 的工作原理如图 5-2 所示。

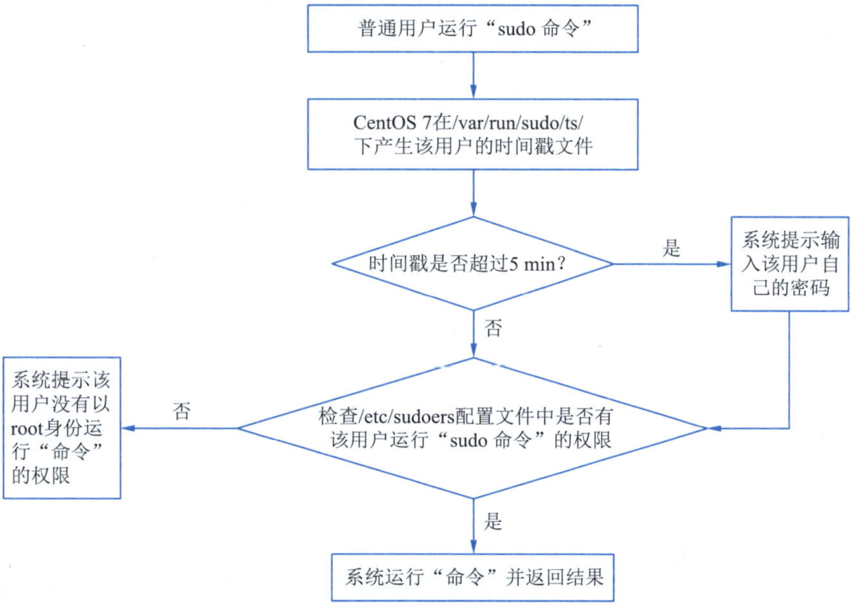

图5-2　sudo工作原理

思维导图小结

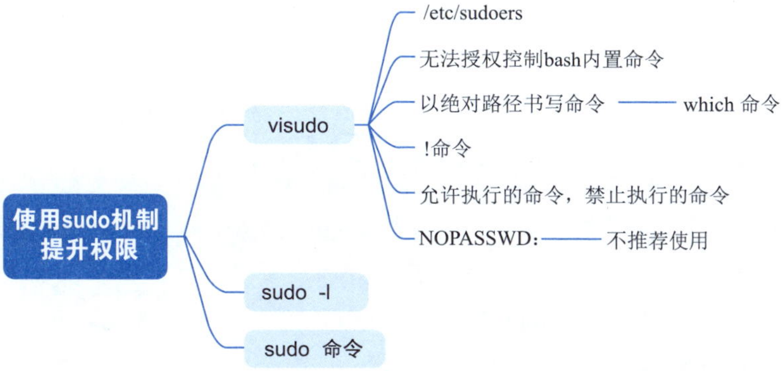

拓展阅读　中国计算机之父

董铁宝（1916—1968），被誉为“中国计算机之父”，在新中国科技发展进程中，留下了浓墨重彩的一笔，激励着无数科研工作者不断奋进。

1. 求学海外，积蓄力量

1916 年 8 月，董铁宝出生于江苏武进，家乡深厚的文化底蕴为他的学术成长奠定了基础。1945 年，董铁宝怀揣着对先进知识的向往，赴美留学。他先后在普渡大学土木系和伊利诺伊大学力学系深造，1950 年获博士学位，还担任了助理教授和副教授。当时计算机技术兴起，董铁宝凭借敏锐的洞察力，投身 ILLIAC-I 计算机的使用，积累了大量计算机使用和编程经验。

2. 毅然归国，投身建设

中华人民共和国成立初期，百废待兴。1956 年，董铁宝毅然回国，投身计算机事业建设。回国后，董铁宝迅速投入到北京大学第一台电子计算机的设计制造中。那时国内计算机技术近乎空白，缺资料、少设备、乏人才。董铁宝带领团队迎难而上，查阅国外资料，反复钻研实验，攻克逻辑结构、电路设计等技术难题，成功造出北大首台电子计算机，为中国计算机事业奠定基础。

在计算机理论研究上，董铁宝同样成果丰硕。计算数学领域，他提出创新算法，解决大型工程计算的数值稳定性问题，提升计算准确性；程序编制方面，他开发高效编程方法，编写的程序推动科研和工程计算发展；计算机设计原理上，他改进体系结构，显著提升计算机性能。他还将计算机技术与断裂力学结合，模拟材料断裂过程，为材料科学和工程提供新方法，成果在航空航天、机械制造等领域广泛应用。

20 世纪 60 年代，董铁宝率先意识到外部设备的重要性，亲自参与打印机、磁盘驱动器等设备的研发改进，提升计算机输入输出能力，改变行业重主机轻外设的观念，推动计算机行业全面发展。

3. 教育传承，桃李芬芳

董铁宝深知人才培养对计算机事业发展的重要性。在北大任教期间，他全身心投入教育，注重培养学生数值计算和理论联系实际的能力。他结合实际案例授课，鼓励学生参与科研，培养出一批批计算机领域的中坚力量，为中国计算机事业持续发展提供人才支撑。1958 年，董铁宝荣获美国土木工程协会 Moisseiff 奖。可惜 1968 年 10 月 18 日，他英年早逝，年仅 52 岁。

董铁宝的一生，是奋斗与奉献的一生，他为中国计算机事业立下不朽功勋，其精神永远激励着后来者追逐科技强国之梦。

实践练习 5

以 root 身份在 Xshell 上远程登录 VMware 上 CentOS 7.9 系统后，练习以下内容：

1．创建用户 tom，以非交互式方式设置 tom 的密码为 321。重新打开一个终端，使用 tom 登录，在其家目录中创建文件 tom.sh。

2．为文件 tom.sh 的所属用户添加可执行权限。

3．将文件 tom.sh 的所有者改为 root，所属组改为 users。

4．在系统中查找所有人都有写权限的目录。

5．为 tom 用户授权可以使用 sudo 命令执行 useradd、passwd 命令，但不能执行 userdel 命令，不能修改 root 的密码。

6．普通用户 tom 查看 sudo 授权后拥有的权限。

7．tom 用户使用 sudo 授权，创建一个普通用户 jerry，以非交互式方式设置 jerry 的密码为 123。

面试演练 5

1．解释 Linux 中的文件权限？

2．如何在 Linux 中搜索文件？

3．把当前目录下所有后缀为 .txt 的文件的权限修改为 777。

模块6

磁盘管理

学习目标

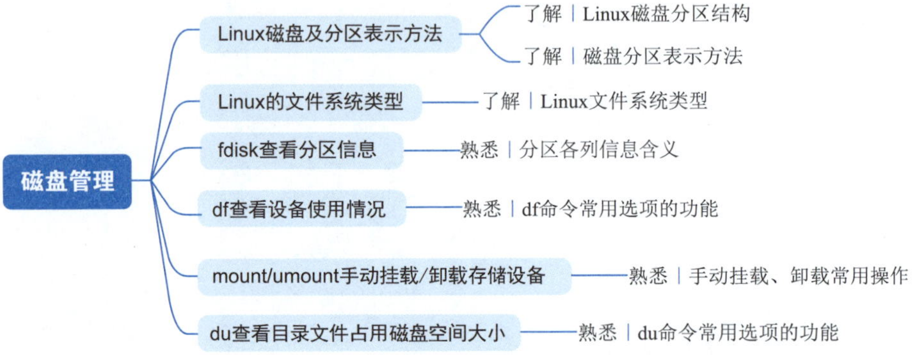

离娄之明，公输子之巧，不以规矩，不能成方圆 ——《孟子》

在Linux世界中，磁盘管理的要义，恰似《孟子》所言：“离娄之明，公输子之巧，不以规矩，不能成方圆。”磁盘资源犹如一片广阔天地，而分区、格式化与空间分配，便是在此天地中绘制蓝图的关键步骤。只有合理规划、严格遵循规则，才能搭建起稳固的数据存储架构。

6.1 Linux磁盘及分区表示方法

视频 Linux磁盘及分区表示方法

在计算机领域，从广义上来说，硬盘、光盘和U盘等用来保存数据信息的存储设备都可以称为磁盘。其中硬盘是存储数据信息的主要组件。

操作系统的所有数据都存储在磁盘分区中。如图6-1所示，传统的磁盘管理中，磁盘分区分为主分区、扩展分区、逻辑分区。

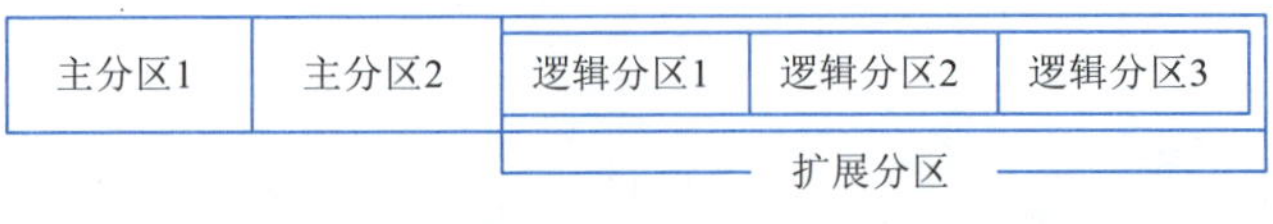

图6-1 磁盘分区

（1）主分区：传统的磁盘管理中，硬盘的主引导扇区（MBR）只有512字节，而用来存放分区信息的空间只有64字节，每一个分区的信息占用16字节空间，因此一块硬盘最多只能拥有4个分区（4个主分区）。如果使用GPT分区方式，主分区个数没有限制。

（2）扩展分区：随着硬盘空间越来越大，4 个分区远远不够，因此引入了扩展分区的概念。扩展分区与主分区是平级的，但其本身无法用来存放数据，需要在扩展分区中创建逻辑分区。

（3）逻辑分区：逻辑分区的数量不再受主引导扇区空间大小的限制。

在 Windows 操作系统中，每个磁盘分区会被分配一个用大写字母表示的盘符，如 C 盘、D 盘等，而 Linux 操作系统对磁盘分区的表示和使用方法则完全不同。

在 Linux 操作系统中，一切皆为文件，绝大多数硬件设备在 Linux 操作系统中都是以文件的形式存放在 /dev 目录下。

（1）硬盘：按接口类型硬盘可分为 IDE 接口、SCSI 接口和 SATA 接口硬盘。

IDE 接口的硬盘采用 hdX 形式，第一块为 /dev/hda，第二块为 /dev/hdb，第三块为 /dev/hdc，…。

SCSI 或 SATA 接口的硬盘采用 sdX 形式，第一块为 /dev/sda，第二块为 /dev/sdb，第三块为 /dev/sdc，…。

（2）分区：分区以硬盘设备文件名作为基础，后边添加数字序号。主分区最多只有 4 个，因此主分区和扩展分区的序号为 1 ～ 4，而逻辑分区的序号始终从 5 开始，即系统中第一块硬盘若只划分 1 个主分区和 1 个扩展分区，第一个逻辑分区的序号也仍然是从 5 开始。

Windows 操作系统和 Linux 操作系统的磁盘分区表示对比如图 6-2 所示。

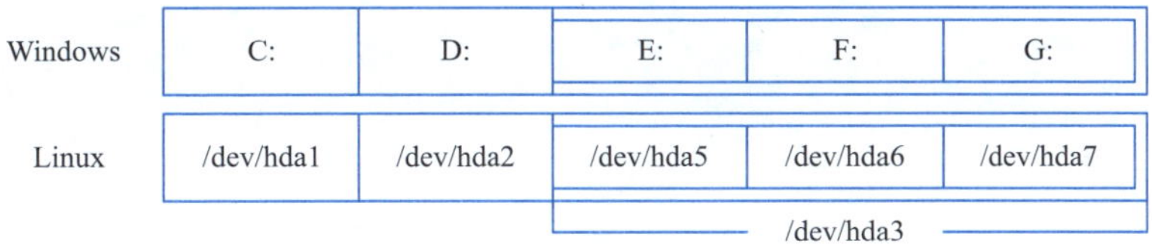

图6-2　Windows操作系统Linux操作系统磁盘分区对比

（3）所有使用 USB 接口的移动存储设备一律使用 /dev/sdX 的设备文件。

（4）光驱（光盘）的设备文件一般默认为 /dev/cdrom。

思维导图小结

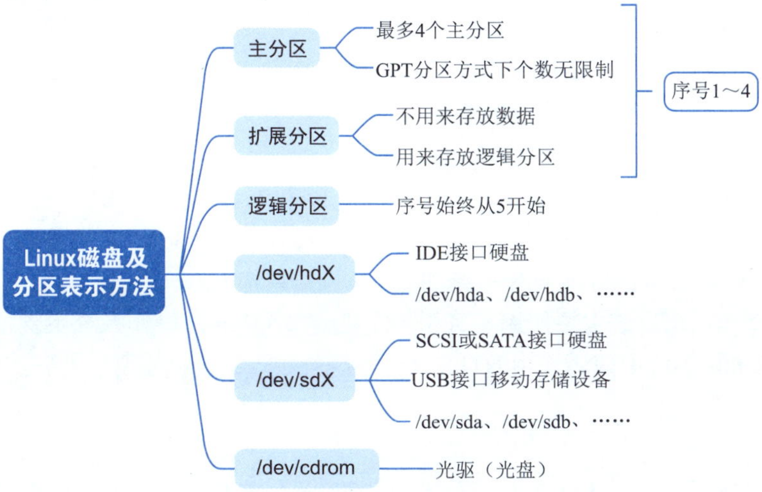

视频

Linux的文件系统类型

6.2 Linux 的文件系统类型

一块磁盘从放入计算机到被 Linux 操作系统识别，再到最终可以存储数据是需要一系列处理过程的。通过对比“盖房子住人”的过程帮助大家了解 Linux 操作系统中磁盘存储数据的过程，见表 6-1。

表6-1 Linux操作系统中磁盘存储数据的过程

Linux操作系统中磁盘存储数据的过程	盖房子住人的过程
磁盘要分区才能存储数据	盖房后，要打隔断分出卧室、厨房、卫生间等区域
磁盘分区完成后，还要进行格式化，创建文件系统才能存储数据	房子打完隔断后还得装修（不同的装修风格相当于不同的文件系统）
磁盘分区、格式化后还必须要挂载到指定的目录（即挂载点）下才能存放数据	为房子安装门和窗户，最终人才能进出、与外界通信以及居住

文件系统是操作系统用于明确磁盘或分区上的文件的方法和数据结构，即在磁盘上组织文件的方法。不同的文件系统采用不同的方法来管理磁盘。

Linux 操作系统所支持的文件系统类型存放在文件 /etc/filesystems 中。

```
[root@localhost ~]# cat /etc/filesystems
xfs
ext4
ext3
ext2
nodev proc
nodev devpts
iso9660
vfat
hfs
hfsplus
*
```

1. ext2、ext3、ext4、xfs

硬盘分区在 CentOS 7 之前采用 ext 文件系统（ext2、ext3、ext4），从 CentOS 7 开始默认使用 xfs 文件系统（更适合大数据环境）。

2. iso9660

iso9660 是一种专门为光盘（尤其是 CD-ROM）使用的文件系统，在 Linux 中不仅可以提供对光盘的读写，还可以实现对光盘的刻录。

3. vfat

Linux 中把 DOS 中采用的 FAT 文件系统（包括 FAT12，FAT16 和 FAT32）都称为 vfat 文件系统。vfat 是一种主要用于处理长文件的文件系统，具有和 Windows 文件系统和 Linux 文件系统兼容的特性，可作为 Windows 操作系统和 Linux 操作系统交换文件的分区。

Windows 操作系统目前主要使用 NTFS 文件系统，而 Linux 操作系统不支持 NTFS 文件系统。如果要在 Linux 系统中使用采用 NTFS 文件系统的硬盘分区，需要额外安装 NTFS-3G 软件包（详见 6.5 节）。

4. swap

swap 类型的文件系统是 Linux 操作系统中比较特殊的文件系统，专门给交换分区使用，类似于 Windows 操作系统中的虚拟内存，用于在一定程度上解决物理内存不足的问题。交换分区的大小通常设置为主机物理内存的 2 倍，当内存大于或等于 8 GB 时，分配 8 ～ 16 GB 即可。

思维导图小结

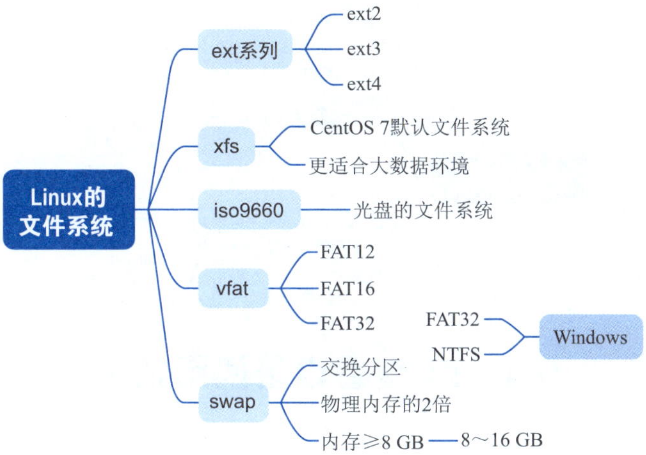

6.3　fdisk 查看分区信息

【功能说明】

fdisk 命令是 Linux 操作系统中常用的磁盘分区管理工具。该命令默认只有超级用户 root 可以使用。

视 频

fdisk查看分区信息

【语法格式】

```
fdisk  [选项]  [设备名称]
```

以 root 用户环境练习以下内容。

范例：显示系统所有磁盘的分区信息。

```
[root@localhost ~]# fdisk -l
                                                         #磁盘的整体情况
Disk /dev/sda: 21.5 GB, 21474836480 bytes, 41943040 sectors
Units = sectors of 1 * 512 = 512 bytes
Sector size (logical/physical): 512 bytes / 512 bytes
I/O size (minimum/optimal): 512 bytes / 512 bytes
Disk label type: dos
Disk identifier: 0x0009f04f
                                                         #磁盘分区的情况
   Device Boot    Start        End      Blocks   Id  System
/dev/sda1   *      2048     2099199     1048576   83  Linux
/dev/sda2       2099200    10487807     4194304   82  Linux swap / Solaris
/dev/sda3      10487808    41943039    15727616   83  Linux
```

（1）从磁盘的整体情况中可知，磁盘文件为 /dev/sda，存储容量 21.5 GB。

（2）磁盘分区情况为：

- Device 列显示分区，当前共三个分区，对应的文件为 /dev/sda1、/dev/sda2、/dev/sda3。
- Boot 列中带有“*”标识的为启动分区（引导分区）。

- Start 和 End 列用于说明分区在磁盘中的起始位置和结束位置。
- Blocks 列标识分区的大小，以 Block（块）为单位，块默认大小为 4 KB。
- Id 列显示分区类型的 id 标记号，83 对应 xfs 文件系统，82 对应 swap 文件系统。
- System 列说明分区类型，“Linux”代表 xfs 文件系统。

思维导图小结

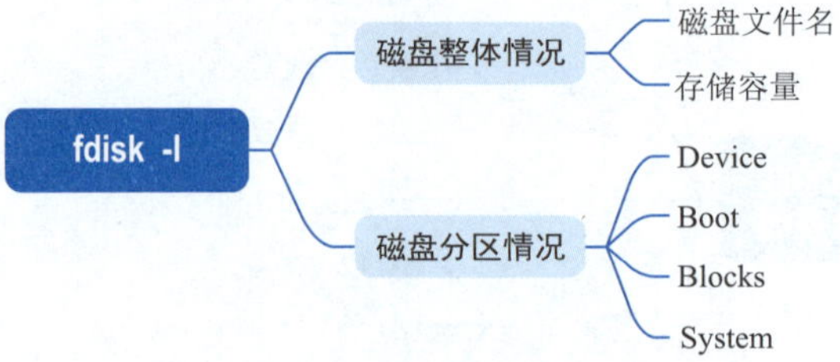

6.4 df 查看设备使用情况

视 频

df查看设备使用情况

【功能说明】

df（disk free）命令用于查看系统中已经挂载的设备，并显示设备的使用情况。

【语法格式】

```
df  [选项]  [文件]
```

以普通用户环境练习以下内容。

范例：查看系统中已经挂载的设备及其使用情况。

```
[student@localhost ~]$ df -hT
Filesystem     Type      Size  Used Avail Use% Mounted on
devtmpfs       devtmpfs  895M     0  895M   0% /dev
tmpfs          tmpfs     910M     0  910M   0% /dev/shm
tmpfs          tmpfs     910M   11M  900M   2% /run
tmpfs          tmpfs     910M     0  910M   0% /sys/fs/cgroup
/dev/sda3      xfs        15G  4.5G   11G  30% /
/dev/sda1      xfs      1014M  180M  835M  18% /boot
tmpfs          tmpfs     182M     0  182M   0% /run/user/0
tmpfs          tmpfs     182M   16K  182M   1% /run/user/42
tmpfs          tmpfs     182M     0  182M   0% /run/user/1000
```

tmpfs 是 Linux 中的临时文件系统，一般可以忽略，查看磁盘整体使用情况时可过滤掉这些临时文件系统。

```
[student@localhost ~]$ df -hT | grep -v tmpfs
Filesystem     Type     Size  Used  Avail  Use% Mounted on
/dev/sda3      xfs       15G  4.5G    11G   30% /
/dev/sda1      xfs     1014M  180M   835M   18% /boot
```

显示的各列含义：

（1）Filesystem 为文件系统，该列显示设备文件的路径名。

（2）使用 -T 选项显示 Type 列，查看设备的文件系统。

（3）使用 -h 选项显示 Size 列，人性化显示设备的容量大小。

（4）Used 为设备已使用的容量大小。

（5）Avai 为设备还可以使用的容量大小，即未被使用的容量大小。

（6）Use% 为设备使用百分比。

（7）Mounted on 为设备的挂载点。

思维导图小结

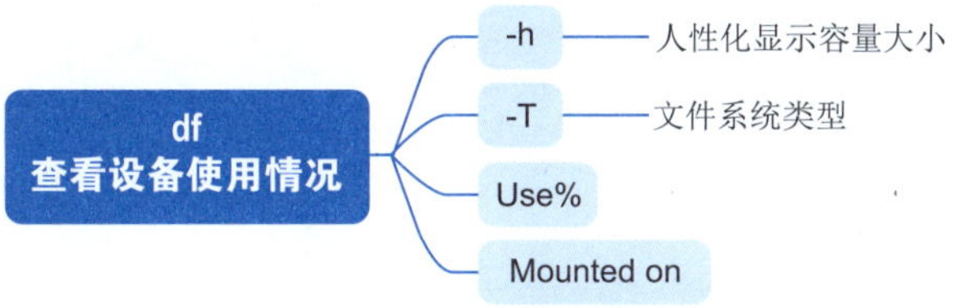

6.5 mount/umount 手动挂载 / 卸载存储设备（EPEL 源安装）

【功能说明】

视 频

mount/umount 手动挂载/卸载存储设备

mount 命令用于将一个设备（通常是存储设备）手动挂载到指定目录（挂载点）。在 Linux 操作系统下必须先挂载设备，然后该设备才能被访问。

umount 命令用于卸载已经挂载的存储设备。

默认情况下这两个命令只有超级用户 root 可以使用。

在 Linux 系统中提供了两个默认的挂载点目录：

- /media 用作系统自动挂载点。
- /mnt 用作手动挂载点。

挂载的目录必须事先存在且推荐为空。如果目录不为空，那么挂载设备后会掩盖目录中原有内容（内容不会受损，但不可访问）。只有卸载相应设备后，目录中原有内容才可访问。

【语法格式】

```
mount  [选项]  [设备]  [目录]
umount  [选项]  [目录|设备]
```

若练习以下范例时使用的 U 盘等移动存储设备为 USB 3.0 接口，请注意在虚拟机设置中将 USB 控制器的 USB 兼容性设置为“USB 3.1”，如图 6-3 所示。

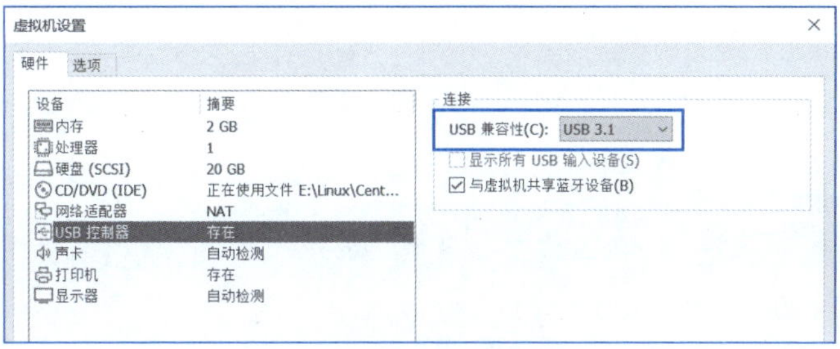

图6-3 设置VM虚拟机的USB控制器兼容性

以 root 用户环境练习以下内容。

范例 1： 挂载 FAT32 格式的 U 盘。

首先在宿主机上插上一个 FAT32 文件系统格式的 U 盘，弹出图 6-4 所示对话框，选择“连接到虚拟机”单选按钮，并在“虚拟机名称”列表中选中当前使用的虚拟机，单击“确定”按钮。

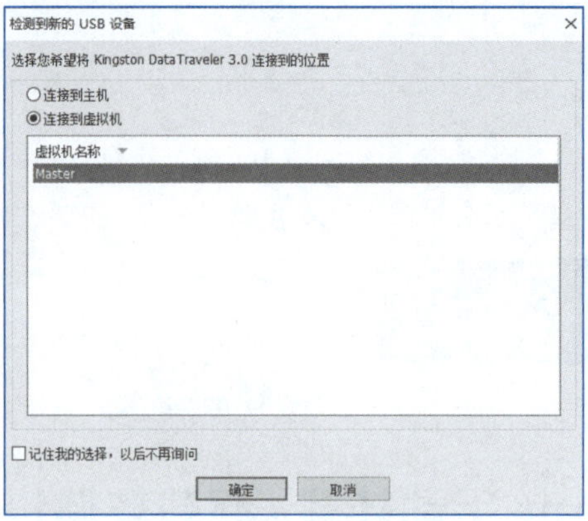

图6-4　在虚拟机上插入U盘

（1）创建挂载点。

```
[root@localhost ~]# mkdir /mnt/udisk
```

（2）查看 U 盘文件名。

```
[root@localhost ~]# fdisk -l

Disk /dev/sda: 21.5 GB, 21474836480 bytes, 41943040 sectors
Units = sectors of 1 * 512 = 512 bytes
Sector size (logical/physical): 512 bytes / 512 bytes
I/O size (minimum/optimal): 512 bytes / 512 bytes
Disk label type: dos
Disk identifier: 0x000f08e3

   Device Boot    Start       End      Blocks   Id  System
/dev/sda1   *      2048   2099199     1048576   83  Linux
/dev/sda2       2099200  10487807     4194304   82  Linux swap / Solaris
/dev/sda3      10487808  41943039    15727616   83  Linux

Disk /dev/sdb: 16.0 GB, 16013852672 bytes, 31277056 sectors
Units = sectors of 1 * 512 = 512 bytes
Sector size (logical/physical): 512 bytes / 512 bytes
I/O size (minimum/optimal): 512 bytes / 512 bytes
Disk label type: dos
Disk identifier: 0xd496d496

   Device Boot      Start         End      Blocks   Id  System
/dev/sdb1   *      784384    31277055    15246336    c  W95 FAT32 (LBA)
                                   # 第一列 /dev/sdb1 表示当前插入的 U 盘对应的文件
```

（3）挂载 U 盘。

```
[root@localhost ~]# mount /dev/sdb1 /mnt/udisk/
                                       # 将设备 /dev/sdb1 挂载到目录 /mnt/udisk
[root@localhost ~]# ls /mnt/udisk
…
```

（4）卸载 U 盘。

不使用的存储设备，务必卸载。因为同一设备可能被挂载到多个目录下，所以一般建议使用挂载点目录进行卸载。

```
[root@localhost ~]# umount /mnt/udisk/                    # 卸载挂载点目录
[root@localhost ~]# ls /mnt/udisk/                        # 卸载后挂载点中为空
[root@localhost ~]#
```

范例 2： 挂载 NTFS 格式的 U 盘。

在宿主机上插上一个 NTFS 文件系统格式的 U 盘，操作过程同范例 1。

（1）查看 U 盘文件名。

```
[root@localhost ~]# fdisk -l

Disk /dev/sda: 21.5 GB, 21474836480 bytes, 41943040 sectors
Units = sectors of 1 * 512 = 512 bytes
Sector size (logical/physical): 512 bytes / 512 bytes
I/O size (minimum/optimal): 512 bytes / 512 bytes
Disk label type: dos
Disk identifier: 0x000f08e3

   Device Boot  Start       End       Blocks    Id  System
/dev/sda1   *     2048    2099199     1048576   83  Linux
/dev/sda2      2099200   10487807     4194304   82  Linux swap / Solaris
/dev/sda3     10487808   41943039    15727616   83  Linux

Disk /dev/sdb: 16.0 GB, 16013852672 bytes, 31277056 sectors
Units = sectors of 1 * 512 = 512 bytes
Sector size (logical/physical): 512 bytes / 512 bytes
I/O size (minimum/optimal): 512 bytes / 512 bytes
Disk label type: dos
Disk identifier: 0xd496d496

   Device  Boot      Start        End       Blocks    Id  System
/dev/sdb1   *       784384    31277055    15246336    7  HPFS/NTFS/exFAT
```

（2）直接挂载。

此时直接挂载，系统会提示不识别 NTFS 文件系统格式。

```
[root@localhost ~]# mount /dev/sdb1 /mnt/udisk/
mount: unknown filesystem type 'ntfs'
```

Linux 操作系统不支持 NTFS 文件系统格式，此时需要安装 ntfs-3g 软件（一款开源软件）才能挂载 NTFS 文件系统格式的 U 盘。

CentOS 7 自带的 yum 源没有这个软件，要用第三方的软件源 EPEL。EPEL（extra packages for enterprise Linux，企业版 Linux 的扩展软件包）是 Fedora 基金会维护的一个软件仓库项目，为 RHEL/CentOS 提供其默认不提供的软件包。在此使用阿里云的 EPEL 源。

（3）下载阿里云的 EPEL。

在宿主机上使用浏览器访问阿里巴巴开源镜像站，按 EPEL 镜像网页上配置方法安装 EPEL 源。

```
[root@localhost ~]# wget -O /etc/yum.repos.d/epel.repo https://mirrors.
aliyun.com/repo/epel-7.repo                     # 从网页上复制这条 wget 下载命令
--2024-07-03 10:44:31--  https://mirrors.aliyun.com/repo/epel-7.repo
```

```
Resolving mirrors.aliyun.com (mirrors.aliyun.com)... 61.170.80.229,
61.170.80.231, 61.170.80.227, ...
Connecting to mirrors.aliyun.com (mirrors.aliyun.com)|61.170.80.229|:443...
connected.
HTTP request sent, awaiting response... 200 OK
Length: 664 [application/octet-stream]
Saving to: '/etc/yum.repos.d/epel.repo'

100%[=================================>] 664        --.-K/s   in 0s

2024-07-03 10:44:32 (2.77 MB/s) - '/etc/yum.repos.d/epel.repo' saved [664/664]
```

（4）查找当前源上可用的 ntfs-3g 软件。

使用 yum 命令安装管理软件详见模块 7。

```
[root@localhost yum.repos.d]# yum list ntfs*        # 列出以 ntfs 开头的可用软件
Loaded plugins: fastestmirror, langpacks
Loading mirror speeds from cached hostfile
 * base: mirrors.aliyun.com
 * extras: mirrors.aliyun.com
 * updates: mirrors.aliyun.com
Available Packages
ntfs-3g.x86_64              2:2022.10.3-1.el7        epel
ntfs-3g-devel.x86_64        2:2022.10.3-1.el7        epel
ntfs-3g-libs.x86_64         2:2022.10.3-1.el7        epel
ntfsprogs.x86_64            2:2022.10.3-1.el7        epel
```

（5）安装 ntfs-3g。

```
[root@localhost yum.repos.d]# yum -y install ntfs-3g
Loaded plugins: fastestmirror, langpacks
Loading mirror speeds from cached hostfile
…
Installed:
  ntfs-3g.x86_64 2:2022.10.3-1.el7

Dependency Installed:
  ntfs-3g-libs.x86_64 2:2022.10.3-1.el7

Complete!                                                          # 安装成功
```

（6）挂载 NTFS 文件系统格式的 U 盘。

```
[root@localhost ~]# mount /dev/sdb1 /mnt/udisk/
[root@localhost ~]# ls /mnt/udisk
…
```

（7）卸载 U 盘。

```
[root@localhost ~]# umount /dev/sdb1                   # 也可卸载设备文件 /dev/sdb1
[root@localhost ~]# ls /mnt/udisk/
[root@localhost ~]#
```

思维导图小结

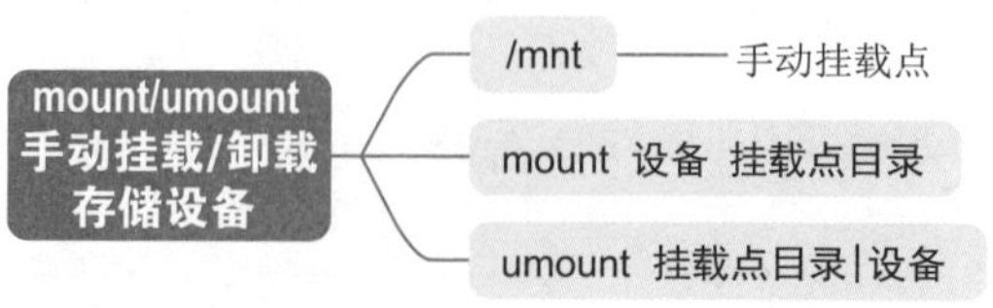

6.6　du 查看目录文件占用磁盘空间大小

视　频

du查看目录文件占用磁盘空间大小

【功能说明】

du(disk usage)命令用于查看指定目录或文件所占磁盘空间的大小(不是实际大小)。Linux 操作系统中是以块（block）为单位分配存储数据，一个块大小为 4 KB。当一个文件的块存储空间即使有未使用的部分，也不会给其他文件存储使用。而目录可以理解为一种特殊的文件。

【语法格式】

```
du  [选项]  文件或目录
```

以 root 用户环境练习以下内容。

范例 1：查看文件所占磁盘空间大小。

```
[root@localhost ~]# ll -h /etc/passwd
-rw-r--r-- 1 root root 2.4K May  1 00:45 /etc/passwd   # 文件实际大小 2.4 KB
[root@localhost ~]# du -h /etc/passwd
4.0K      /etc/passwd                                 # 文件占磁盘空间大小 4.0 KB
```

范例 2：查看目录所占磁盘空间大小。

```
[root@localhost ~]# ll -hd /etc
drwxr-xr-x. 142 root root 8.0K May  1 01:25 /etc       # 目录自身大小 8.0 KB
[root@localhost ~]# du -hs /etc
43M       /etc                                      # 整个目录占磁盘空间大小 43 MB
[root@localhost ~]# du -sh
56K       .                                         # 当前目录占磁盘空间大小 56 KB
```

du 命令支持通配符。查看根目录下每个子目录所占磁盘空间大小。

```
[root@localhost ~]# du -hs /*
0         /bin
148M      /boot
0         /dev
43M       /etc
4.4M      /home
…
8.0K      /tmp
4.2G      /usr
821M      /var
```

思维导图小结

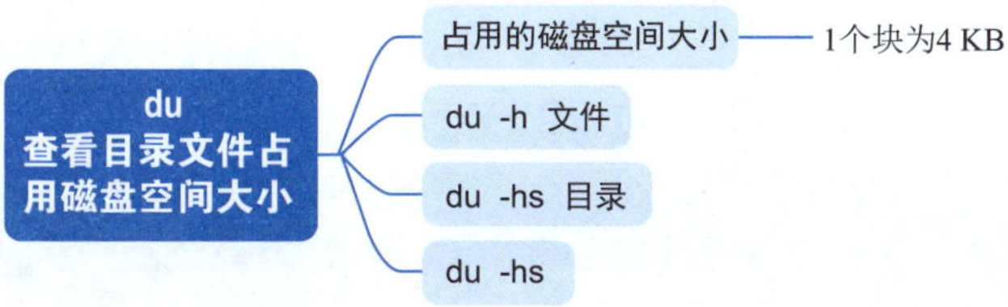

拓展阅读 中国“当代毕昇”

王选（1937—2006）被誉为中国“当代毕昇”，以其在汉字信息处理和激光照排技术方面的卓越贡献而闻名，对我国计算机科学与现代印刷工业的发展产生了深远影响。他的科技创新和产业实践，不仅推动了中国乃至全球范围内汉字文化的信息化传播进程，也为中国的计算机科学技术领域树立了典范。

1. 技术革新与历史转折点

早在20世纪70年代末，王选便预见到激光照排技术对未来印刷业的颠覆性变革可能。在国家的大力支持下，他带领团队锐意进取，成功研制出汉字激光照排系统，这一划时代的科技成果让中国印刷业彻底告别了沿用了数百年的铅字排版工艺，迎来了光、电技术主导的新纪元。这一技术革命使得汉字印刷效率显著提高，成本大幅降低，对于提升中国文化产品的生产力和竞争力起到了至关重要的作用。

2. 科研突破与产业化推广

王选院士及其团队在汉字信息处理领域取得了多项国际领先的科研成果，特别是攻克了汉字精密照排这一世界性难题，研发的华光和方正电子出版系统，不仅在国内市场占据主导地位，而且成功打入国际市场。王选不仅是技术先驱，更是产学研结合的典范，他积极推动科技成果的转化与市场化，创建了北京大学方正集团，实现了科研成果向产业化的成功过渡。

3. 人才培养与学科建设

除了在科研和产业上的突出贡献，王选院士在教育领域同样发挥了不可替代的作用。他在北京大学任教期间，悉心培育了众多计算机科学与信息技术领域的优秀人才，为中国计算机科学的长远发展奠定了坚实的人才基础。此外，他还积极参与学科建设和政策制定，倡导和支持了一系列有利于科技创新和产业发展的政策措施。

4. 荣誉表彰与社会影响

王选院士因其在计算机科学与汉字信息处理领域的卓越贡献，曾两度获得中国十大科技成就奖和国家技术进步一等奖，并于1987年荣膺我国首次设立的印刷界个人最高荣誉奖——毕昇印刷奖，这些荣誉无疑是对他在该领域内辛勤耕耘与卓越成就的最佳认可。王选院士的科研精神和人格魅力，激励着一代又一代的科技工作者矢志创新，追求卓越，成为我国自主创新道路上的一面旗帜。

王选院士以其超凡的智慧和坚韧不拔的精神，对中国计算机科学的贡献堪称里程碑式，他用自己的行动诠释了科技报国的情怀，被后世永远铭记为“当代毕昇”，继续照亮中国科技自主创新的道路。

实践练习 6

以root身份在Xshell上远程登录VMware上CentOS 7.9系统后，练习以下内容：

1．查看当前系统所有磁盘分区信息。

2．查看系统中已经挂载的设备及其使用情况，不显示tmpfs临时文件系统。

3．将一个FAT32格式的U盘挂载到/mnt/udisk挂载点使用。

4．查看挂载后的U盘占用磁盘空间大小。

5．卸载该U盘。

面试演练 6

一个EXT3的文件分区，当使用touch test.file命令创建一个新文件时报错，报错的信息是提示磁盘已满，但是采用df -h命令查看磁盘大小时，只使用了60%的磁盘空间，为什么会出现这个情况，说说你的理由。

模块 7

软件包管理

学习目标

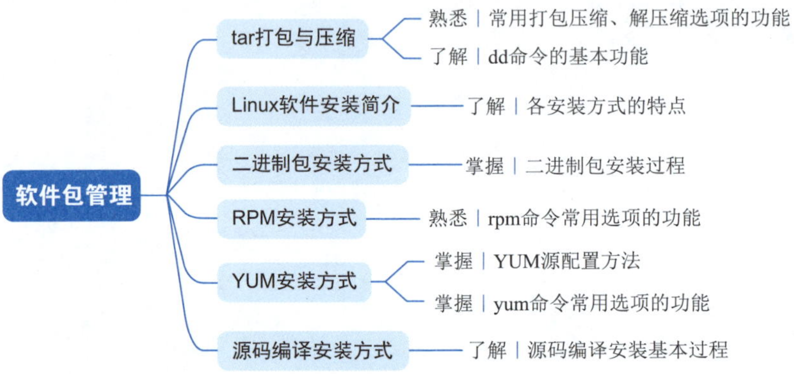

凡用兵之法，全国为上，破国次之；全军为上，破军次之。　——《孙子兵法·谋攻篇》

于 Linux 修炼之道，软件包管理之精要，犹如《孙子兵法·谋攻篇》所谓："凡用兵之法，全国为上，破国次之；全军为上，破军次之。"换言今日之场景，则谓：系统完备为上，组件和谐共生；正确管理软件包，确保依赖有序，更新便捷，乃保障系统功能健全、安全稳定之至上策也。

7.1　tar 打包与压缩（dd 创建指定大小的文件）

视频

tar打包与压缩

【功能说明】

在 Linux 系统中打包是指将多个文件或目录合并保存为一个归档文件；而压缩是指减少一个文件所占的磁盘空间，将一个大的文件通过一些压缩算法变成一个小的文件。

常用的压缩命令有 gzip、bzip2 和 xz。这三种压缩命令都只能对单个文件压缩与解压，但很少单独使用这些压缩命令。

tar（tape archive）是 Linux 系统中常用的打包命令，可通过选项参数调用 gzip、bzip2 或 xz 压缩命令对打包的归档文件压缩或解压缩。压缩后的归档文件常用后缀见表 7-1。

表7-1 压缩文件常用后缀

压缩命令	压缩后归档文件后缀	tar的选项参数	打包压缩后归档文件后缀
gzip	.gz	-z	.tar.gz或.tgz
bzip2	.bz2	-j	.tar.bz2
xz	.xz	-J	.tar.xz

【语法格式】

```
tar  [选项]  [文件或目录]
```

以普通用户环境练习以下内容。

【准备工作】

在普通用户家目录中新建目录 test-tar，在其中新建目录 html，在 html 目录中新建三个大小为 10 MB 的文件 1.html、2.html、3.html。

```
[student@localhost ~]$ mkdir -p test-tar/html
[student@localhost ~]$ cd test-tar/html/
[student@localhost html]$ dd if=/dev/zero of=1.html bs=1M count=10
10+0 records in
10+0 records out
10485760 bytes (10 MB) copied, 0.00266739 s, 3.9 GB/s
                                #在当前目录下创建一个文件 1.html，并用零填充，直到文件大小为 10 MB
                                                #dd（disk dump）是一个用于转换和复制文件的命令
  #“if=/dev/zero”，输入文件 /dev/zero 是一个特殊的设备文件，它会无限制地提供零字节的数据
                                    #“of=1.html”，输出文件是 1.html，生成的数据被写入此文件
                                                      #“bs=1M”，设置每个数据块的大小为 1 MB
#“count=10”，指定要读写的块数，即总共写入 10 个 1 MB 的数据块，因此文件最终大小是 10 MB
[student@localhost html]$ dd if=/dev/zero of=2.html bs=1M count=10
10+0 records in
10+0 records out
10485760 bytes (10 MB) copied, 0.00259821 s, 4.0 GB/s
[student@localhost html]$ dd if=/dev/zero of=3.html bs=1M count=10
10+0 records in
10+0 records out
10485760 bytes (10 MB) copied, 0.00242515 s, 4.3 GB/s
[student@localhost html]$ ll -h
total 30M
-rw-rw-r-- 1 student student 10M Apr  2 15:04 1.html
-rw-rw-r-- 1 student student 10M Apr  2 15:04 2.html
-rw-rw-r-- 1 student student 10M Apr  2 15:04 3.html
```

范例 1：对目录打包。

将含有三个文件的目录 html 打包为 html.tar 归档文件。

```
[student@localhost html]$ cd ..
[student@localhost test-tar]$ du -hs html/
30M       html/
[student@localhost test-tar]$ tar -cvf html.tar html/
  #将当前目录下的 html 目录及其所有子文件和子目录，打包成一个名为 html.tar 的归档文件
                                                #选项 -c（create）表示创建一个新的归档文件
                                   #选项 -v（verbose）显示 tar 命令执行过程，该选项非必需
      #选项 -f（file）指定要创建的归档文件名称，注意该选项必须放在选项组合的最后一位
html/
html/1.html
```

```
html/2.html
html/3.html
[student@localhost test-tar]$ ll -h
total 31M
drwxrwxr-x 2 student student  48 Apr  2 15:04 html
-rw-rw-r-- 1 student student 31M Apr  2 15:05 html.tar
[student@localhost test-tar]$ du -hs h*
30M     html
31M     html.tar                                # 仅打包成一个归档文件，并未进行压缩
```

范例 2： 对目录打包压缩。

将含有三个文件的目录 html 分别打包并压缩为 html.tar.gz、html.tar.bz2、html.tar.xz 文件。

```
[student@localhost test-tar]$ tar -zcf html.tar.gz html/
                                  # 选项 -z 调用 gzip 命令对打包生成的归档文件进行压缩
[student@localhost test-tar]$ tar -jcf html.tar.bz2 html/
                                  # 选项 -j 调用 bzip2 命令对打包生成的归档文件进行压缩
[student@localhost test-tar]$ tar -Jcf html.tar.xz html/
                                  # 选项 -J 调用 xz 命令对打包生成的归档文件进行压缩
[student@localhost test-tar]$ du -hs h*
30M     html
31M     html.tar
4.0K    html.tar.bz2
32K     html.tar.gz
8.0K    html.tar.xz
[student@localhost test-tar]$ ll -h
total 31M
drwxrwxr-x 2 student student   48 Apr  2 15:04 html
-rw-rw-r-- 1 student student  31M Apr  2 15:05 html.tar
-rw-rw-r-- 1 student student  197 Apr  2 15:20 html.tar.bz2
-rw-rw-r-- 1 student student  31K Apr  2 15:20 html.tar.gz
-rw-rw-r-- 1 student student 4.9K Apr  2 15:21 html.tar.xz
```

压缩比率与压缩过程耗时成正比。范例 1 和范例 2 中打包和压缩后生成的归档文件都保存在当前目录下，也可以使用绝对路径指定保存位置。

```
[student@localhost test-tar]$ tar -zcf /tmp/html.tar.gz html/
```

范例 3： 查看压缩包内的内容。

在不解压的情况下查看压缩包中内容。

```
[student@localhost test-tar]$ tar -tvf html.tar.gz
drwxrwxr-x student/student        0  2024-04-02  15:04  html/
-rw-rw-r-- student/student 10485760  2024-04-02  15:04  html/1.html
-rw-rw-r-- student/student 10485760  2024-04-02  15:04  html/2.html
-rw-rw-r-- student/student 10485760  2024-04-02  15:04  html/3.html
                                              # 选项 -t 列出归档文件的内容
                                          # 选项 -v 详细列出每个文件的长属性
                                    # 选项 -f 后面跟的是要查看内容的归档文件名
[student@localhost test-tar]$ tar -tf html.tar.gz
                                          # 省略选项 -v，则不显示文件长属性
html/
html/1.html
html/2.html
html/3.html
```

范例 4： 解包和解压缩包。

使用 tar 命令解包时，若文件为压缩包，可以不指定调用哪种压缩工具，使用选项 -x，系

统会分析压缩文件的格式，自动调用相应的压缩工具进行解压。若不指定解包或解压后文件目录的保存路径，则保存在当前目录下。

```
[student@localhost test-tar]$ cd
[student@localhost ~]$ tar -xf test-tar/html.tar.gz
[student@localhost ~]$ ls
Desktop  Downloads  Music  Public  test-tar
Documents  html  Pictures  Templates  Videos
```

解包或解压时，可使用选项 -C 指定解包或解压后文件目录的保存位置。

```
[student@localhost ~]$ tar -xf test-tar/html.tar.gz  -C /tmp
```

思维导图小结

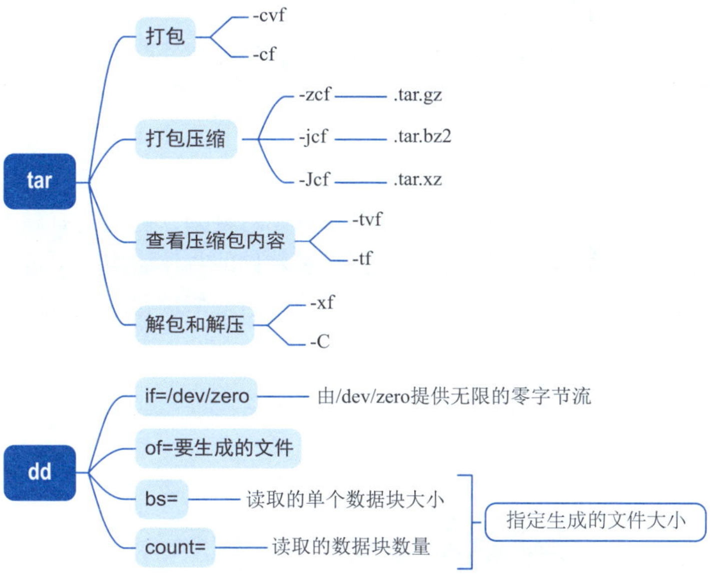

7.2 Linux 软件安装简介

视频 Linux软件安装简介

和 Windows 操作系统相比，在 Linux 操作系统中安装软件的方式相对更为多样且具有一定技术要求。Linux 操作系统中常用的软件安装方式主要有以下四种：

1. 二进制包安装方式

软件的二进制包是预先针对特定操作系统架构（如 Windows、Linux、Mac OS X、Solaris，以及 x86 或 x64 等处理器架构）编译并打包发布的。这类软件包通常以 .tar.gz 作为文件后缀。类似 Windows 操作系统下的绿色免安装版软件，用户下载该类软件的二进制包后，只需进行解压缩操作，并根据自身需求调整配置文件，就可以直接运行使用。

2. RPM 包安装方式

Linux 系统采用的 RPM 包（Red Hat package manager）是一种预编译的软件包格式，文件后缀为 .rpm。它类似于 Windows 操作系统中的 .exe 安装程序，已按照 RPM 规范对软件进行了打包。用户需要获取对应的 RPM 软件包，然后通过 rpm 命令进行安装。

然而，RPM 包安装时存在的一个显著问题是软件包间的依赖关系复杂，例如，安装 A 软件包可能要求先安装 B 软件包，而安装 B 软件包又可能依赖于 C 软件包，即存在 A 依赖于 B，B 依赖于 C 的情况。这使得用户在安装过程中需要自行处理烦琐的依赖关系，故而催生了更智能的解决方案——YUM 安装方式。

3. YUM 安装方式

YUM（yellow dog updater，modified）是一款广泛应用于 Fedora、Red Hat 以及 CentOS 等 Linux 发行版中的图形化前端软件包管理器。YUM 依旧基于 RPM 包管理机制，包括在线 YUM 安装和本地 YUM 安装两种形式。YUM 通过维护一个包含 RPM 包及其索引信息的仓库，利用 yum 命令为用户提供 RPM 文件的下载与安装，并能够自动解决 RPM 软件包之间的依赖问题，从而简化 Linux 操作系统内软件的管理和维护。自 RHEL5 版本开始，Red Hat 强烈推荐用户采用 YUM 安装方式进行软件安装。

YUM 安装方式因其便捷高效，无须手动处理依赖关系而受到青睐，但同时也有局限性，如安装过程中用户无法人工干预安装细节，且默认情况下只能安装 YUM 源中存在的软件版本，无法指定特定版本进行安装。

4. 源码安装方式

源码安装是指直接使用软件源代码进行安装，整个流程涉及解压缩源代码、配置构建参数、编译源代码以及最后的安装步骤。尽管源码安装过程相对复杂，但它具有高度灵活性，允许用户根据自己的需求定制编译参数，并能自由选择安装软件的具体版本。不过，如果所选软件包版本较新或存在其他兼容性问题，可能会遇到缺失依赖包或依赖包版本过低的问题，此时用户需要自行解决这些依赖性问题。

思维导图小结

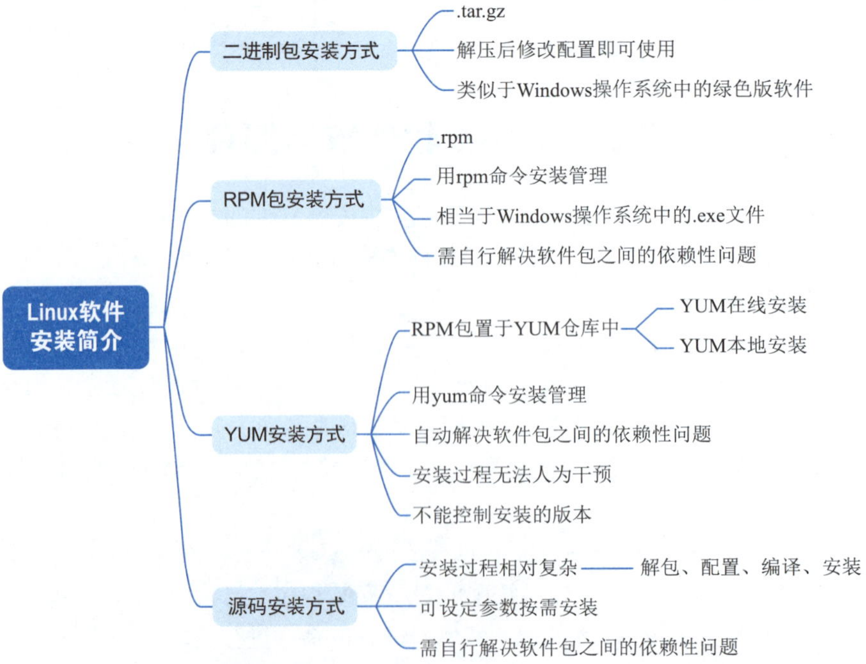

7.3　二进制包安装方式

视 频

二进制发布包安装方式

二进制包安装是Linux操作系统中软件安装最简单最常用的一种方式。在此以安装Java开发工具包jdk8为例，讲解二进制包安装过程。

1. 下载二进制包

在Oracle官网下载jdk8在Linux平台的二进制包，如图7-1所示，选择“x64 Compressed Archive”对应的包下载，下载过程中需使用个人邮箱注册一个Oracle官网账号方可解锁下载。

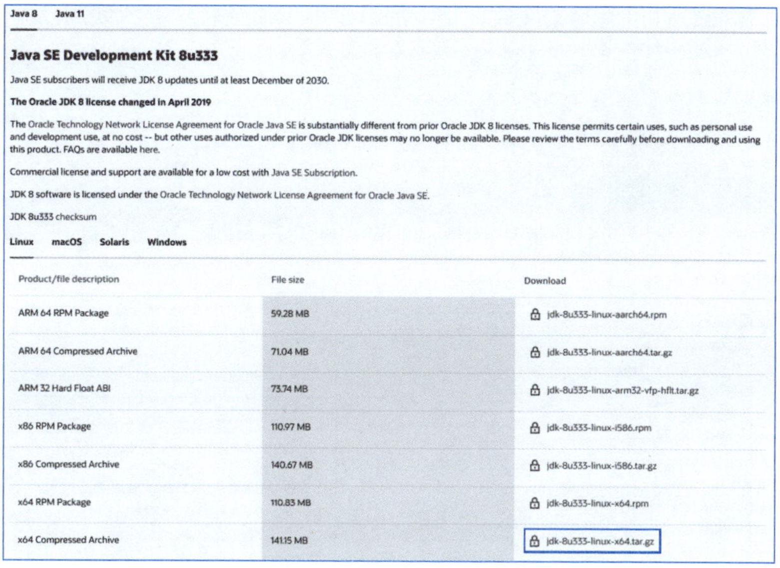

图7-1　jdk8下载页面

在二进制包“jdk-8u411-linux-x64.tar.gz”文件名中：

- “jdk”是软件名称。
- “8u411”是版本号。
- “linux”表示该软件包用于Linux操作系统平台安装使用。
- “x64”表示该软件包用于64位的操作系统架构。

以root用户登录练习以下内容。

2. 查询当前系统是否已安装jdk

“rpm -qa”命令可查询系统中所有已经安装的软件包。该命令搭配grep命令可查询系统中已经安装的所有与“java”有关的软件包。

```
[root@localhost ~]# rpm -qa | grep java
tzdata-java-2020a-1.el7.noarch
python-javaapackages-3.4.1-11.el7.noarch
java-1.8.0-openjdk-1.8.0.262.b10-1.el7.x86_64
javapackages-tools-3.4.1-11.el7.noarch
java-1.8.0-openjdk-headless-1.8.0.262.b10-1.el7.x86_64
```

3. 卸载已安装的软件

在上述查询结果中可看到，系统已安装有openjdk软件。在安装自己选择的jdk版本前，需先卸载该软件。

“rpm -e”命令可卸载一个已经安装的软件，使用“--nodeps”选项参数将不验证软件包的相互关联性。

```
[root@localhost ~]# rpm -e --nodeps java-1.8.0-openjdk-1.8.0.262.b10-1.el7.x86_64
[root@localhost ~]# rpm -e --nodeps java-1.8.0-openjdk-headless-1.8.0.262.b10-1.el7.x86_64
```

4. 上传二进制发布包到指定目录下

首先在 root 家目录下新建一个目录 soft，用于专门保存系统中安装使用的二进制发布包。在运维工作中，需注意将相关的文件放在指定的目录中，便于管理查找使用。

```
[root@localhost ~]# mkdir soft
[root@localhost ~]# cd soft/
```

（1）使用 rz 命令从宿主机中上传文件到 Linux 操作系统中。

```
[root@localhost soft]# rz
```

如图 7-2 所示，在弹出的对话框中选择 jdk 的二进制发布包，单击“打开”按钮开始上传，最后单击“关闭”按钮。

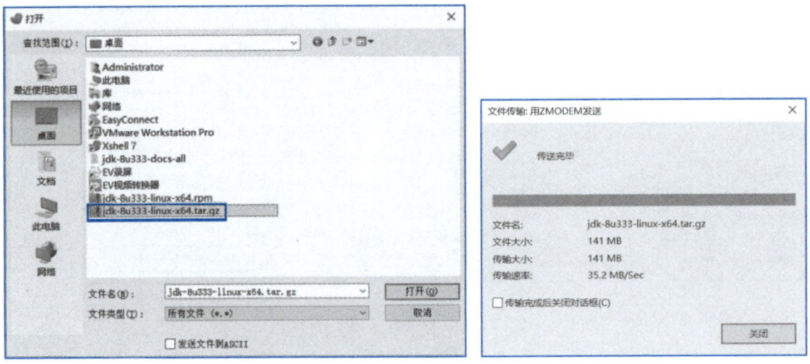

图7-2　rz命令上传文件

使用 rz 命令上传较大的文件时，需注意调整 Xshell 会话属性中文件传输分组大小，如图 7-3 所示。

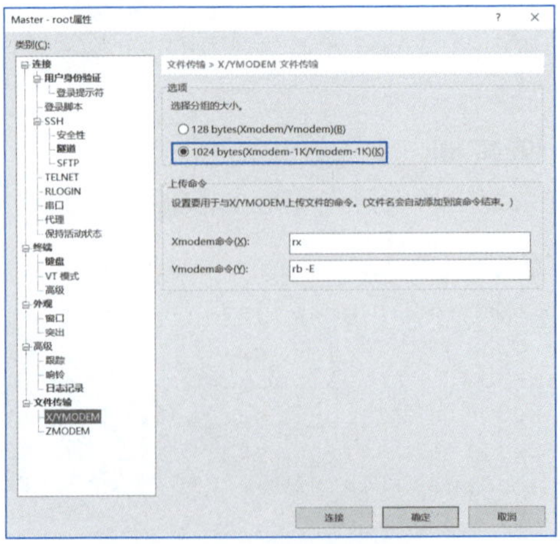

图7-3　调整文件传输分组大小

若不调整分组大小，大文件上传时速度会较慢，且有时会出现乱码等问题。

（2）（**推荐**）使用 Xftp 软件从宿主机中上传文件到 Linux 操作系统中。

可在 Xshell 中文官网下载 Xftp 安装包。其安装过程可参考 Xshell 安装过程，在此省略。

单击 Xshell 工具栏中的 Xftp 按钮，打开 Xftp（当前会话以 root 用户登录，则打开 Xftp 时右侧为 root 用户的家目录），如图 7-4 所示，在右侧双击 soft 目录后，在左侧宿主机中双击已下载好的 jdk8 的二进制发布包，即将其上传到 root 家目录下的 soft 目录中。上传完毕后，单击 Xftp 窗口右上角的“x”号，弹出图 7-5 所示对话框，单击“是”按钮，退出 Xftp 软件。

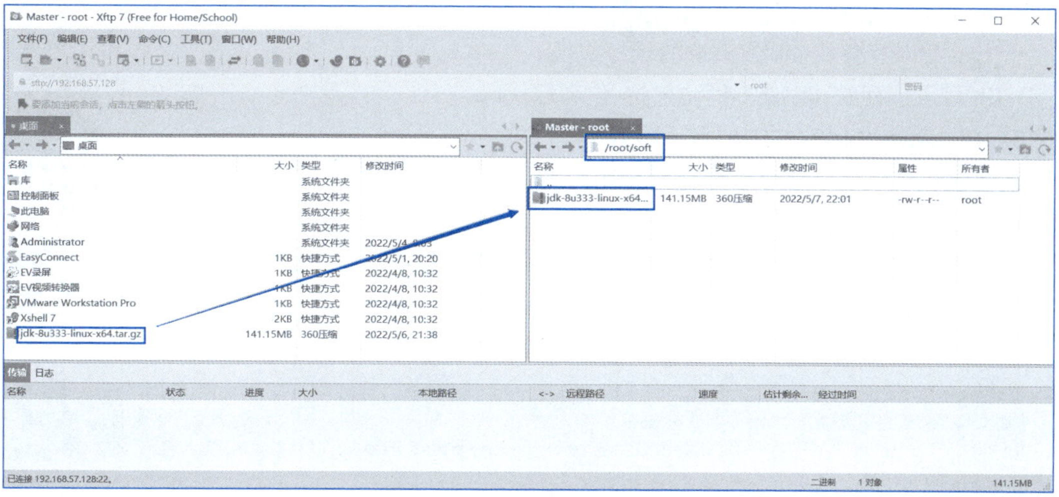

图7-4　使用Xftp上传jdk包

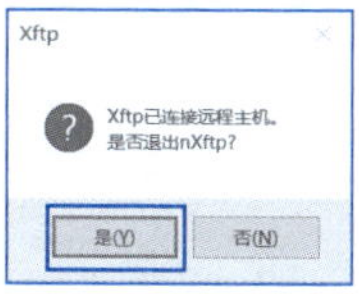

图7-5　退出Xftp

5. 解压二进制发布包到指定目录下

将 jdk8 的二进制发布包解压到指定目录 /usr/local/java 中。

```
[root@localhost soft]# mkdir /usr/local/java
[root@localhost soft]# tar -xf jdk-8u411-linux-x64.tar.gz -C /usr/local/java/
[root@localhost soft]# cd /usr/local/java/jdk1.8.0_411/
[root@localhost jdk1.8.0_411]# ll
total 25848
drwxr-xr-x. 2 root  root     4096 Jul  3  17:04 bin
-r--r--r--. 1 10143 10143    3245 Mar 13  15:27 COPYRIGHT
drwxr-xr-x. 3 root  root      132 Jul  3  17:04 include
-rw-r--r--. 1 10143 10143 5242170 Mar 13  15:27 javafx-src.zip
-rw-r--r--. 1 10143 10143     195 Mar 13  15:27 jmc.txt
drwxr-xr-x. 6 root  root      198 Jul  3  17:04 jre
-rw-r--r--. 1 10143 10143     180 Mar 13  15:27 jvisualvm.txt
drwxr-xr-x. 4 root  root       31 Jul  3  17:04 legal
drwxr-xr-x. 3 root  root      207 Jul  3  17:04 lib
-r--r--r--. 1 10143 10143      44 Mar 13  15:27 LICENSE
```

```
drwxr-xr-x. 4 root  root         47 Jul  3  17:04 man
-r--r--r--. 1 10143 10143       159 Mar 13  15:27 README.html
-rw-r--r--. 1 10143 10143       164 Mar 13  15:27 release
-rw-r--r--. 1 10143 10143 21186848 Mar 13  15:27 src.zip
-r--r--r--.  1 10143  10143      190 Mar  13  15:27 THIRDPARTYLICENSEREADME-JAVAFX.txt
-r--r--r--.  1 10143  10143      190 Mar  13  15:27 THIRDPARTYLICENSEREADME.txt
```

jdk 家目录（/usr/local/java/jdk1.8.0_411）下的主要目录有：

- bin 目录，存放 jdk 各种可执行命令，如 java、javac 等可执行命令。
- include 目录，存放平台的头文件。
- jre 目录，为 jdk 所使用的 Java 运行时环境的根目录。
- legal 目录，存放 jdk 各模块的授权文档。
- lib 目录，存放 jdk 的一些补充 jar 包和源代码。

6. 在 /etc/profile 文件中配置环境变量

为使配置的环境变量对系统上所有用户均可使用，使用 export 命令将相应配置信息写在 /etc/profile 文件末尾（该文件的介绍详见 11.3 节）。在此，jdk 需要配置的信息有如下两个方面：

① 将 jdk 的可执行命令路径添加到环境变量 PATH 中。

Linux 操作系统中，环境变量 PATH 用于指定在 Shell 命令行中可直接运行命令的搜索路径。因此，需将 jdk 的 bin 目录绝对路径添加到系统环境变量 PATH 中。

```
[root@localhost jdk1.8.0_411]# pwd
/usr/local/java/jdk1.8.0_411                          # 复制 jdk 家目录绝对路径
[root@localhost jdk1.8.0_411]# vi /etc/profile     # 在该文件末尾处添加配置信息
```

- 使用 export 命令新增环境变量 JAVA_HOME（环境变量一般用大写字母），将其值设置为 jdk 解压后所在目录的绝对路径。

```
export JAVA_HOME=/usr/local/java/jdk1.8.0_411
```

- 使用 export 命令，借助环境变量 JAVA_HOME，将 jdk 的 bin 目录绝对路径添加到系统已有的环境变量 PATH 中。

```
export PATH=$PATH:$JAVA_HOME/bin
```

上述命令中，$JAVA_HOME/bin 即 /usr/local/java/jdk1.8.0_411/bin。

② 为 javac 编译器指定 Java 程序开发时所需要的类或者包的所在路径。

CLASSPATH 是 javac 编译器专用的一个环境变量，用于指定类或包的路径。因此，需要将 jdk 中编写好的类的路径（jdk 下的 lib 目录，及 jdk 下 jre 目录下的 lib 目录）赋值给环境变量 CLASSPATH，当前目录“.”也要加入该环境变量中。

```
export JRE_HOME=$JAVA_HOME/jre
export CLASSPATH=.:$JAVA_HOME/lib:$JRE_HOME/lib
```

7. 重新加载 /etc/profile 文件，使新添加的配置信息生效

```
[root@localhost jdk1.8.0_411]# source /etc/profile
```

8. 验证是否安装成功

可通过显示版本信息，验证 jdk 是否安装成功。

```
[root@localhost jdk1.8.0_411]# java -version
openjdk version "1.8.0_262"
OpenJDK Runtime Environment (build 1.8.0_262-b10)
OpenJDK 64-Bit Server VM (build 25.262-b10, mixed mode)
```

思维导图小结

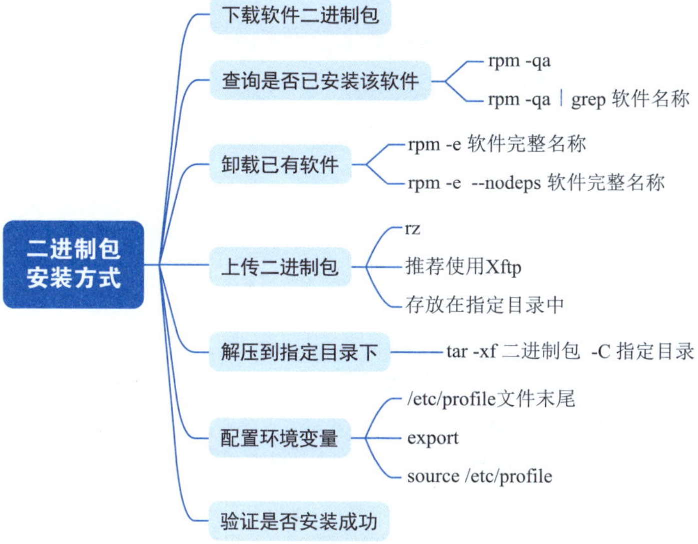

7.4 RPM 安装方式

视 频

RPM安装方式

rpm 命令的全称是 RedHat package manager（RedHat 包管理器），基于 RedHat 发行版的都使用了这种形式的命令管理、安装、更新和卸载软件。rpm 命令包含了五种基本功能（但不包括创建 rpm 包）：安装、卸载、升级、查询和验证。

以 root 用户环境练习以下内容。

范例 1： rpm 命令的基本使用。

在此以 lrzsz 软件为例，讲解 rpm 命令的基本使用。

（1）查看系统是否安装某软件。（-qa）

```
[root@localhost ~]# rpm -qa            # 选项 -qa 查询系统中已安装的所有软件包名称
lldpad-1.0.1-5.git036e314.el7.x86_64
iwl105-firmware-18.168.6.1-79.el7.noarch
nss-pem-1.0.3-7.el7.x86_64
…
[root@localhost ~]# rpm -qa | grep lrzsz
                    # 通过管道符搭配 grep 命令使用，查询系统是否已安装 lrzsz 软件包
                         # 查询时只需要使用软件的主要名称，不需要软件的完整名称
lrzsz-0.12.20-36.el7.x86_64
```

（2）查看已安装软件的详细信息。（-qi）

```
[root@localhost ~]# rpm -qi lrzsz
Name            : lrzsz
Version         : 0.12.20
Release         : 36.el7
Architecture    : x86_64
Install Date    : Mon 01 Jul 2024 04:49:06 PM CST
Group           : Applications/Communications
```

```
    Size          : 184846
    License       : GPLv2+
    Signature     : RSA/SHA256, Fri 04 Jul 2014 11:35:32 AM CST, Key ID
24c6a8a7f4a80eb5
    Source RPM    : lrzsz-0.12.20-36.el7.src.rpm
    Build Date    : Tue 10 Jun 2014 07:29:11 AM CST
    Build Host    : worker1.bsys.centos.org
    Relocations   : (not relocatable)
    Packager      : CentOS BuildSystem <http://bugs.centos.org>
    Vendor        : CentOS
    URL           : http://www.ohse.de/uwe/software/lrzsz.html
    Summary       : The lrz and lsz modem communications programs
    Description   :
    Lrzsz (consisting of lrz and lsz) is a cosmetically modified
    zmodem/ymodem/xmodem package built from the public-domain version of
    the rzsz package. Lrzsz was created to provide a working GNU
    copylefted Zmodem solution for Linux systems.
```

（3）卸载已安装的软件。（-e）

选项 -e 卸载软件包，选项 --nodeps 表示卸载软件时，不检查软件包之间的依赖，即卸载该软件后，那些依赖于该软件的软件可能无法正常工作。

```
[root@localhost ~]# rpm -e lrzsz-0.12.20-36.el7.x86_64
[root@localhost ~]# rpm -qa | grep lrzsz
[root@localhost ~]#                                    # 无信息显示，说明已卸载成功
```

（4）在 Linux 操作系统中直接获得 rpm 软件包

除了在宿主机 Windows 操作系统中将下载好的 rpm 软件包上传到 Linux 操作系统中外，也可在 Linux 操作系统中直接获得 rpm 软件包。

方法一：使用 iso 镜像文件中的 rpm 软件包。

如图 7-6 所示，在 VM 虚拟机的 Master 选项卡上右击，在弹出的快捷菜单中选择“可移动设备”|“CD/DVD”|“设置”命令，弹出“虚拟机设置”对话框，在 CD/DVD 的相关设置中，勾选“已连接”复选框，选择“使用 ISO 映像文件”单选按钮，单击“浏览”按钮，选中宿主机上的 CentOS 7.9 系统安装时使用的 iso 镜像文件，单击“确定”按钮。

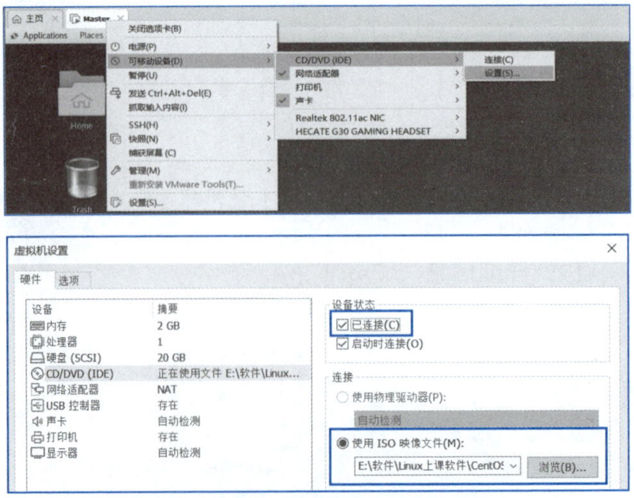

图7-6　加载CentOS 7.9的iso镜像文件

系统中常用软件的 rpm 软件包都在 iso 镜像文件的 Packages 目录中。

```
[root@localhost ~]# mkdir /mnt/cdrom
[root@localhost ~]# mount /dev/cdrom /mnt/cdrom/
                                                    # 挂载光驱 /dev/cdrom
mount: /dev/sr0 is write-protected, mounting read-only
[root@localhost ~]# cd /mnt/cdrom/Packages/
[root@localhost Packages]# ls | grep lrzsz
lrzsz-0.12.20-36.el7.x86_64.rpm
```

使用 RPM 机制封装的软件包文件拥有约定俗成的命名格式，一般使用“软件名称 - 版本号 - 发布号 . 硬件平台 .rpm”的文件名形式。以“lrzsz-0.12.20-36.el7.x86_64.rpm”软件包为例：

- 软件名称：lrzsz。
- 版本号：0.12.20。
- 发布号：36.el7。需注意 rpm 包通常不是软件的开发者制作的，而是由 CentOS 组织封装的，因此软件包的版本号和发布号是两回事。当对 rpm 包存在的错误或漏洞进行修补时，更新发布号。el7 表示是针对 RHEL 7 系统发布的软件包，同样适用于 CentOS 7 系统。
- 硬件平台：x86_64，表示适用于 64 位的 PC 架构，若为 i386 或 i586 等则表示适用于 32 位的 PC 架构，而 noarch 表示不区分硬件架构。

方法 2：使用 wget 命令下载 rpm 软件包。

将网页（如阿里云开源镜像站）中找到的 rpm 软件包的链接复制到 wget 命令后，在线下载该 rpm 软件包。

```
[root@localhost ~]# cd soft/
[root@localhost soft]# wget https://mirrors.aliyun.com/centos/7.9.2009/
os/x86_64/Packages/lrzsz-0.12.20-36.el7.x86_64.rpm
…
[root@localhost soft]# ls
jdk-8u411-linux-x64.tar.gz  lrzsz-0.12.20-36.el7.x86_64.rpm
```

（5）安装软件。（-ivh）

选项 -i 表示安装，选项 -v 显示详细信息，选项 -h 在安装时显示进度条。使用 rpm 命令安装软件时，需使用该 rpm 软件包的完整名称。

```
[root@localhost soft]# rpm -ivh lrzsz-0.12.20-36.el7.x86_64.rpm
warning: lrzsz-0.12.20-36.el7.x86_64.rpm: Header V3 RSA/SHA256
Signature, key ID f4a80eb5: NOKEY
Preparing...                    #################################### [100%]
Updating / installing...
   1:lrzsz-0.12.20-36.el7       #################################### [100%]
```

（6）查看 rpm 包内容。（-ql）

注意：采用 RPM 机制安装软件时，用户无法指定软件的安装目录。可使用 rpm 命令的“-ql”选项参数，查看软件包将安装哪些程序文件，以及这些文件的安装位置：

- 普通的可执行程序文件，一般保存在“/usr/bin”目录中，普通用户即可使用。
- 管理程序文件，一般保存在“/usr/sbin”目录中，需要超级用户权限才能使用。
- 配置文件，一般保存在“/etc”目录中，配置文件较多时会建立相应的子目录。
- 日志文件，一般保存在“/var/log”目录中。
- 程序的参考文档，一般保存在“/usr/share/doc”目录中。

- 可执行文件及配置文件的 man 手册，一般保存在“/usr/share/man”目录中。

```
[root@localhost soft]# rpm -ql lrzsz
/usr/bin/rb
/usr/bin/rx
/usr/bin/rz
/usr/bin/sb
/usr/bin/sx
/usr/bin/sz
/usr/share/locale/de/LC_MESSAGES/lrzsz.mo
/usr/share/man/man1/rz.1.gz
/usr/share/man/man1/sz.1.gz
```

（7）查询某命令所属 rpm 包。（-qf）

若发现 Linux 操作系统缺少某命令使用，但又不知道这个命令属于哪个软件包，可在有该命令的系统上查询。

```
[root@localhost soft]# which rz           #which 命令查询 rz 命令存放的绝对路径
/usr/bin/rz
[root@localhost soft]# rpm -qf $(which rz)
lrzsz-0.12.20-36.el7.x86_64
```

（8）查询软件包所安装的配置文件。（-qc）

对于 Linux 操作系统上安装的一些服务软件，安装后用户更关心的是安装了哪些配置文件，可使用 rpm 命令的选项“-qc”查看。

```
[root@localhost soft]# rpm -qc openssh-server
/etc/pam.d/sshd
/etc/ssh/sshd_config
/etc/sysconfig/sshd
```

范例 2：按软件包之间的依赖关系依次安装。

以安装 httpd 为例，讲解如何根据系统提示，按软件包之间的依赖关系依次安装软件包。在 CentOS 7.9 的安装 iso 镜像文件中有 httpd 的 rpm 软件包。同范例 1 中操作，在 Master 虚拟机的光驱中使用该 iso 镜像文件。

（1）挂载光驱。

```
[root@localhost ~]# mkdir /mnt/cdrom                         # 创建光驱挂载点
[root@localhost ~]# mount /dev/cdrom /mnt/cdrom/   # 挂载光驱设备 /dev/cdrom
mount: /dev/sr0 is write-protected, mounting read-only
```

（2）查看 Packages 目录中 httpd 的 rpm 包。

```
[root@localhost ~]# cd /mnt/cdrom/Packages/
[root@localhost Packages]# ls | grep ^httpd
httpd-2.4.6-95.el7.centos.x86_64.rpm
httpd-devel-2.4.6-95.el7.centos.x86_64.rpm
httpd-manual-2.4.6-95.el7.centos.noarch.rpm
httpd-tools-2.4.6-95.el7.centos.x86_64.rpm
```

（3）安装 httpd 软件包。

```
[root@localhost Packages]# rpm -ivh httpd-2.4.6-95.el7.centos.x86_64.rpm
warning: httpd-2.4.6-95.el7.centos.x86_64.rpm: Header V3 RSA/SHA256 
Signature, key ID f4a80eb5: NOKEY
error: Failed dependencies:
```

```
        httpd-tools = 2.4.6-95.el7.centos is needed by httpd-2.4.6-95.el7.
centos.x86_64
        libapr-1.so.0()(64bit) is needed by httpd-2.4.6-95.el7.centos.x86_64
        libaprutil-1.so.0()(64bit) is needed by httpd-2.4.6-95.el7.centos.x86_64
```

系统提示（error 信息）httpd-2.4.6-95.el7.centos.x86_64.rpm 软件包依赖于 httpd-tools 等三个软件包。

```
    [root@localhost Packages]# rpm -ivh httpd-tools-2.4.6-95.el7.centos.
x86_64.rpm
    warning: httpd-tools-2.4.6-95.el7.centos.x86_64.rpm: Header V3 RSA/
SHA256 Signature, key ID f4a80eb5: NOKEY
    error: Failed dependencies:
        libapr-1.so.0()(64bit) is needed by httpd-tools-2.4.6-95.el7.centos.
x86_64
        libaprutil-1.so.0()(64bit) is needed by httpd-tools-2.4.6-95.el7.
centos.x86_64
```

系统提示（error 信息）httpd-tools-2.4.6-95.el7.centos.x86_64.rpm 软件包仍然依赖于两个软件包。

根据系统提示的软件包之间的依赖关系依次安装。

```
    [root@localhost Packages]# rpm -ivh apr-1.4.8-7.el7.x86_64.rpm
    warning: apr-1.4.8-7.el7.x86_64.rpm: Header V3 RSA/SHA256 Signature, key
ID f4a80eb5: NOKEY
    Preparing...                    ################################# [100%]
    Updating / installing...
       1:apr-1.4.8-7.el7            ################################# [100%]
    [root@localhost Packages]# rpm -ivh apr-util-1.5.2-6.el7.x86_64.rpm
    warning: apr-util-1.5.2-6.el7.x86_64.rpm: Header V3 RSA/SHA256
Signature, key ID f4a80eb5: NOKEY
    Preparing...                    ################################# [100%]
    Updating / installing...
       1:apr-util-1.5.2-6.el7       ################################# [100%]
    [root@localhost Packages]# rpm -ivh httpd-tools-2.4.6-95.el7.centos.
x86_64.rpm
    warning: httpd-tools-2.4.6-95.el7.centos.x86_64.rpm: Header V3 RSA/
SHA256 Signature, key ID f4a80eb5: NOKEY
    Preparing...                    ################################# [100%]
    Updating / installing...
       1:httpd-tools-2.4.6-95.el7.centos ########################### [100%]
    [root@localhost Packages]# rpm -ivh httpd-2.4.6-95.el7.centos.x86_64.rpm
    warning: httpd-2.4.6-95.el7.centos.x86_64.rpm: Header V3 RSA/SHA256
Signature, key ID f4a80eb5: NOKEY
    Preparing...                    ################################# [100%]
    Updating / installing...
       1:httpd-2.4.6-95.el7.centos ################################# [100%]
```

通过上述范例可以看到，当需要安装的软件包依赖于其他软件包时，RPM 安装过程会很烦琐，需要用户根据系统提示，理清先安装什么软件包，后安装什么软件包。因此，对于此类软件包的安装推荐使用 YUM 安装方式。

思维导图小结

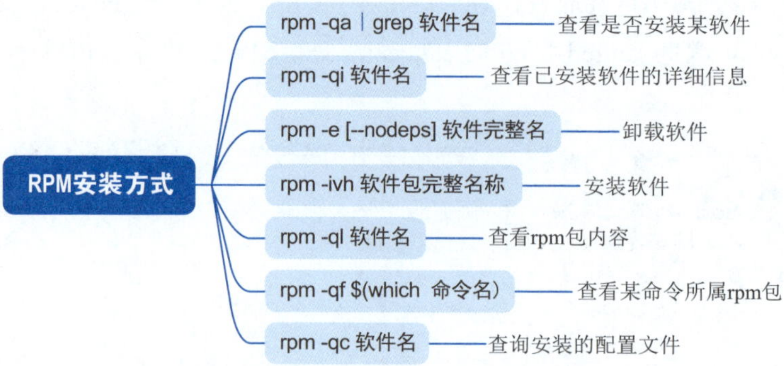

7.5 YUM 安装方式

视 频

YUM安装方式

在 7.4 节中，RPM 安装方式安装 httpd 时需自行解决 rpm 软件包之间的依赖问题，安装过程烦琐，在此仍然以安装 httpd 为例，讲解 YUM 安装方式。yum 是多个 Linux 发行版的软件包管理器，主要用于自动安装、升级 rpm 软件包，并能自动查找和解决 rpm 包之间的依赖关系。

在 yum 安装前，简单介绍一下 httpd 是什么。httpd 是 Web 服务器软件 Apache（标志见图 7-7）对应的软件包。Apache HTTP Server(简称 Apache) 是 Apache 软件基金会维护开发的一个开放源码的 Web 服务器软件，可以在大多数计算机操作系统中运行，由于其多平台和安全性被广泛使用。该款软件使用历史悠久（从 20 世纪 90 年代至今），目前仍然是排名第二的 Web 服务器软件（见图 7-8），而 2004 年诞生的新起之秀 Nginx（同样开源）目前占据榜首。

图7-7　Apache标志

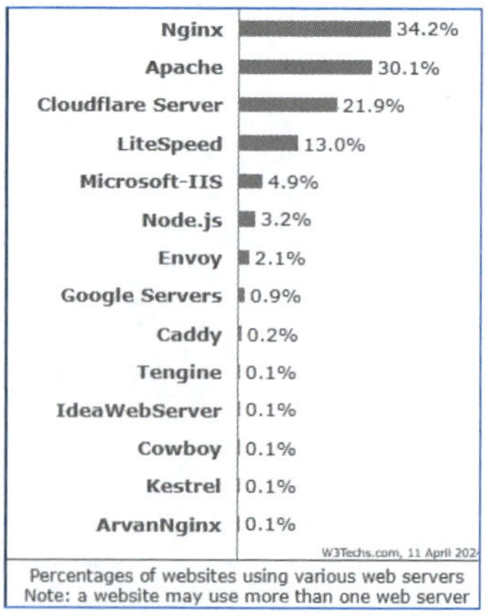

图7-8　Web服务器使用排名榜（2024-04-11）

以 root 用户环境练习以下内容。

采用 YUM 安装方式时，需要先配置 YUM 源。YUM 源又称 YUM 仓库（YUM repository，YUM repo），其中存放了大量的 rpm 软件包，以及与软件包相关的元数据文件。

范例 1：配置本地 YUM 源。

在学习环境中，如果 VM 虚拟机不方便连接外网，可将 CentOS 7.9 的安装 iso 镜像文件配置为本地 YUM 源。在该文件中已经集成了绝大多数应用软件的 rpm 包。这些软件的版本虽然不是最新的，但非常稳定，可以满足学习需求。

（1）将所需的 iso 镜像文件放入虚拟机光驱后（操作方法见 7.4 节），挂载光驱。

```
[root@localhost ~]# mount /dev/cdrom /mnt/cdrom/
                                        # 目录 /mnt/cdrom 为自行创建的挂载点
mount: /dev/sr0 is write-protected, mounting read-only
```

（2）备份原有的 YUM 源定义文件。

```
[root@localhost ~]# mv /etc/yum.repos.d/CentOS-Base.repo{,.backup}
```

（3）配置本地 YUM 源定义文件。

YUM 源定义文件存放在指定的“/etc/yum.repos.d/”目录中，文件名可自定义，但文件后缀必须是“.repo”。

```
[root@localhost ~]# vi /etc/yum.repos.d/dvd.repo
[dvd]
name=CentOS dvd
baseurl=file:///mnt/cdrom/
enabled=1
gpgcheck=0
```

说明：

- [dvd] 为 YUM 源名称，在整个系统中必须唯一。
- 文件中“=”左右两侧不能有空格。
- name 用于对 YUM 源的描述，由用户自由定义。
- baseurl 设置 YUM 源的访问路径时，注意“file：”后面是 3 个“/”。
- enabled 用于设置是否启用当前的 YUM 源，1 表示启用，0 表示禁用。
- gpgcheck 用于设置是否检查 rpm 包的来源合法性，即检查 rpm 包的数字签名。在学习或实验环境中设置为 0 表示不检查，以简化操作。在生产环境中为了保证安全性，建议将该项设置为 1，同时还需要配置 gpgkey，以指定公钥的存放位置。

```
gpgkey=file:///etc/pki/rpm-gpg/RPM-GPG-KEY-CentOS-7
```

（4）检测 YUM 源。

```
[root@localhost ~]# yum repolist
Loaded plugins: fastestmirror, langpacks
Determining fastest mirrors
dvd                                          | 3.6 kB     00:00
(1/2): dvd/group_gz                          | 153 kB     00:00
(2/2): dvd/primary_db                        | 3.3 MB     00:00
repo id                      repo name                    status
dvd                          CentOS dvd                   4,070
repolist: 4,070
```

第 1 列 repo 列下显示本地 YUM 源定义文件中的 YUM 源名称（dvd），即表示本地 YUM 源配置成功。

范例 2： 配置在线 YUM 源。

除使用本地 YUM 源外，可使用 CentOS 官网的 YUM 源。但有时访问 CentOS 官网可能会比较慢，因而推荐使用国内阿里云等镜像站作为 YUM 在线源。在此以使用阿里云镜像站作为 YUM 在线源为例，讲解配置过程。

（1）备份原有的 YUM 源定义文件。

```
[root@localhost ~]# mv /etc/yum.repos.d/CentOS-Base.repo{,.backup}
```

（2）下载新的 CentOS-Base.repo 到 /etc/yum.repos.d/ 目录（如图 7-9 所示，直接复制阿里云镜像站上 CentOS 的 YUM 源下载命令）。

图7-9 复制阿里云镜像站上CentOS的YUM源下载命令

```
[root@localhost ~]# wget -O /etc/yum.repos.d/CentOS-Base.repo https://
mirrors.aliyun.com/repo/Centos-7.repo
```

或

```
[root@localhost ~]# curl -o /etc/yum.repos.d/CentOS-Base.repo https://
mirrors.aliyun.com/repo/Centos-7.repo
```

（3）生成缓存。

yum 默认优先使用 YUM 缓存来获得软件的相关信息。

```
[root@localhost ~]# yum makecache              # 生成缓存，以提高 yum 的执行效率
Loaded plugins: fastestmirror, langpacks
Loading mirror speeds from cached hostfile
 * base: mirrors.aliyun.com
 * extras: mirrors.aliyun.com
 * updates: mirrors.aliyun.com
…
```

（4）清除本地缓存

如果发现 yum 运行不太正常，也许是由于 yum 缓存错误造成的。此时清除缓存以解决问题。

```
[root@localhost ~]# yum clean all   # 清除缓存，清除本地缓存后，注意重新生成缓存
Loaded plugins: fastestmirror, langpacks
Cleaning repos: base extras updates
Cleaning up list of fastest mirrors
```

范例 3：使用 YUM 源安装软件。

在此使用范例 1 中配置的本地 YUM 源。

（1）查询 YUM 源中是否有需要的软件包 httpd。

情况 1：显示“Installed Packages…”表示已安装 httpd 软件包及其版本。

```
[root@localhost ~]# yum list httpd
Loaded plugins: fastestmirror, langpacks
Loading mirror speeds from cached hostfile
Installed Packages
httpd.x86_64                 2.4.6-95.el7.centos                 installed
```

情况 2：显示“Available Packages…”表示检测到 YUM 源中有 httpd 的软件包，且当前系统未安装该版本的软件包。

```
[root@localhost ~]# yum list httpd
Loaded plugins: fastestmirror, langpacks
Loading mirror speeds from cached hostfile
Available Packages
httpd.x86_64                 2.4.6-95.el7.centos                 dvd
```

“yum list”命令支持使用通配符。

```
[root@localhost ~]# yum list *httpd*
                 # 列出系统中已经安装的以及 YUM 源中尚未安装的名称中含有 httpd 的软件包
Loaded plugins: fastestmirror, langpacks
Loading mirror speeds from cached hostfile
Installed Packages
httpd.x86_64                  2.4.6-95.el7.centos              installed
httpd-tools.x86_64            2.4.6-95.el7.centos              installed
Available Packages
httpd-devel.x86_64            2.4.6-95.el7.centos              dvd
httpd-manual.noarch           2.4.6-95.el7.centos              dvd
libmicrohttpd.x86_64          0.9.33-2.el7                     dvd
                                    # 已经安装的软件包，其最后一列显示 installed
```

（2）查看 YUM 源中软件包信息。

```
[root@localhost ~]# yum info httpd
Loaded plugins: fastestmirror, langpacks
Loading mirror speeds from cached hostfile
Installed Packages
Name          : httpd
Arch          : x86_64
Version       : 2.4.6
Release       : 95.el7.centos
Size          : 9.4 M
Repo          : installed
From repo     : dvd
Summary       : Apache HTTP Server
URL           : http://httpd.apache.org/
License       : ASL 2.0
Description   : The Apache HTTP Server is a powerful, efficient, and
              : extensible web server.
```

（3）使用 YUM 源安装 httpd。

```
[root@localhost ~]# yum -y install httpd #使用选项“-y”，在安装过程中实现自动确认
```

```
…
Dependencies Resolved

================================================================================
 Package          Arch          Version                  Repository        Size
================================================================================
Installing:
 httpd            x86_64     2.4.6-95.el7.centos  dvd                    2.7 M
Installing for dependencies:
 apr              x86_64     1.4.8-7.el7          dvd                    104 k
 apr-util         x86_64     1.5.2-6.el7          dvd                    92 k
 httpd-tools      x86_64     2.4.6-95.el7.centos  dvd                    93 k
……
Running transaction
  Installing     : apr-1.4.8-7.el7.x86_64                               1/4
  Installing     : apr-util-1.5.2-6.el7.x86_64                          2/4
  Installing     : httpd-tools-2.4.6-95.el7.centos.x86_64               3/4
  Installing     : httpd-2.4.6-95.el7.centos.x86_64                     4/4
  Verifying      : httpd-tools-2.4.6-95.el7.centos.x86_64               1/4
  Verifying      : apr-1.4.8-7.el7.x86_64                               2/4
  Verifying      : httpd-2.4.6-95.el7.centos.x86_64                     3/4
  Verifying      : apr-util-1.5.2-6.el7.x86_64                          4/4

Installed:
  httpd.x86_64 0:2.4.6-95.el7.centos

Dependency Installed:
  apr.x86_64 0:1.4.8-7.el7
  apr-util.x86_64 0:1.5.2-6.el7
  httpd-tools.x86_64 0:2.4.6-95.el7.centos

Complete!
        #自动检查软件包之间的依赖关系，依次安装 apr、apr-util、httpd-tools、httpd
```

范例4：卸载系统已有软件。

```
[root@localhost ~]# yum remove httpd
…
Is this ok [y/N]: y                              #输入 y，交互式确定要进行卸载
…
Removed:
  httpd.x86_64 0:2.4.6-95.el7.centos

Complete!                                                          #卸载完毕
```

注意：使用“yum remove”命令卸载软件时，会将所有依赖于该软件的其他软件一同卸载。因此使用该命令卸载软件时一定要慎重。在卸载过程中若不想输入“y”进行交互式应答，可使用“yum -y remove”命令。

【任务】

根据“附录A MySQL安装及远程连接”，分别使用二进制包、RPM和YUM方式在CentOS 7.9系统上安装MySQL 5.7（安装前注意为系统做快照备份），为后续“11.10 自定义函数的使用”中通过编写Shell脚本自动完成MySQL安装做准备。

思维导图小结

7.6　源码编译安装方式

视　频

源码编译安装方式

源码编译安装方式下，需要对获得的软件源码通过编译转换为计算机可以识别的机器语言，才可以执行安装操作。虽然源码编译安装过程复杂，但用户可以具有更大的自主性，自由定义要安装的软件组件，指定软件的安装位置，软件卸载时也极为方便和简单。采用源码方式安装的软件版本可以是最新的，不需要等待 RPM 封装包。

在此以安装 Nginx 为例，讲解源码编译安装过程。在安装前，简单介绍一下 Nginx。

Nginx 是由俄罗斯人伊戈尔·赛索耶夫开发的一个开源的、支持高性能、高并发的 HTTP 和反向代理 Web 服务器软件，同时也提供 IMAP/POP3/SMTP 服务。Nginx 与历史悠久的 Apache 相比有很多改进之处，总体性能比 Apache 高。Nginx 因其稳定性、丰富的功能集、简单的配置文件和低系统资源消耗等优势，目前位于 Web 服务器软件使用量榜首（见图 7.7）。

以 root 用户环境练习以下内容。

范例 1： 安装编译工具。

采用源码安装，首先需让主机具备编译程序源码的环境。常见的源码包一般是用 C 语言开发的，因为 C 语言是 Linux 中的标准程序语言。在 CentOS 系统中广泛使用的是一款名为 GCC 的 C/C++ 语言编译器。若 CentOS 7.9 系统采用最小化模式安装，需安装以下工具软件。

```
[root@localhost ~]# yum -y install make zlib zlib-devel gcc-c++ libtool
```

范例 2： 安装依赖包。

某些软件在编译或执行期间可能需要依赖其他软件或链接库。Nginx 依赖包有：pcre、pcre-devel、openssl、openssl-devel。

```
[root@localhost ~]# yum -y install pcre pcre-devel openssl openssl-devel
```

范例 3： 安装源码包。

（1）在 Nginx 官网下载最新的稳定版（stable version）源码包，并上传到 /root/soft 目录中（使用 rz 命令或 Xftp 工具进行上传）。

```
[root@localhost soft]# ls
```

```
nginx-1.24.0.tar.gz
```

或直接使用 wget 命令下载。

```
[root@localhost soft]# wget https://nginx.org/download/nginx-1.24.0.tar.gz
```

（2）为安全起见，创建一个专门用于运行 Nginx 的系统用户（用于运行后台服务，UID 通常小于 1000）。

```
[root@localhost soft]# useradd -r -s /sbin/nologin nginx
                                                    # 选项 -r 表示创建一个系统用户
 [root@localhost soft]# id nginx
uid=988(nginx) gid=982(nginx) groups=982(nginx)
```

（3）解压源码包到当前目录。

```
[root@localhost soft]# tar -xf nginx-1.24.0.tar.gz
[root@localhost soft]# ls
nginx-1.24.0  nginx-1.24.0.tar.gz    # 目录 nginx-1.24.0 中包含 Nginx 的源代码
```

（4）配置。

运行目录 nginx-1.24.0 下的 configure 命令配置 Nginx 的编译参数。

```
[root@localhost soft]# cd nginx-1.24.0/
[root@localhost nginx-1.24.0]# ls
auto      CHANGES.ru  configure  html     man     src
CHANGES   conf        contrib    LICENSE  README
[root@localhost nginx-1.24.0]#  ./configure --user=nginx --group=nginx
--prefix=/usr/local/nginx-1.24.0/ --with-http_stub_status_module  --with-
http_ssl_module
…
```

使用 ./configure 编译时指定的参数及简单说明如下：

- --user=nginx，指定 Nginx 在运行时使用的用户。
- --group=nginx，指定 Nginx 在运行时使用的用户组。
- --prefix=/usr/local/nginx-1.24.0/，指定 Nginx 安装路径。
- --with-http_stub_status_module，启用 Nginx 的 http_stub_status_module 模块。该模块提供了一个简单的 HTTP 接口，允许管理员查询 Nginx 服务器的基本状态信息，如当前活动连接数、处理过的请求总数等。这对于监控 Nginx 服务器性能非常有用。
- --with-http_ssl_module，指示编译器在编译 Nginx 时集成 http_ssl_module，该模块提供了 SSL/TLS 支持，使 Nginx 能够处理 HTTPS 请求。启用此模块后，Nginx 可以配置为使用 SSL 证书加密客户端与服务器之间的通信，实现安全的 Web 服务。

```
[root@localhost nginx-1.24.0]# echo $?
0
```

使用“echo $?”命令，用于确认上一条命令执行情况，返回 0 表示执行成功。在此是确认对 Nginx 进程配置是否成功，为编译做准备。

（5）编译。

使用 make 命令编译 Nginx 源码包。

```
[root@localhost nginx-1.24.0]# make
…
[root@localhost nginx-1.24.0]# echo $?                    # 确认编译是否成功
0
```

（6）安装。

```
[root@localhost nginx-1.24.0]# make install
…
```

（7）创建软链接，便于升级 Nginx。

在安装时指定版本号路径是便于查看区分当前使用的 Nginx 版本，方便以后升级。将 Nginx 安装路径通过软链接的方式更改为 /usr/local/nginx/，方便运维、开发人员使用。当 Nginx 软件升级编译成带新版本号后，删除原来的软链接，再重新建立到 /usr/local/nginx/ 的软链接即可。而程序中如果有引用 Nginx 路径的地方，不需要做任何更改，因为升级后访问路径还是 /usr/local/nginx/。

```
[root@localhost nginx-1.24.0]# ln -s /usr/local/nginx-1.24.0 /usr/local/nginx
[root@localhost nginx-1.24.0]# ls /usr/local/nginx
conf  html  logs  sbin
```

（8）为 Nginx 配置环境变量。

```
[root@localhost nginx-1.24.0]# cd /usr/local/nginx/sbin/
[root@localhost sbin]# ls
nginx
[root@localhost sbin]# echo 'export PATH=$PATH:/usr/local/nginx/sbin' >>
/etc/profile
[root@localhost sbin]# source /etc/profile
```

（9）修改 Nginx 家目录所属用户及用户组。

```
[root@localhost sbin]# cd /usr/local
[root@localhost local]# chown -R nginx:nginx nginx-1.24.0/
[root@localhost local]# chown -R nginx:nginx nginx
[root@localhost local]# ll
total 0
drwxr-xr-x. 2 root  root   6 Apr 11  2018 bin
drwxr-xr-x. 2 root  root   6 Apr 11  2018 etc
drwxr-xr-x. 2 root  root   6 Apr 11  2018 games
drwxr-xr-x. 2 root  root   6 Apr 11  2018 include
drwxr-xr-x. 2 root  root   6 Apr 11  2018 lib
drwxr-xr-x. 2 root  root   6 Apr 11  2018 lib64
drwxr-xr-x. 2 root  root   6 Apr 11  2018 libexec
lrwxrwxrwx.  1 nginx nginx 23 Jul  4  10:20 nginx -> /usr/local/nginx-1.24.0
drwxr-xr-x. 6 nginx nginx 54 Jul  4  10:20 nginx-1.24.0
drwxr-xr-x. 2 root  root   6 Apr 11  2018 sbin
drwxr-xr-x. 5 root  root  49 Jul  1  16:42 share
drwxr-xr-x. 2 root  root   6 Apr 11  2018 src
```

范例 4：启动 Nginx

（1）启动前检查配置文件语法。

```
[root@localhost sbin]# nginx -t
nginx: the configuration file /usr/local/nginx-1.21.6//conf/nginx.conf
syntax is ok
nginx: configuration file /usr/local/nginx-1.21.6//conf/nginx.conf test
is successful
```

（2）启动 Nginx 服务。

```
[root@localhost sbin]# nginx
```

Nginx 服务常用命令见表 7-2。

表7-2 Nginx服务常用命令

命　令	说　明
nginx	启动Nginx
nginx -s reload	重新载入配置文件
nginx -s reopen	重启Nginx
nginx -s quit	处理当前请求后停止Nginx
nginx -s stop	立即停止Nginx，所有正在处理的请求会被立即中断

（3）配置防火墙，使外网可访问 Nginx 服务器。

Nginx 服务器作为 Web 服务器，默认访问端口为 80 端口。

```
[root@localhost sbin]# netstat -tulnp | grep nginx
                         # 查看 Nginx 当前监听端口，命令 netstat 的使用见 10.2 节
tcp        0      0 0.0.0.0:80      0.0.0.0:*         LISTEN      63525/nginx: master
                                          #firewalld 防火墙常用配置命令见 8.6 节
[root@localhost sbin]# firewall-cmd --permanent --add-port=80/tcp
success                                   # 设置当前区域永久允许 tcp80 端口的流量
[root@localhost sbin]# firewall-cmd --reload
success                                       # 重新加载 firewalld 防火墙配置规则
[root@localhost sbin]# firewall-cmd --list-all
public (active)                                             # 查看当前区域配置规则
  target: default
  icmp-block-inversion: no
  interfaces: ens33
  sources:
  services: dhcpv6-client ssh
  ports: 80/tcp
  protocols:
  masquerade: no
  forward-ports:
  source-ports:
  icmp-blocks:
  rich rules:
```

（4）在宿主机上使用浏览器访问 Nginx 服务器。

在浏览器中输入虚拟机的 IP 地址，若出现图 7-10 所示 Nginx 默认页面，表示已可访问 Nginx 服务器。

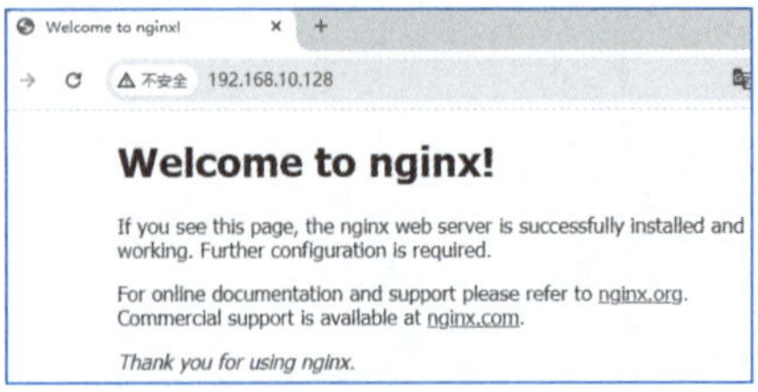

图7-10 Nginx默认访问页面

【任务】

根据“附录B 从 Nginx 官网 YUM 安装 Nginx”，通过自行配置 Nginx 的 YUM 源进行安装，进一步体会 YUM 安装方式和源码编译安装方式的差异。

思维导图小结

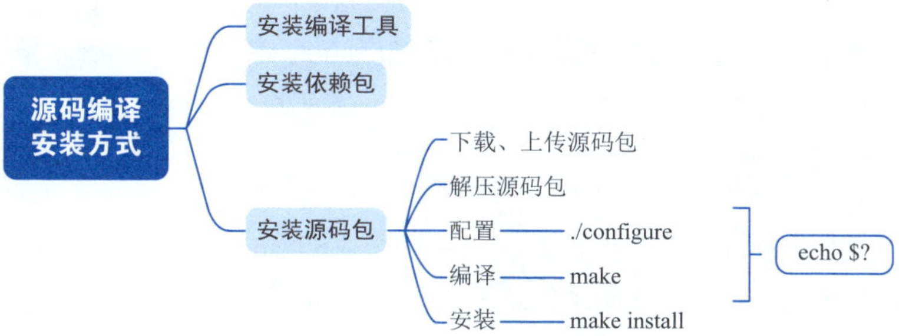

拓展阅读　中国超级计算机

中国超级计算机的研发和应用在过去的几十年间取得了举世瞩目的成就，从无到有，从低端到高端，实现了跨越式的进步。中国目前在全球超级计算机领域处于领先地位，拥有自主研发的高性能超级计算机系统，并在 Top500 超级计算机排行榜上多次占据榜首位置。

以下是部分中国著名超级计算机系统的简介：

1. 银河（Galaxy）系列

自 1983 年中国研制出第一台亿次级巨型计算机“银河一号”以来，银河系列超级计算机一直是我国高性能计算领域的重要代表。银河系列超级计算机在历次迭代中，运算速度和规模不断提升，广泛应用于科学研究、航空航天、气象预报、石油勘探等领域。

2. 曙光（Sunway）系列

其中最为知名的是“神威·太湖之光”（Sunway TaihuLight），在 2016 年时荣登全球最快超级计算机的桂冠，峰值计算速度超过每秒 12.5 亿亿次浮点运算，采用完全自主研发的处理器——神威众核 SW26010。

3. 天河（Tianhe）系列

“天河一号”和“天河二号”都曾在一段时间内是世界上运算速度最快的超级计算机。“天河二号”在 2013 年至 2015 年间连续六次位列 Top500 榜首，展现出了中国在高性能计算领域的强大实力。

4. 深腾（DeepComp）系列

深腾系列超级计算机由联想集团研发，代表了中国企业在高性能计算领域的技术创新和应用实践，服务于诸多科研项目和商业应用。

5. 其他国产超算系统

除上述几大系列之外，还有如“神威蓝光”系列等其他型号，它们在各自的时期内为我国的关键领域提供了强大的计算支撑，并在国际竞争中彰显了中国自主技术的能力。

中国超级计算机的发展不仅仅体现在单个系统的性能提升上，更在于核心技术的自主化、产业链的完整性和生态系统的建设，这对于提高国家科技创新能力、保障信息安全以及应对国际竞争等都有着至关重要的意义。同时，中国超级计算机已在气候模拟、生物制药、材料科学、宇宙探索等尖端科学领域发挥了重要作用，并积极参与国民经济和社会发展的各个层面。

实践练习 7

以 root 身份在 Xshell 上远程登录 VMware 上 CentOS 7.9 系统后，练习以下内容：

1．用 gzip 方式将 /var 目录打包并压缩成文件 var.tar.gz，保存在 /root/test 目录下。

2．在 /root/test 目录中创建一个名为 var1 的目录，将文件 var.tar.gz 解压到 /root/test/var1 目录中。

3．统计系统中已经安装的 rpm 软件包的个数。

4．从官网下载最新的 jdk 二进制安装包，安装到 /application 目录中。

5．将 CentOS 7.9 的安装 iso 镜像文件配置为本地 YUM 源。

6．通过本地 YUM 源安装 tree 命令，并参考“2.2 查看 Linux 命令帮助”内容，自学 tree 命令，以树状结构显示 Linux 操作系统的根目录（/）下第一级所含的子目录和文件（但不进一步显示这些子目录内部的任何内容）。

7．使用本地 YUM 源安装 httpd。

8．使用 yum 命令卸载 httpd。

9．将 YUM 的 Base 源设置为阿里云 YUM 服务器，并增加 EPEL 源（使用阿里云 EPEL 源）。

10．使用在线 EPEL 源安装 Nginx。

面试演练 7

1．如何在 Linux 中备份或归档文件（tar 命令）？

2．CentOS 7 系统软件卸载的常用方法有哪些?

3．如何将二进制文件的存放路径添加到 $PATH 变量中?

4．什么是中间件? 什么是 JDK？

模块 8

进程和服务管理

学习目标

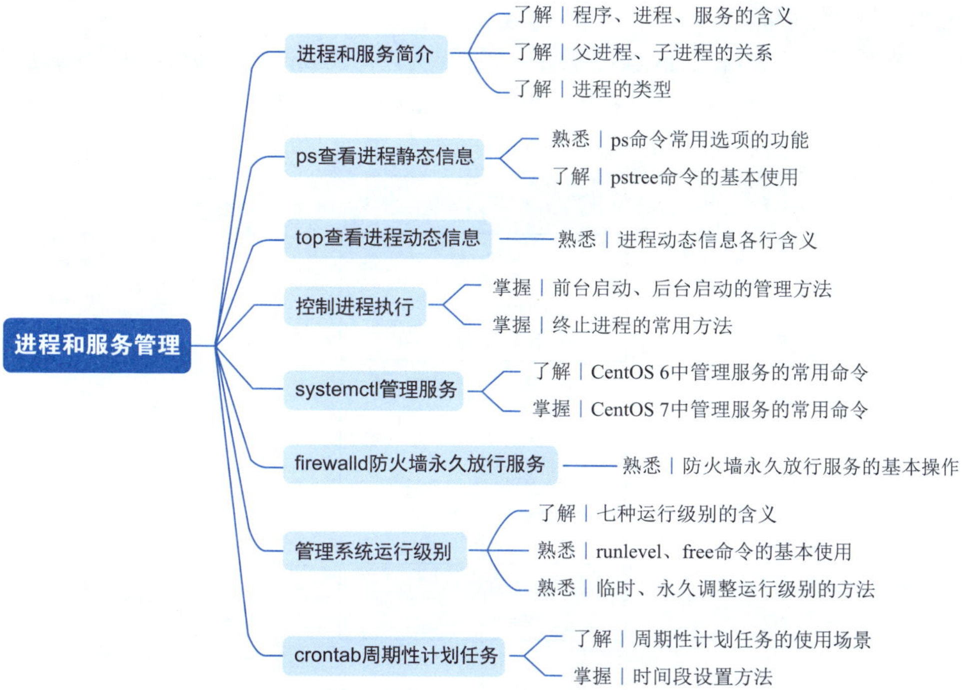

凡战者，以正合，以奇胜。——《孙子兵法·势篇》

于Linux修习之路上，进程与服务管理之关要，恰似《孙子兵法·势篇》所云："凡战者，以正合，以奇胜。"对应到系统运维之中，正犹常规进程之有序调度与服务常态运行，奇则如异常情况之快速响应与服务故障恢复，二者兼顾，方可确保系统运行如臂使指，稳如泰山。

视 频

进程和服务简介

8.1 进程和服务简介

1. 程序、进程、服务

保存在硬盘等存储媒介上的可执行代码（二进制程序），称为程序（program）。

正在计算机内存中运行的程序或命令，称为进程（process）。

计算机启动后，常驻在内存中，在系统后台自动运行并等待用户或其他软件调用的一类特殊进程，称为服务（service）。按照所服务的对象不同，Linux 操作系统中的服务分为对内服务和对外服务两种类型。对内服务主要是维护本地计算机的正常运行；对外服务面向的是网络上的用户，主要作用是为网络中的用户提供各种功能。在相应的服务名称后加一个字母 d，这种进程称为守护进程（daemon），如 http 服务的 httpd 守护进程、ssh 服务的 sshd 守护进程等。

绝大多数服务器程序是以服务的状态在 Linux 操作系统中运行的。通常情况下，运行了某种对外服务后，都会在系统中开放相应的端口（port）负责网络监听，以提供外部客户端（client）的连接请求，如运行 httpd 服务默认使用 TCP80 端口，运行 sshd 服务默认使用 TCP22 端口等。

为了便于操作系统管理进程，给予进程一个标记号，称为 PID。

2. 父进程与子进程

CentOS 7 系统启动后的第一个进程是 systemd（在 CentOS 6 系统中是 init），其 PID 是 1。systemd 是唯一由系统内核直接运行的进程。

如图 8-1 所示，在系统启动以后，systemd 进程会创建 login 进程等待用户登录系统，login 进程是 systemd 进程的子进程，systemd 进程是 login 的父进程。在用户登录系统后，login 进程就会启动 shell 进程，shell 进程是 login 进程的子进程，而此后用户运行的进程都是由 shell 衍生出来的。

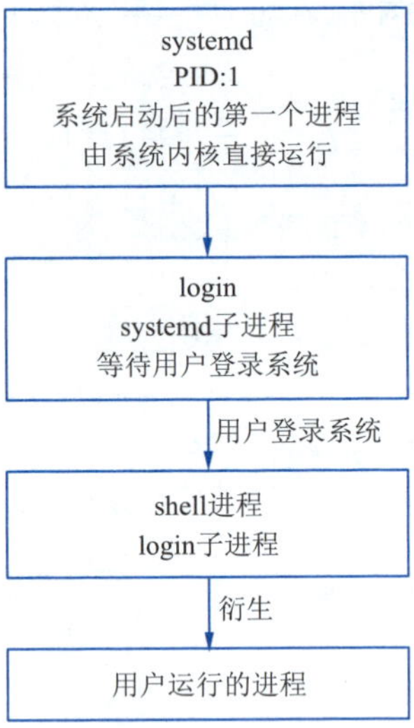

图8-1　Linux进程

3. 进程类型

（1）交互进程：由 shell 启动的进程。交互进程既可以在前台运行，也可以在后台运行，如控制台命令 shell、文本编辑器、图形应用程序等。

（2）批处理进程：和终端没有联系，是一个进程序列。

（3）监控进程：是 Linux 操作系统启动时运行的进程，并常驻后台，如 httpd 就是著名的 Apache 服务器的监控进程。

思维导图小结

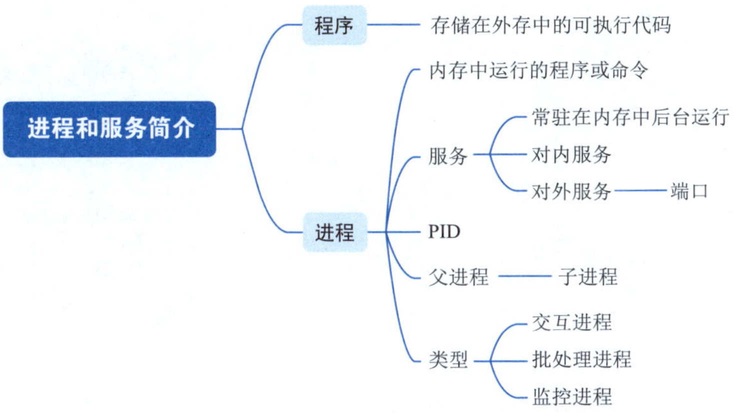

8.2　ps 查看进程静态信息（pstree）

【功能说明】

视　频

ps查看进程静态信息

ps（process state）命令用于查看当前系统的进程状态（哪些进程正在运行和运行的状态、进程是否结束、进程有没有僵死、哪些进程占用了过多的资源等）。可以搭配 kill 指令（见 8.4 节）随时中断、删除不必要的进程。

ps 命令查看到的进程信息，是对进程的快照，就像用手机给进程拍了一张照片，是运行该命令时进程的瞬间状态。如果想要动态地显示进程的信息，就需要使用 top 命令（见 8.3 节），该命令类似于把手机切换成录像模式。

【语法格式】

```
ps  [选项]
```

以普通用户环境练习以下内容。

范例 1： 查看所在终端当前用户的进程。

```
[student@localhost ~]$ ps
   PID TTY          TIME     CMD
 63861 pts/1    00:00:00     bash
 63919 pts/1    00:00:00     ps
```

输出信息各列说明见表 8-1。

表8-1　ps输出信息说明

列	说　明
PID	该进程的ID号
TTY	该进程是在哪个终端机上运行。对于CentOS系统，tty1是图形化终端，tty2～tty6是本地字符界面终端，pts/0～255代表伪终端
TIME	该进程占用CPU的运算时间
CMD	产生该进程的命令名

范例 2： 查看进程的 CPU 占用率和内存占用率。

```
[student@localhost ~]$ ps aux | less
USER   PID %CPU %MEM     VSZ   RSS    TTY   STAT   START   TIME COMMAND
root     1  0.0 0.3 128556  7140 ?     Ss    09:26   0:03 /usr/lib/systemd/
systemd --switched-root --system --deserialize 22
root     2  0.0  0.0       0     0 ?     S     09:26   0:00 [kthreadd]
root     4  0.0  0.0       0     0 ?     S<    09:26   0:00 [kworker/0:0H]
root     5  0.0  0.0       0     0 ?     S     09:26   0:01 [kworker/u256:0]
root     6  0.0  0.0       0     0 ?     S     09:26   0:00 [ksoftirqd/0]
root     7  0.0  0.0       0     0 ?     S     09:26   0:00 [migration/0]
root     8  0.0  0.0       0     0 ?     S     09:26   0:00 [rcu_bh]
root     9  0.0  0.0       0     0 ?     R     09:26   0:01 [rcu_sched]
root    10  0.0  0.0       0     0 ?     S<    09:26   0:00 [lru-add-drain]
root    11  0.0  0.0       0     0 ?     S     09:26   0:00 [watchdog/0]
…
```

其中选项：

- a，表示列出带有终端的所有用户的进程。
- x，列出当前用户的所有进程，包括没有终端的进程。
- u，面向用户友好的显示风格。

注意： 选项 aux 前没有“-”号。

输出信息各列说明见表 8-2。

表8-2　ps aux输出信息说明

列	说　明
USER	该进程是由哪个用户产生的
PID	该进程的ID号
%CPU	该进程占用CPU资源的百分比，占用越高，进程越耗费资源
%MEM	该进程占用物理内存的百分比，占用越高，进程越耗费资源
VSZ	该进程占用虚拟内存的大小（单位为KB）
RSS	该进程占用物理内存的大小（单位为KB）
TTY	该进程是在哪个终端机上面运行。对于CentOS系统，tty1是图形化终端，tty2～tty6是本地字符界面终端，pts/0～255代表伪终端，若与终端机无关，则显示“？”
STAT	该进程目前的状态。常见的状态有： • R：运行状态。 • S：睡眠状态，可以由某些信号唤醒。 • T：暂停状态。 • Z：僵尸状态，其父进程无法正常终止它。 • s：包含子进程。 • +：前台显示。 • l：多线程进程
START	该进程的启动时间
TIME	该进程占用CPU的运算时间
COMMAND	产生该进程的命令名

实际应用中常将“ps aux”命令与 grep 命令组合使用来查看某进程的 CPU 占用率和内存占用率等。

```
[student@localhost ~]$ ps aux | grep sshd
```

```
root      1161 0.0  0.2 112900 4312 ?      Ss 09:26  0:00 /usr/sbin/sshd -D
root     63852 0.3  0.2 160988  5588 ?      Ss 10:31  0:00 sshd: student [priv]
student 63858 0.0  0.1 160988  2540 ?      S  10:31  0:00 sshd: student@pts/1
student 63941 0.0  0.0 112808   960 pts/1 R+ 10:32  0:00 grep --color=auto sshd
```

最后一个进程是执行 grep 命令所产生的，为避免干扰可过滤掉。

```
[student@localhost ~]$ ps aux | grep sshd | grep -v grep
root       1161  0.0  0.2 112900  4312 ?   Ss  09:26  0:00  /usr/sbin/sshd -D
root      63852  0.2  0.2 160988  5588 ?   Ss  10:31  0:00  sshd: student [priv]
student   63858  0.0  0.1 160988  2540 ?   S   10:31  0:00  sshd: student@pts/1
```

范例 3：查看进程的父进程。

```
[student@localhost ~]$ ps -ef | less
UID         PID   PPID  C STIME TTY          TIME CMD
root          1      0  0 09:26 ?        00:00:03 /usr/lib/systemd/systemd
--switched-root --system --deserialize 22
root          2      0  0 09:26 ?        00:00:00 [kthreadd]
root          4      2  0 09:26 ?        00:00:00 [kworker/0:0H]
root          5      2  0 09:26 ?        00:00:01 [kworker/u256:0]
root          6      2  0 09:26 ?        00:00:00 [ksoftirqd/0]
root          7      2  0 09:26 ?        00:00:00 [migration/0]
root          8      2  0 09:26 ?        00:00:00 [rcu_bh]
root          9      2  0 09:26 ?        00:00:01 [rcu_sched]
…
```

其中选项：

- -e，表示列出所有进程。
- -f，表示显示完整格式的进程列表。

输出信息各列说明见表 8-3。

表8-3　ps -ef输出信息说明

列	说　明
UID	该进程是由哪个用户产生的
PID	进程ID号
PPID	该进程的父进程ID号
C	CPU使用的资源百分比
STIME	进程开始的时间
TTY	该进程是在哪个终端机上面运行
TIME	进程所使用的总CPU时间
CMD	启动进程所用的命令和参数

实际应用中常将“ps -ef”命令与 grep 命令组合使用来查看某进程的父进程 ID 号。

```
[student@localhost ~]$ ps -ef | grep sshd | grep -v grep
root        1161      1  0 09:26 ?        00:00:00 /usr/sbin/sshd -D
root       63852   1161  0 10:31 ?        00:00:00 sshd: student [priv]
student    63858  63852  0 10:31 ?        00:00:00 sshd: student@pts/1
```

其中第一条 sshd 是由 systemd 进程发起的子进程，ssh 服务默认设置为开机自启动；第二条 sshd 是由第一条 sshd 发起的子进程，“[priv]”是系统中权限分离，专门用于 root 用户使用 ssh 服务；第 3 条 sshd 是由第二条 sshd 发起的子进程，是当前用户 student 使用 ssh 服务远程登录到虚拟机。

范例 4： 树状结构查看进程之间父子关系。

若要更直观地查看进程之间的父子关系，可以使用 pstree 命令。该命令以树状结构展示进程之间的父子关系。

```
[student@localhost ~]$ pstree | less
systemd-+-ModemManager---2*[{ModemManager}]
        |-NetworkManager-+-dhclient
        |                '-2*[{NetworkManager}]
        |-VGAuthService
        |-abrt-watch-log
        |-abrtd
        |-accounts-daemon---2*[{accounts-daemon}]
        |-alsactl
        |-at-spi-bus-laun-+-dbus-daemon---{dbus-daemon}
        |                 '-3*[{at-spi-bus-laun}]
        …
        |-sshd---sshd---sshd---bash-+-less
        |                           '-pstree
        …
```

查看进程父子关系时，显示进程的 PID。

```
[student@localhost ~]$ pstree -p | less
systemd(1)-+-ModemManager(609)-+-{ModemManager}(623)
           |                   '-{ModemManager}(636)
           |-NetworkManager(787)-+-dhclient(8737)
           |                     |-{NetworkManager}(797)
           |                     '-{NetworkManager}(802)
           |-VGAuthService(602)
           |-abrt-watch-log(643)
           |-abrtd(640)
           |-accounts-daemon(596)-+-{accounts-daemon}(610)
           |                      '-{accounts-daemon}(634)
           …
           |-sshd(1084)---sshd(2743)---sshd(2748)---bash(2752)-+-less(3047)
           |                                                   '-pstree(3046)
             # 第 1 个 sshd 是 systemd 进程发起的子进程，ssh 服务默认设置为开机自启动
                          # 第 2 个 sshd 是第 1 个 sshd 发起的子进程，root 用户专用
      # 第 3 个 sshd 是第 2 个 sshd 发起的子进程，用于 student 用户远程登录虚拟机使用
      #bash 第 3 个 sshd 发起的子进程，是 student 用户远程登录后启动的 shell 命令行
                         #pstree 是 bash 发起的子进程，是在 shell 命令行中运行的命令
           …
```

查看进程父子关系时，显示进程所属用户，当子进程所属用户与其父进程不同时，显示用户名。

```
[student@localhost ~]$ pstree -u | less
systemd-+-ModemManager---2*[{ModemManager}]
        |-NetworkManager-+-dhclient
        |                '-2*[{NetworkManager}]
        |-VGAuthService
        |-abrt-watch-log
        |-abrtd
        |-accounts-daemon---2*[{accounts-daemon}]
        |-alsactl
        …
```

```
        |-sshd---sshd---sshd(student)---bash-+-less
        |                                    '-pstree
                      #bash 的所属用户为 student，同其父进程，所以不再显示所属用户
        ...
```

思维导图小结

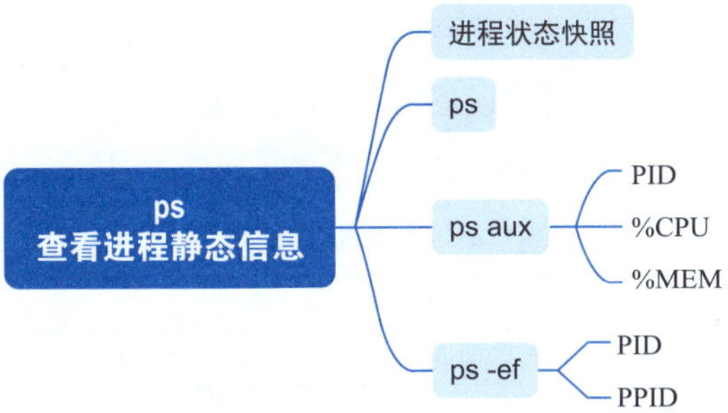

8.3 top 查看进程动态信息

【功能说明】

top 命令用于实时地对系统处理器状态进行监控，它能够实时地显示系统中各个进程的资源占用状况。该命令可以按照 CPU 的使用、内存的使用和执行时间对系统任务进程进行排序显示，同时 top 命令还可以通过交互式命令进行设定显示。

视 频

top查看进程动态信息

【语法格式】

```
top  [选项]
```

以普通用户环境练习以下内容。

范例 1： 查看 CPU 和进程实时状态。

```
[student@localhost ~]$ top
top - 15:25:05 up 8 min, 1 user, load average: 0.52, 0.81, 0.43
Tasks: 163 total, 1 running, 162 sleeping, 00 stopped, 0 zombie
%Cpu(s): 0.0 us, 0.0 sy, 0.0 ni,100.0 id, 0.0 wa, 0.0 hi, 0.0 si, 0.0 st
KiB Mem :  1863004 total,  454908  free, 501080 used,  907016 buff/cache
KiB Swap:  4194300 total,  4194300 free, 0       used.  1192976 avail Mem

  PID USER     PR  NI    VIRT    RES   SHR S %CPU %MEM     TIME+  COMMAND
  127 root     20   0       0      0     0 S  0.3  0.0   0:00.16  kworker/0:3
  606 root     20   0  295376   5176  3948 S  0.3  0.3   0:01.86  vmtoolsd
10186 student  20   0  162100   2280  1572 R  0.3  0.1   0:00.11  top
    1 root     20   0  128416   7120  4220 S  0.0  0.4   0:02.58  systemd
    2 root     20   0       0      0     0 S  0.0  0.0   0:00.00  kthreadd
    4 root      0 -20       0      0     0 S  0.0  0.0   0:00.00  kworker/0:0H
    5 root     20   0       0      0     0 S  0.0  0.0   0:00.31  kworker/u256:0
    6 root     20   0       0      0     0 S  0.0  0.0   0:00.26  ksoftirqd/0
```

```
     7 root      rt   0       0       0      0 S  0.0  0.0   0:00.00 migration/0
     8 root      20   0       0       0      0 S  0.0  0.0   0:00.00 rcu_bh
     9 root      20   0       0       0      0 S  0.0  0.0   0:00.90 rcu_sched
    10 root       0 -20       0       0      0 S  0.0  0.0   0:00.00 lru-add-drain
...
```

显示的状态信息每隔 3 s 更新一次。

退出查看按【q】键。

上述各行信息说明如下：

（1）第一行为任务队列信息，各字段的含义见表 8-4。

```
top - 15:25:05 up 8 min, 1 user, load average: 0.52, 0.81, 0.43
```

表8-4　t任务队列信息

15:25:05	系统当前时间
up 8 min	系统已经运行的时间
1 user	当前登录系统用户个数
load average: 0.52, 0.81, 0.43	load average后面的3个数分别是1 min、5 min、15 min的平均负载情况。小于1说明负载较小，如果大于1说明系统已经超出负荷

（2）第二行为系统当前进程的总体状态信息，各字段的含义见表 8-5。

```
Tasks: 163 total, 1 running, 162 sleeping, 0 stopped, 0 zombie
```

表8-5　进程状态信息

163 total	系统当前进程总数为163
1 running	有1个进程处于运行状态
162 sleeping	有162个进程处于休眠状态
0 stopped	有0个进程处于停止状态
0 zombie	有0个进程处于僵死状态。如果不是0，需要手工检查僵尸进程

（3）第三行为系统 CPU 状态信息，各字段的含义见表 8-6。

```
%Cpu(s): 0.0 us, 0.0 sy, 0.0 ni,100.0 id, 0.0 wa, 0.0 hi, 0.0 si, 0.0 st
```

表8-6　CPU状态信息

0.0 us	用户空间占用CPU的百分比
0.0 sy	内核空间占用CPU的百分比
0.0 ni	改变过优先级的进程占用CPU的百分比
100.0 id	空闲CPU百分比
0.0 wa	等待输入/输出的进程占用CPU的百分比
0.0 hi	硬中断请求服务占用CPU的百分比
0.0 si	软中断请求服务占用CPU的百分比
0.0 st	当有虚拟机时，虚拟CPU等待实际CPU的时间百分比

（4）第四行为物理内存状态信息，各字段的含义见表 8-7。

```
KiB Mem :  1863004 total,   454908 free,   501080 used,   907016 buff/cache
```

表8-7　物理内存状态信息

1863004 total	物理内存总量，单位KB
454908 free	空闲物理内存数量
501080 used	使用中的物理内存数量
907016 buff/cache	作为缓冲的内存数量

（5）第五行为 swap 交换分区状态信息，各字段的含义见表 8-8。

```
KiB Swap:  4194300 total,  4194300 free,  0 used.  1192976 avail Mem
```

表8-8　swap状态信息

4194300 total	交换分区（虚拟内存）的总大小
4194300 free	空闲交换分区的大小
0 used	已经使用的交换分区的大小
1192976 avail Mem	作为缓存的交换分区的大小

注意：

- 真正可用的内存数为：第四行 free+ 第四行 buff+ 第五行 avail Mem。
- 在对内存进行监控时，要时刻关注 top 命令中第五行 swap 交换分区的 used。如果这个 used 数值还在不断变化，则说明内核正在不断进行内存和 swap 的数据交换，这表示内存真的不够用了（应增加物理内存）或者程序运行有内存溢出问题。

（6）第六行，空行。

（7）第七行开始，给出各进程的状态监控，各字段的含义见表 8-9。

表8-9　各进程状态

PID	进程id
USER	进程所有者
PR	进程优先级
NI	nice值，负值表示高优先级，正值表示低优先级
VIRT	进程使用的虚拟内存总量，单位为KB
RES	进程使用的、未被换出的物理内存大小，单位为KB
SHR	共享内存大小，单位为KB
S	进程状态： D:uninterruptible sleep，不可中断的睡眠状态 R:running，运行 S: sleeping，睡眠 T: stopped by job control signal，被工作控制信号停止 t：stopped by debugger during trace，调试器在跟踪期间停止 Z: zombie，僵尸进程
%CPU	上次更新到现在的CPU时间占用百分比
%MEM	进程使用的物理内存百分比
TIME+	进程使用的CPU时间总计，单位1/100秒
COMMAND	进程名称（命令名/命令行）

- 在第 7 行开始的区域中，可使用【↑↓】上下翻看进程状态信息。
- 默认根据 %CPU 的值降序显示。

- 按【Shift+M】组合键，根据 %MEM 的值降序显示；按【Shift+N】组合键，根据 PID 的值降序显示；按【Shift+P】组合键，根据 %CPU 的值降序显示。
- 按【u】键，输入用户名，可只显示属于该用户的进程状态实时信息。

```
top - 15:40:46 up 23 min,  1 user,  load average: 0.00, 0.04, 0.16
Tasks: 162 total,   1 running, 161 sleeping,   0 stopped,   0 zombie
%Cpu(s): 0.0 us, 0.0 sy, 0.0 ni,100.0 id, 0.0 wa, 0.0 hi, 0.0 si, 0.0 st
KiB Mem :  1863004 total,  449100  free, 506860 used,  907044 buff/cache
KiB Swap:  4194300 total,  4194300 free,      0 used.  1187192 avail Mem
Which user (blank for all) student
  PID USER     PR  NI   VIRT    RES    SHR  S %CPU %MEM     TIME+ COMMAND
```

例如，输入用户名 student 后按【Enter】键，进程状态只显示属于该用户的进程实时信息。

```
top - 15:40:46 up 23 min,  1 user,  load average: 0.00, 0.04, 0.16
Tasks: 162 total,   1 running, 161 sleeping,   0 stopped,   0 zombie
%Cpu(s): 0.0 us, 0.0 sy, 0.0 ni,100.0 id, 0.0 wa, 0.0 hi, 0.0 si, 0.0 st
KiB Mem :  1863004 total,  449100  free, 506860 used,  907044 buff/cache
KiB Swap:  4194300 total,  4194300 free,      0 used.  1187192 avail Mem

  PID USER     PR NI    VIRT    RES    SHR  S %CPU %MEM  TIME+    COMMAND
10186 student  20  0  162100   2312   1604  R  0.7  0.1  0:02.94  top
 9035 student   9 -11 498948   6984   4176  S  0.0  0.4  0:00.68  pulseaudio
 9831 student  20  0  160988   2520   1152  S  0.0  0.1  0:00.67  sshd
 9834 student  20  0  116324   2880   1656  S  0.0  0.2  0:00.06  bash
```

范例 2： 设置信息刷新时间。

默认更新周期为 3 s，若使用时觉得更新太慢或太快，可自行指定更新周期。例如，指定更新周期为 5 s。

```
[student@localhost ~]$ top -d 5
```

思维导图小结

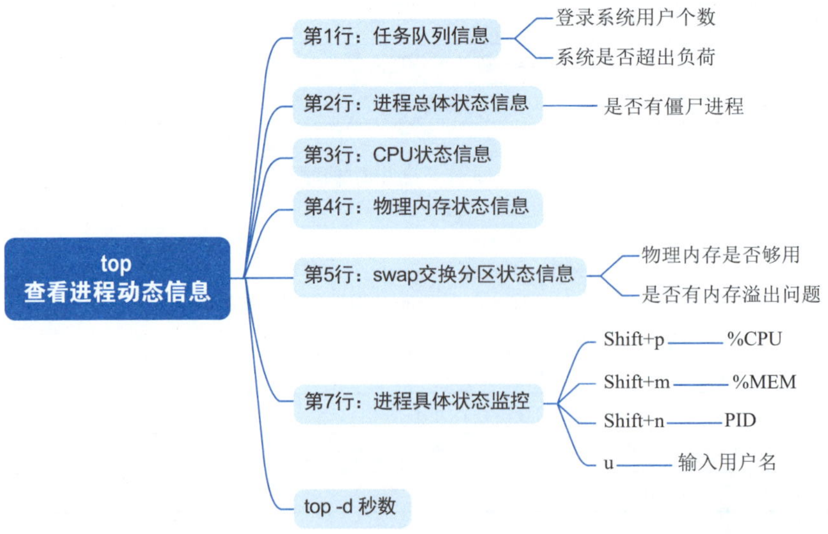

8.4　控制进程执行

在 Linux 操作系统中启动进程有两个途径：

（1）调度启动。事先设置好在某个时间要运行的程序，当到了预设的时间后，由系统自动启动，如周期性计划任务。

（2）手工启动。由用户在 shell 命令行输入要执行的程序或命令来启动一个进程。其启动方式又分为前台启动和后台启动。

视　频

控制进程执行

- 前台启动：默认的进程启动方式，如用户输入“ls -l”命令会启动一个前台进程。
- 后台启动：在要执行的命令后面加上一个“&”符号，此时程序将转到后台运行。

以普通用户环境练习以下内容。

范例 1： 将前台启动的进程挂起。

当命令在前台执行时（运行尚未结束），按【Ctrl+Z】组合键可以将当前进程挂起（调入后台并停止执行），这在需要暂停当前进程进行其他操作时特别有用。

```
[student@localhost ~]$ vi test.sh                    # 文件内容见 cat 命令输出信息
[student@localhost ~]$ cat test.sh
#!/bin/bash
for i in {1..10}
do
   sleep 2
   echo "Hello Linux-$i!"
done
[student@localhost ~]$ bash test.sh
Hello Linux-1!
Hello Linux-2!
Hello Linux-3!
^Z                                           # 按【Ctrl+Z】组合键将当前进程挂起
[1]+  Stopped                 bash test.sh
```

范例 2： 查看当前终端中正在后台运行的进程任务。

使用 jobs -l 查看在后台运行的进程任务及对应的 PID。

```
[student@localhost ~]$ jobs -l
[1]+ 6640 Stopped                 bash test.sh
```

范例 3： 将后台进程再次转到前台执行。

使用 fg（frontground）命令可将后台进程再次转到前台来执行。

```
[student@localhost ~]$ fg 1
bash test.sh                                 # 后台进程转到前台继续执行
Hello Linux-4!
Hello Linux-5!
^Z                                   # 按【Ctrl+Z】组合键将当前进程再次挂起
[1]+  Stopped                 bash test.sh
```

范例 4： 将后台挂起的进程在后台继续执行。

使用 bg（background）命令可将被挂起的进程在后台继续执行。

```
[student@localhost ~]$ jobs -l
[1]+ 6640 Stopped                 bash test.sh
[student@localhost ~]$ bg 1                  # 数字 1 为进程在后台编号 [1]
```

```
[1]+ bash test.sh &                                    # 在后台继续执行
Hello Linux-6!
Hello Linux-7!
Hello Linux-8!
Hello Linux-9!
Hello Linux-10!
^C
[1]+  Done          bash test.sh        # 按【Ctrl+C】组合键回到 shell 命令行
[student@localhost ~]$
```

范例 5： 将进程从后台启动运行。

```
[student@localhost ~]$ bash test.sh &                # 命令后加 &，直接在后台执行
[1] 6867
[student@localhost ~]$ Hello Linux-1!
Hello Linux-2!
Hello Linux-3!
Hello Linux-4!
Hello Linux-5!
Hello Linux-6!
Hello Linux-7!
Hello Linux-8!
Hello Linux-9!
Hello Linux-10!
^C
[1]+  Done                      bash test.sh
[student@localhost ~]$
```

范例 6： 终止进程执行。

当进程在当前终端运行，可使用【Ctrl+C】组合键强制终止该进程。而要终止一个在其他终端或系统后台运行的进程，则可使用 kill 命令。

（1）kill PID：将进程的 PID 作为 kill 命令参数，可终止该进程。

例如，root 管理员发现某异常用户（student）登录到系统中，可使用 kill 命令先终止该用户的远程连接登录，然后再去禁止该用户登录系统。

```
[root@localhost ~]# ps -ef | grep sshd
root        1161      1  0 15:17 ?       00:00:00 /usr/sbin/sshd -D
root       10690   1161  0 15:59 ?       00:00:00 sshd: student [priv]
student    10695  10690  0 15:59 ?       00:00:00 sshd: student@pts/0
root       24524   1161  3 16:00 ?       00:00:00 sshd: root@pts/1
root       36366  25807  0 16:00 pts/1   00:00:00 grep --color=auto sshd
[root@localhost ~]# kill 10695                                  # 或 kill 10690
```

如图 8-2 所示，用户 student 远程连接会话被断开，并显示“Connetcion closed by foreign host.”。

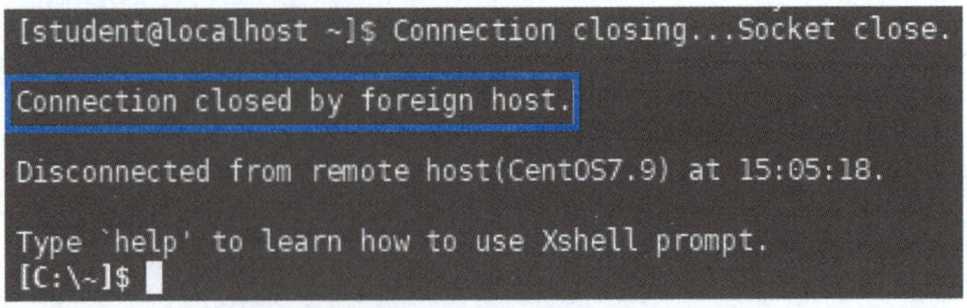

图8-2　被kill命令终止远程连接登录

（2）kill -9 PID：若进程无法响应 kill 命令，可发出 9 号信号 SIGKILL，强行终止该进程。

例如，将一个 vim 进程挂起。由于没有正常保存退出，vim 进程不允许被随意结束。此时使用 kill 命令无法将该 vim 进程终止。需要使用带“-9”选项的 kill 命令强制终止。

```
[student@localhost ~]$ vim test.sh              #按【Ctrl+Z】组合键挂起 vim 进程

[1]+  Stopped                      vim test.sh
[student@localhost ~]$ jobs -l
[1]+  7980 Stopped                      vim test.sh
[student@localhost ~]$ kill 7980
[student@localhost ~]$ jobs -l
[1]+  7980 Stopped                    vim test.sh         #vim 进程仍在后台挂起状态
[student@localhost ~]$ kill -9 7980
[student@localhost ~]$ jobs -l
[1]+  7980 Killed                       vim test.sh
[student@localhost ~]$ jobs -l                                       #后台已无进程
[student@localhost ~]$
```

思维导图小结

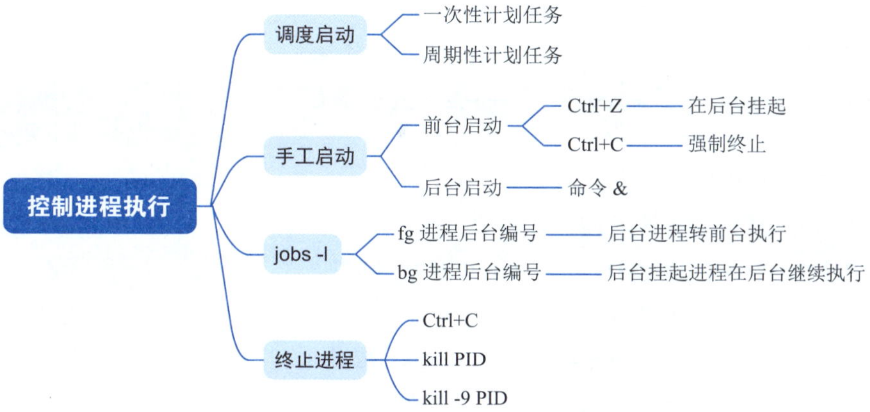

8.5　systemctl 管理服务

视　频

systemctl 管理服务

在 CentOS 6 系统中，使用 service 命令管理服务运行状态，使用 chkconfig 命令管理服务启动状态，而在 CentOS 7 系统中，使用 systemctl 命令管理服务的运行状态和启动状态，两个系统管理服务的命令对比见表 8-10。

表8-10　管理服务的命令对比

服务运行状态	启动服务	systemctl start 服务名	service 服务名 start
	停止服务	systemctl stop 服务名	service 服务名 stop
	重启服务	systemctl restart 服务名	service 服务名 restart
	查看服务状态	systemctl status 服务名	service 服务名 status
服务启动状态	设置服务开机自启	systemctl enable 服务名	chkconfig 服务名 on
	禁止服务开机自启	systemctl disable 服务名	chkconfig 服务名 off

以 root 用户在 VMware 的 Master 虚机上登录练习范例 1 和范例 2。

范例 1： service 管理服务运行状态（了解）。

在 CentOS 6 系统中，service 命令可管理的服务存储在 /etc/init.d/ 目录中，而在 CentOS 7 系统中只有两个服务保留给 service 命令。

```
[root@localhost ~]# ls /etc/init.d/
functions  netconsole  network  README
```

（1）查看网络服务状态。

```
[root@localhost ~]# service network status
Configured devices:
lo ens33
Currently active devices:
lo ens33 virbr0
```

（2）停止网络服务。

```
[root@localhost ~]# service network stop
Stopping network (via systemctl):                          [  OK  ]
```

（3）启动网络服务。

```
[root@localhost ~]# service network start
Starting network (via systemctl):                          [  OK  ]
```

（4）重启网络服务。

```
[root@localhost ~]# service network restart
Restarting network (via systemctl):                        [  OK  ]
```

范例 2： chkconfig 管理服务启动状态（了解）。

（1）关闭 network 网络服务的自动启动。

```
[root@localhost ~]# chkconfig network off
```

（2）开启 network 网络服务的自动启动。

```
[root@localhost ~]# chkconfig network on
```

以 root 账户在 Xshell 上登录练习范例 3 和范例 4。

范例 3： systemctl 管理服务运行状态。

在 CentOS 7 系统中服务主要存储在 /usr/lib/systemd/system 目录中。

```
[root@localhost ~]# ls /usr/lib/systemd/system
abrt-ccpp.service                   packagekit-offline-update.service
abrtd.service                       packagekit.service
abrt-oops.service                   paths.target
abrt-pstoreoops.service             plymouth-halt.service
...
```

其中文件后缀为 .service 的为某个服务，文件后缀为 .target 的为某一组服务。

在此以 httpd 服务（以 YUM 方式安装）为例讲解 systemctl 管理服务运行状态。

（1）查看服务的状态。

```
[root@localhost ~]# systemctl status httpd
● httpd.service - The Apache HTTP Server
     Loaded: loaded (/usr/lib/systemd/system/httpd.service; disabled;
vendor preset: disabled)
   Active: inactive (dead)
```

```
       Docs: man:httpd(8)
             man:apachectl(8)
```

（2）启动 httpd 服务。

```
[root@localhost ~]# systemctl start httpd
[root@localhost ~]# systemctl status httpd
● httpd.service - The Apache HTTP Server
    Loaded: loaded (/usr/lib/systemd/system/httpd.service; disabled;
vendor preset: disabled)
    Active: active (running) since Thu 2024-07-04 16:16:30 CST; 12s ago
      Docs: man:httpd(8)
            man:apachectl(8)
  Main PID: 64528 (httpd)
    Status: "Total requests: 0; Current requests/sec: 0; Current traffic:
0 B/sec"
     Tasks: 6
    CGroup: /system.slice/httpd.service
            ├── 64528 /usr/sbin/httpd -DFOREGROUND
            ├── 64531 /usr/sbin/httpd -DFOREGROUND
            ├── 64532 /usr/sbin/httpd -DFOREGROUND
            ├── 64533 /usr/sbin/httpd -DFOREGROUND
            ├── 64534 /usr/sbin/httpd -DFOREGROUND
            └── 64535 /usr/sbin/httpd -DFOREGROUND
            ...
```

（3）停止 httpd 服务。

```
[root@localhost ~]# systemctl stop httpd
[root@localhost ~]# systemctl status httpd
● httpd.service - The Apache HTTP Server
    Loaded: loaded (/usr/lib/systemd/system/httpd.service; disabled;
vendor preset: disabled)
    Active: inactive (dead)
      Docs: man:httpd(8)
            man:apachectl(8)
...
```

（4）重启 httpd 服务。

```
[root@localhost ~]# systemctl restart httpd
[root@localhost ~]# systemctl status httpd
● httpd.service - The Apache HTTP Server
    Loaded: loaded (/usr/lib/systemd/system/httpd.service; disabled;
vendor preset: disabled)
    Active: active (running) since Thu 2024-07-04 16:22:54 CST; 2s ago
      Docs: man:httpd(8)
            man:apachectl(8)
  Main PID: 64644 (httpd)
    Status: "Processing requests..."
     Tasks: 6
    CGroup: /system.slice/httpd.service
            ├── 64644 /usr/sbin/httpd -DFOREGROUND
            ├── 64647 /usr/sbin/httpd -DFOREGROUND
            ├── 64648 /usr/sbin/httpd -DFOREGROUND
            ├── 64649 /usr/sbin/httpd -DFOREGROUND
            ├── 64650 /usr/sbin/httpd -DFOREGROUND
            └── 64651 /usr/sbin/httpd -DFOREGROUND
...
```

范例 4：systemctl 管理服务启动状态。

（1）开启 httpd 服务的自动启动。

```
[root@localhost ~]# systemctl enable httpd
Created symlink from /etc/systemd/system/multi-user.target.wants/httpd.
service to /usr/lib/systemd/system/httpd.service.
[root@localhost ~]# systemctl status httpd
● httpd.service - The Apache HTTP Server
   Loaded: loaded (/usr/lib/systemd/system/httpd.service; enabled;
vendor preset: disabled)
   Active: active (running) since Thu 2024-07-04 16:22:54 CST; 1min 3s ago
     Docs: man:httpd(8)
           man:apachectl(8)
 Main PID: 64644 (httpd)
   Status: "Total requests: 0; Current requests/sec: 0; Current traffic:
0 B/sec"
   CGroup: /system.slice/httpd.service
           ├─64644 /usr/sbin/httpd -DFOREGROUND
           ├─64647 /usr/sbin/httpd -DFOREGROUND
           ├─64648 /usr/sbin/httpd -DFOREGROUND
           ├─64649 /usr/sbin/httpd -DFOREGROUND
           ├─64650 /usr/sbin/httpd -DFOREGROUND
           └─64651 /usr/sbin/httpd -DFOREGROUND
...
```

（2）关闭 httpd 服务的自动启动。

```
[root@localhost ~]# systemctl disable httpd
Removed symlink /etc/systemd/system/multi-user.target.wants/httpd.
service.
[root@localhost ~]# systemctl status httpd
● httpd.service - The Apache HTTP Server
   Loaded: loaded (/usr/lib/systemd/system/httpd.service; disabled;
vendor preset: disabled)
   Active: active (running) since Thu 2024-07-04 16:22:54 CST; 2min 58s ago
     Docs: man:httpd(8)
           man:apachectl(8)
 Main PID: 64644 (httpd)
   Status: "Total requests: 0; Current requests/sec: 0; Current traffic:
0 B/sec"
   CGroup: /system.slice/httpd.service
           ├─64644 /usr/sbin/httpd -DFOREGROUND
           ├─64647 /usr/sbin/httpd -DFOREGROUND
           ├─64648 /usr/sbin/httpd -DFOREGROUND
           ├─64649 /usr/sbin/httpd -DFOREGROUND
           ├─64650 /usr/sbin/httpd -DFOREGROUND
           └─64651 /usr/sbin/httpd -DFOREGROUND
...
```

思维导图小结

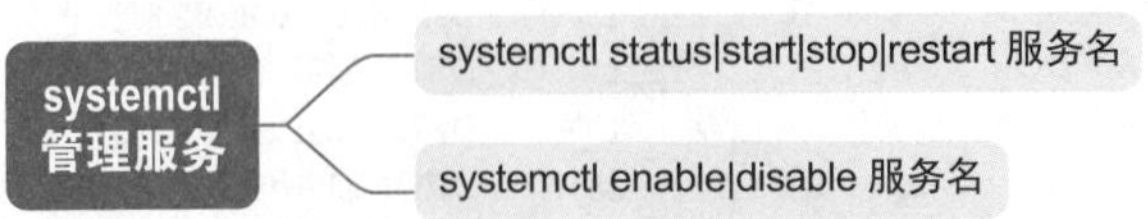

8.6 firewalld 防火墙永久放行服务

视 频

firewalld防火墙永久放行服务

在 CentOS 7 系统中默认使用 firewalld 防火墙。该防火墙默认策略规则只对 ssh 和 dhcpv6-client 服务放行。在服务器上对于 Apache、Nginx 等服务在安装、配置、启动完毕后，还需要在 firewalld 防火墙上设置永久放行，客户端才能访问使用这些服务。在此以 Apache 服务为例进行讲解。

以 root 用户环境练习以下内容。

范例 1： 通过服务名永久放行某服务。

（1）显示当前区域的防火墙配置规则，如网卡配置参数、资源、端口以及服务等信息。

```
[root@localhost ~]# firewall-cmd --list-all            # 显示防火墙配置规则
public (active)
  target: default
  icmp-block-inversion: no
  interfaces: ens33
  sources:
  services: dhcpv6-client ssh
  ports:
  protocols:
  masquerade: no
  forward-ports:
  source-ports:
  icmp-blocks:
  rich rules:
```

（2）设置当前区域永久允许 http 服务的流量。

```
[root@localhost ~]# firewall-cmd --permanent --add-service=http
success
                              # 参数"--permanent"使添加的规则永久生效
                        # 参数"--add-service= 服务名"，防火墙对某服务放行
```

使用 firewalld 配置的防火墙策略默认为运行时（runtime）模式，又称当前生效模式，系统重启后会失效。如果想让配置策略一直存在，就需要使用永久（permanent）模式，即在 firewall-cmd 命令设置防火墙策略时添加“--permanent”参数，这样配置的防火墙策略就可以永久生效。

（3）重新加载配置规则，让新增加的永久配置规则当即生效。

配置时使用“--permanent”参数的策略，只有在系统重启之后才能自动生效。如果想立即生效，需要手动重新加载配置规则。

```
[root@localhost ~]# firewall-cmd --reload          # 手动重新加载防火墙配置规则
success
[root@localhost ~]# firewall-cmd --list-all
public (active)
  target: default
  icmp-block-inversion: no
  interfaces: ens33
  sources:
  services: dhcpv6-client http ssh
  ports:
  protocols:
  masquerade: no
  forward-ports:
  source-ports:
```

```
  icmp-blocks:
  rich rules:
```

若要设置当前区域不再允许http服务的流量，使用“--remove-service”参数，并重新加载配置规则，使修改立即生效。

```
[root@localhost ~]# firewall-cmd --permanent --remove-service=http
success
                    # 参数“--remove-service=服务名”，防火墙不再对某服务放行
[root@localhost ~]# firewall-cmd --reload
success
[root@localhost ~]# firewall-cmd --list-all
public (active)
  target: default
  icmp-block-inversion: no
  interfaces: ens33
  sources:
  services: dhcpv6-client ssh
  ports:
  protocols:
  masquerade: no
  forward-ports:
  source-ports:
  icmp-blocks:
  rich rules:
```

范例2：通过端口号永久放行某服务。

（1）设置当前区域永久允许http服务的tcp80端口的流量。

```
[root@localhost ~]# firewall-cmd --permanent --add-port=80/tcp
success
                    # 参数“--add-port=端口号/协议”，防火墙对某端口放行
```

（2）重新加载配置规则。

```
[root@localhost ~]# firewall-cmd --reload
success
```

（3）查看当前区域配置规则。

```
[root@localhost ~]# firewall-cmd --list-all
public (active)
  target: default
  icmp-block-inversion: no
  interfaces: ens33
  sources:
  services: dhcpv6-client ssh
  ports: 80/tcp
  protocols:
  masquerade: no
  forward-ports:
  source-ports:
  icmp-blocks:
  rich rules:
```

若要设置当前区域不再允许tcp80端口的流量，使用“--remove-port”参数，同样需重新加载配置规则，使修改立即生效。

```
[root@localhost ~]# firewall-cmd --permanent --remove-port=80/tcp
success
[root@localhost ~]# firewall-cmd --reload
```

```
success
[root@localhost ~]# firewall-cmd --list-all
public (active)
  target: default
  icmp-block-inversion: no
  interfaces: ens33
  sources:
  services: dhcpv6-client ssh
  ports:
  protocols:
  masquerade: no
  forward-ports:
  source-ports:
  icmp-blocks:
  rich rules:
```

思维导图小结

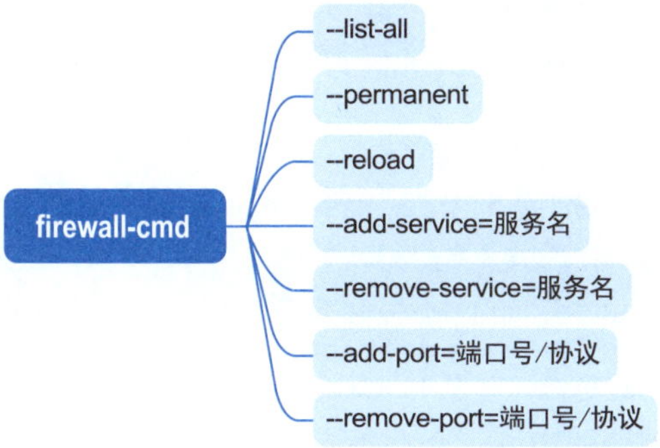

8.7　管理系统运行级别

视　频

管理系统运行级别

Linux操作系统在启动过程中所要运行的服务或程序都是由初始化进程来负责启动的。根据不同的需求，将系统运行时需要启动的各种服务程序相互组合以构成不同的搭配关系。在CentOS 6系统中，初始化进程init将这种服务搭配关系称为“运行级别（RunLevel）”，在CentOS 7系统中，初始化进程systemd将这种服务搭配关系称为“目标（Target）”。

七种运行级别见表8-11。

表8-11　七种运行级别

运行级别	说　明	注　意
0	系统停机状态	系统默认运行级别不能设置为0，否则不能正常启动
1	单用户工作状态，只有root权限，用于系统维护，且禁止远程登录	
2	多用户状态（没有NFS），不支持网络	
3	完全的多用户状态（有NFS），登录后进入控制台命令行模式	
4	系统未使用，保留	
5	X11控制台，登录后进入图形GUI模式	
6	系统正常关闭并重启	系统默认运行级别不能设为6，否则不能正常启动

从表 8-11 中可以看到，常用的运行级别是 3 和 5。在 CentOS 7 系统中对运行级别进行了简化，将服务 multi-user.target 等价于运行级别 3（多用户有网络，命令行界面），服务 graphical.target 等价于运行级别 5（多用户有网络，图形界面）。

以 root 用户环境练习以下内容。

范例 1： 查看系统当前运行级别。

```
[root@localhost ~]# runlevel
N 5
```

“N”表示系统之前未切换过运行级别，“5”表示系统当前所处的级别是 5。

可使用 free 命令查看内存的使用情况。

```
[root@localhost ~]# free -h
              total      used     free     shared   buff/cache   available
Mem:          1.8G       541M     148M       12M          1.1G        1.1G
Swap:         4.0G       264K     4.0G
```

范例 2： 临时切换系统运行级别。

```
[root@localhost ~]# init 3
[root@localhost ~]# runlevel
5 3
```

“5”表示系统之前运行级别为 5，“3”表示系统当前所处的级别是 3。

```
[root@localhost ~]# free -h
          total      used        free        shared   buff/cache   available
Mem:      1.8G       354M        335M          9.9M          1.1G        1.3G
Swap:     4.0G       264K        4.0G
```

切换到字符模式后，再次使用 free 命令查看内存的使用情况，可以发现内存占用相比图形模式有大幅降低（used 从 541 MB 降到 354 MB）。

使用“init 0”将关闭系统，使用“init 6”将重启系统。

在 CentOS 7 系统中，还可以使用 systemctl isolate 命令临时切换系统运行级别。例如，将运行级别切换为 multi-user.target（运行级别 3）。

```
[root@localhost ~]# systemctl isolate multi-user.target
```

临时切换系统运行级别后，当系统重启，仍然进入系统默认设置的运行级别。

范例 3： 查看系统默认运行级别。

```
[root@localhost ~]# systemctl get-default
graphical.target
```

范例 4： 修改系统默认运行级别。

Linux 服务器一般放置在数据中心机房，管理员通过远程管理工具对其进行操作。对 Linux 操作系统的管理操作一般是在字符界面下通过命令完成的，很少用到图形界面，而且图形界面也要消耗更多的系统资源，同时也会导致系统不稳定。因此，大多数情况下 Linux 操作系统的运行级别设置为 3（multi-user.target）。

```
[root@localhost ~]# systemctl set-default multi-user.target
Removed symlink /etc/systemd/system/default.target.
Created symlink from /etc/systemd/system/default.target to /usr/lib/
systemd/system/multi-user.target.
```

注意： 修改系统的默认运行级别后，需要将系统重启才可切换到相应的运行级别。

思维导图小结

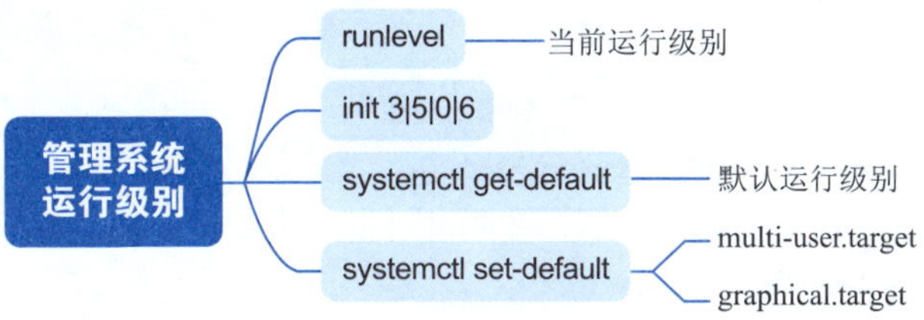

8.8　crontab 周期性计划任务

视　频

crontab周期性计划任务

【功能说明】

crontab 命令用来提交和管理用户需要周期性执行的任务。该命令编辑的用户定时任务文件实际上是在操作“/var/spool/cron/ 当前用户名”文件。系统安装后默认会自动启动 crond 服务。crond 服务每分钟定期检查是否有要执行的任务，如果有要执行的任务，则自动执行该任务。

【语法格式】

```
crontab　[选项]　[文件]
```

利用 crontab 命令编写定时任务的书写格式很简单，规则一般可分为 6 段（每段之间均通过空格来分隔），前 5 段为时间设定段（见表 8-12），第 6 段为所要执行的命令或脚本任务。在第 6 段中所有路径（包含文件和命令等的路径）都尽量使用绝对路径。

表8-12　时间段及取值范围

段	第1段	第2段	第3段	第4段	第5段
含义	分	时	日，天	月份	星期，周几
取值范围（整数）	00～59	00～23	01～31	01～12	0～7（0和7都代表星期日）

时间段记忆口诀：分时日月周。在时间段中可使用的特殊字符见表 8-13。

表8-13　特殊字符含义

特殊符号	含　义
*	表示该范围内的任意时间段，实际就是“每”的意思。例如，00 23 * * *表示每天的23:00
-	表示连续的时间范围。例如，00 17-19 * * *表示每天的17、18、19点整点
,	表示不连续的时间。例如，30 17,18,19 * * *表示每天17点半、18点半、19点半时刻。 可以与“-”结合使用。例如：30 3-5,17-19 * * *表示每天3点半、4点半、5点半、17点半、18点半和19点半时刻
/n	n代表数字，即“每隔n单位时间”。例如，*/10 * * * *表示每隔10 min

以 root 用户环境练习以下内容。

范例 1： 查看 crond 服务状态是否开启。

crontab 命令编辑的定时任务依赖于 crond 服务。在编辑定时任务文件之后，无须重启定时任务 crond，crond 会自动检查更改的变化。

```
[root@localhost ~]# systemctl status crond
● crond.service - Command Scheduler
   Loaded: loaded (/usr/lib/systemd/system/crond.service; enabled; vendor preset: enabled)
   Active: active (running) since Mon 2024-07-01 16:58:40 CST; 2 days ago
 Main PID: 1181 (crond)
    Tasks: 1
   CGroup: /system.slice/crond.service
           └─1181 /usr/sbin/crond -n
```

范例 2：让服务器时间每 5 min 与互联网时间同步一次。

首先检查是否有 ntpdate 命令工具。

```
[root@localhost ~]# which ntpdate
/usr/sbin/ntpdate
```

若没有安装 ntpdate 命令，则使用 yum -y install ntp 命令安装。

在机器数量少时，可利用互联网中的 ntp 时间服务器进行时间同步。在此测试互联网中较稳定的阿里云的一些 ntp 时间服务器：ntp1.alyun.com、ntp2.alyun.com、ntp3.alyun.com、ntp4.alyun.com、ntp5.alyun.com、ntp6.alyun.com、ntp7.alyun.com。

```
[root@localhost ~]# for n in {1..7}; do /usr/sbin/ntpdate ntp$n.aliyun.com;sleep 1;done
23 Apr 11:45:12 ntpdate[3715]: adjust time server 120.25.115.20 offset 0.009918 sec
23 Apr 11:45:20 ntpdate[3725]: adjust time server 203.107.6.88 offset -0.000962 sec
23 Apr 11:45:27 ntpdate[3739]: adjust time server 203.107.6.88 offset 0.002164 sec
23 Apr 11:45:34 ntpdate[3747]: adjust time server 203.107.6.88 offset 0.002846 sec
23 Apr 11:45:42 ntpdate[3751]: adjust time server 203.107.6.88 offset -0.001547 sec
23 Apr 11:45:49 ntpdate[3765]: adjust time server 203.107.6.88 offset -0.009145 sec
23 Apr 11:45:56 ntpdate[3768]: adjust time server 203.107.6.88 offset 0.006503 sec
```

服务器的时间同步很重要，在工作中推荐配置两个不同地址的同步任务。

```
[root@localhost ~]# crontab -e
*/5 * * * * /usr/sbin/ntpdate ntp1.aliyun.com  &>/dev/null
*/5 * * * * /usr/sbin/ntpdate ntp3.aliyun.com  &>/dev/null
```

执行“crontab -e”命令，打开的任务编辑界面其实就是 vi 编辑器。在命令最后使用“>/dev/null”将命令运行时可能产生的任何输出都重定向到“黑洞”文件中，不在屏幕上显示。

使用“crontab -l”命令可查看当前用户的计划任务列表。

```
[root@localhost ~]# crontab -l
*/5 * * * * /usr/sbin/ntpdate ntp1.aliyun.com  &>/dev/null
*/5 * * * * /usr/sbin/ntpdate ntp3.aliyun.com  &>/dev/null
```

范例 3：定时对服务器上指定文件打包备份。

每天凌晨 1 点，将 /etc 目录打包压缩备份到 /root 目录下，文件名为“etc- 年 - 月 - 日 .tar.gz”。

```
[root@localhost ~]# crontab -e
…
0 1 * * * /usr/bin/tar -zcf /root/etc-$(date +\%F).tar.gz /etc &>/dev/null
```

注意：

（1）在定时任务中使用 tar 命令时，不要使用“-v”选项参数，打包压缩备份时，不输出信息。

（2）由于“%”在 cron 计划任务中有特殊用途，类似 date 命令中使用 % 时，需使用“\%”的形式转义。因此，规范的做法是将定时任务以脚本（如何编写脚本见模块 11）的形式执行，减少很多潜在可能的错误。

```
[root@localhost ~]# mkdir -p /server/scripts
[root@localhost ~]# vi /server/scripts/etc-bak.sh
#!/bin/bash
/usr/bin/tar -zcf /root/etc-$(date +%F).tar.gz /etc
[root@localhost ~]# crontab -e
…
0 1 * * * /bin/sh /server/scripts/etc-bak.sh &>/dev/null
```

范例 4：删除当前用户的计划任务列表。

```
[root@localhost ~]# crontab -r
[root@localhost ~]# crontab -l
no crontab for root
```

如果只需要删除某一条计划任务，可使用“crontab -e”命令进入计划任务编辑状态，然后单独删除某一行即可。

思维导图小结

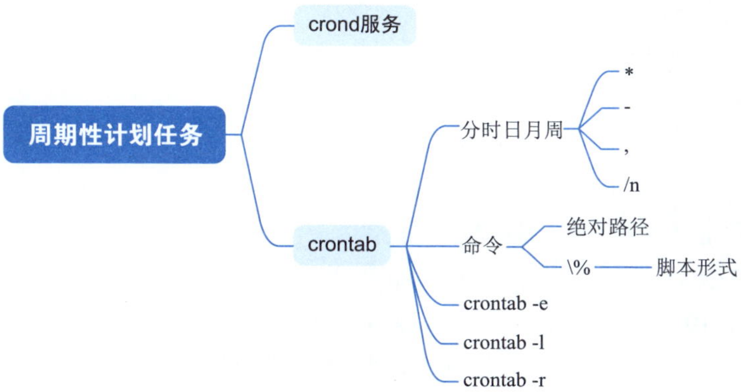

拓展阅读　IPv4 和 IPv6

IPv4 地址由 32 位二进制数表示，理论上最多可以提供约 42 亿个（即 2^{32}）独立的网络地址。然而，由于早期设计时未充分预见未来互联网爆炸性增长，以及地址分配策略等因素，实际可用地址远低于理论值。随着互联网的普及和发展，尤其是移动设备、智能家居设备等物联网设备的大规模接入，IPv4 地址的需求量急剧增加，到了 20 世纪 90 年代末期至 21 世纪初，全球范围内的 IPv4 地址资源逐渐紧张，最终会出现消耗殆尽的问题。

为了应对这一挑战，互联网工程任务组（IETF）早在 20 世纪 90 年代就开始规划下一代互联网协议——IPv6。IPv6 采用的是 128 位地址长度，理论上可以提供约 3.4×10^{38} 个地址（即 2^{128}），这是一个极其庞大的数字，几乎可以确保地球上每一粒沙子都能有一个独特的地址，从而彻底解决了地址短缺的问题。

IPv6 除了提供更大的地址空间外，还对 IPv4 的一些不足之处进行了改进，如简化了包头结构、提高了网络层的安全性、支持更好的服务质量（QoS）等特性。尽管 IPv6 已经发布多年，但由于升级换代涉及整个互联网基础设施的更新，包括硬件、软件、运营体系等层面，因此过渡过程较为复杂且需要时间。至今，全球 IPv6 的部署正在稳步推进中，许多国家和地区已经开始大规模部署并使用 IPv6 服务。

实践练习 8

以 root 身份在 Xshell 上远程登录 VMware 上 CentOS 7.9 系统后，练习以下内容：

1．分屏查看当前系统中所有进程的详细信息。

2．查看静态的所有进程统计信息，过滤包含 bash 的进程信息。

3．找出系统中占用内存最多的前 10 个进程。

4．查看进程的动态信息。

5．将 /var 目录复制到 /tmp 目录，要求在后台执行该命令。

6．将 /etc/inittab 文件复制到当前家目录下，利用 vi 编辑器编辑当前目录下的 inittab 文件，程序运行之后，将其转入后台执行。

7．查看当前终端中在后台运行的进程，并显示其 PID。

8．强制终止 vi 编辑器进程。

9．设置 CentOS 7.9 系统启动后为字符模式界面。

10．对比图形模式与字符模式下内存的占用情况。

11．编辑计划任务：

（1）每隔 1 min 执行一次 /scripts/data1.sh 脚本。

（2）每天 3:30 和 12:30 执行一次 /scripts/data2.sh 脚本。

（3）每隔 6.5 h 执行一次 /scripts/data3.sh 脚本。

（4）每天 21:30 执行一次 /scripts/data4.sh 脚本。

（5）每月 1、10、22 日 4:45 执行一次 /scripts/data5.sh 脚本。

（6）每周六、周日 1:10 执行一次 /scripts/data6.sh 脚本。

（7）每天 18:00 至 23:00 之间每隔 30 min 执行一次 /scripts/data7.sh 脚本。

（8）每隔 1 h 整点执行一次 /scripts/data8.sh 脚本。

（9）每天 23:00 和 0 ～ 7:00 之间每隔 1 h 执行一次 /scripts/data9.sh 脚本。

（10）在 4 月的每周一至周三 11:00 执行一次 /scripts/data10.sh 脚本。

面试演练 8

1．Linux 中的进程状态有哪些？

2．ps aux 中的 VSZ 代表什么意思，RSS 代表什么意思？

3．如何停止 Linux 中正在运行的进程？
4．Linux 使用的进程间通信方式有哪些？
5．CentOS 7 系统的开机启动过程是怎样的？
6．什么是 LILO？
7．Linux 系统默认的运行级别是什么？
8．如何检查某项服务是否在运行？
9．firewalld 防火墙常用命令有哪些。
10．如何在 Linux 中调度任务？什么是 crontab 并解释 crontab 中的字段？
11．如何备份某个用户的任务计划？
12．任务计划格式中，前面 5 个数字分别表示什么含义？
13．Linux 系统中病毒怎么解决？

模块 9

网络配置

学习目标

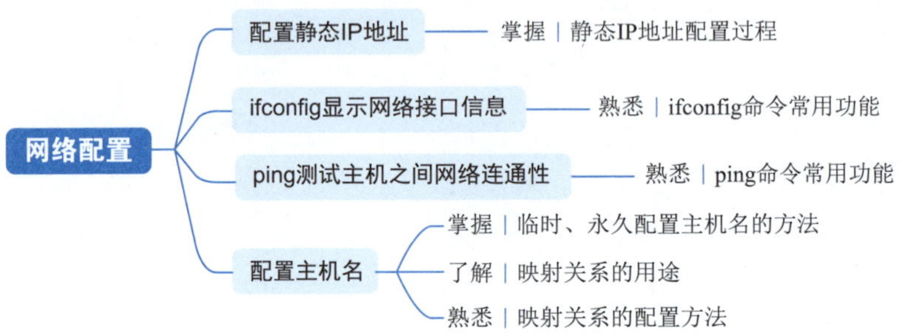

栈道千里，无所不通 ——《史记·货殖列传》

在 Linux 探索之旅中，网络配置之关键，犹如《史记·货殖列传》所载：“栈道千里，无所不通。”网络配置恰似铺设道路，构建联系，关乎系统内外沟通之顺畅与信息交互之效率，故而至关重要，须精心设计与妥善调谐，方能发挥 Linux 系统在网络空间中的强大功能。

9.1 配置静态 IP 地址

视 频

配置静态IP地址

在之前的模块中，虚拟机 Master 使用的 IP 地址，是由 VMware 的 DHCP 服务提供的。在实际工作场景中，Linux 服务器使用固定的静态 IP 地址。

在 CentOS 7 系统中默认网卡名为 ens33，网卡配置文件为 /etc/sysconfig/network-scripts/ifcfg-ens33。

在此为 Master 虚拟机设置使用静态 IP 地址 192.168.10.200 为例，讲解配置静态 IP 地址的过程。

Step1：修改网卡配置文件使用静态 IP 地址。

使用 root 用户身份环境，在 VMware 的 Master 虚拟机上登录。

```
[root@localhost ~]# vi /etc/sysconfig/network-scripts/ifcfg-ens33
TYPE="Ethernet"
PROXY_METHOD="none"
BROWSER_ONLY="no"
BOOTPROTO="static"                                    # 将 dhcp 改为 static
```

```
DEFROUTE="yes"
IPV4_FAILURE_FATAL="no"
IPV6INIT="yes"
IPV6_AUTOCONF="yes"
IPV6_DEFROUTE="yes"
IPV6_FAILURE_FATAL="no"
IPV6_ADDR_GEN_MODE="stable-privacy"
NAME="ens33"
UUID="ca70ba7b-f18c-4304-8f0e-6b8d06e33783"
DEVICE="ens33"
ONBOOT="yes"
IPADDR=192.168.10.200                    #设置静态 IP 地址
NETMASK=255.255.255.0                    #子网掩码，也可用掩码长度表示（PREFIX=24）
GATEWAY=192.168.10.2                     #网关地址，同 NAT 设置中网关 IP 地址
DNS1=223.5.5.5                           #首选 DNS 服务器 IP 地址，223.5.5.5 是阿里提供的 DNS
DNS2=223.6.6.6                           #备用 DNS 服务器 IP，可不写备用 DNS2
```

DNS（domain name server，域名服务器）提供域名和相对应的 IP 地址的映射转换服务。域名和 IP 地址的关系，类似于手机通讯录中的人名和电话号码的对应关系。

Step2：重启网络服务。

```
[root@localhost ~]# systemctl restart network
```

或

```
[root@localhost ~]# service network restart
```

Step3：修改 VMware 虚拟网络设置。

Master 虚拟机在 VMware 上使用的是 NAT 网络模式，需修改相应的 VMware 虚拟网络设置。在 VMware 中选择“编辑”|“虚拟网络编辑器”命令，弹出“虚拟网络编辑器”对话框，如图 9-1 所示，选中 VMnet8，取消勾选“使用本地 DHCP 服务将 IP 地址分配给虚拟机”复选框，在“子网 IP”文本框中输入 Master 虚拟机所用静态 IP 地址所在的网段，单击“应用”按钮。

单击“NAT 设置”按钮，弹出“NAT 设置”对话框，如图 9-2 所示，可以看到 NAT 网络模式下，192.168.10.0 网段的网关 IP 地址为 192.168.10.2。

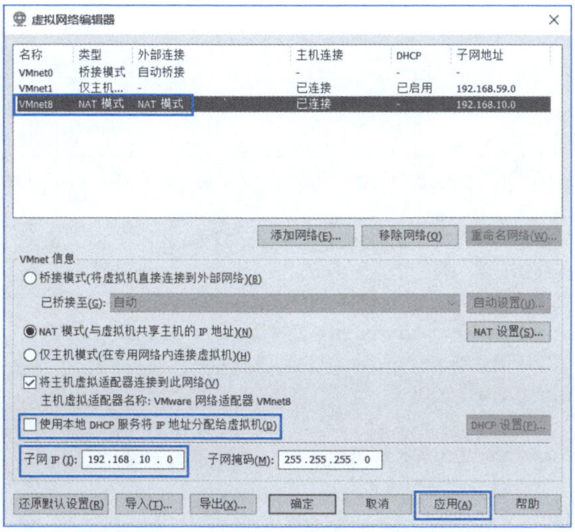

图9-1　“虚拟网络编辑器”对话框

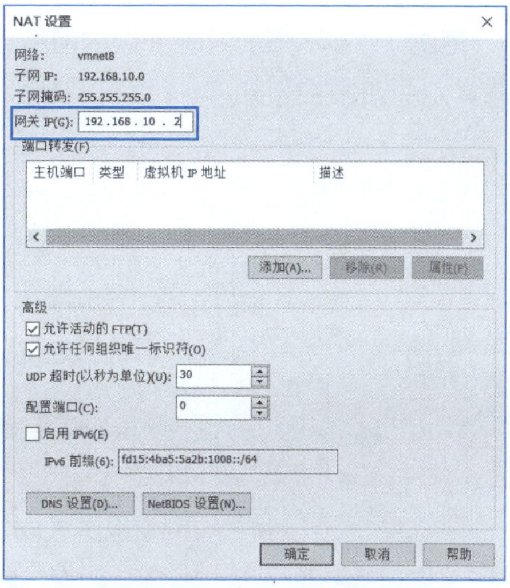

图9-2　“NAT设置”对话框

注意： Master 虚拟机 IP 地址改变后，需在 Xshell 上修改相应的远程连接会话中的 IP 地址配置。

思维导图小结

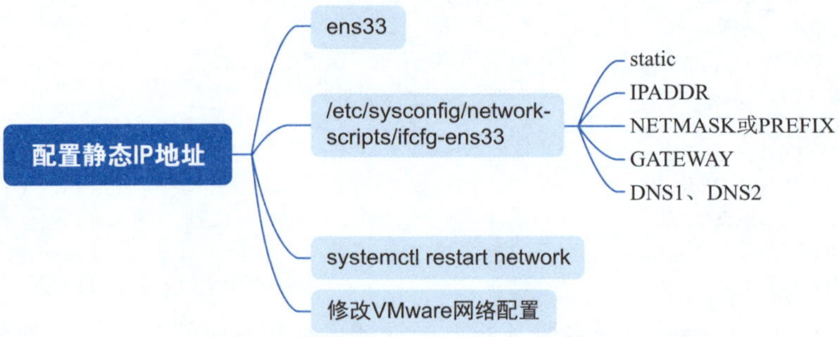

9.2 ifconfig 显示网络接口信息（ip）

视频

ifconfig显示网络接口信息

【功能说明】

ifconfig 命令用于显示当前网络的接口状态，类似于 Windows 操作系统下的 ipconfig 命令。ifconfig 命令用于配置网卡 IP 地址等网络参数时必须以 root 身份执行，且配置的网卡信息仅会临时生效，重启网络或服务器后就会失效。

如果系统中没有 ifconfig 命令（来自 net-tools 包），使用 yum -y install net-tools 命令安装相应命令工具包，或使用 ip 命令（来自 iproute2 包）。对于 CentOS 7 及其之后的版本，ifconfig 可能不再预装或已被废弃，推荐使用 ip 命令进行网络配置。

【语法格式】

```
ifconfig  [网络接口]  [选项]
ip  [选项]  对象  {具体操作}
```

以 root 用户环境练习以下内容。

范例 1： 显示当前系统开启的网络接口信息。

```
[root@localhost ~]# ifconfig
ens33: flags=4163<UP,BROADCAST,RUNNING,MULTICAST>  mtu 1500
        inet 192.168.10.200  netmask 255.255.255.0  broadcast 192.168.10.255
        inet6 fe80::4d4e:645f:ef3b:304d  prefixlen 64  scopeid 0x20<link>
        ether 00:0c:29:5e:f9:af  txqueuelen 1000  (Ethernet)
        RX packets 80771  bytes 74844177 (71.3 MiB)
        RX errors 0  dropped 0  overruns 0  frame 0
        TX packets 43891  bytes 4400078 (4.1 MiB)
        TX errors 0  dropped 0 overruns 0  carrier 0  collisions 0

lo: flags=73<UP,LOOPBACK,RUNNING>  mtu 65536
        inet 127.0.0.1  netmask 255.0.0.0
        inet6 ::1  prefixlen 128  scopeid 0x10<host>
        loop  txqueuelen 1000  (Local Loopback)
        RX packets 4  bytes 348 (348.0 B)
        RX errors 0  dropped 0  overruns 0  frame 0
        TX packets 4  bytes 348 (348.0 B)
```

```
        TX errors 0  dropped 0 overruns 0  carrier 0  collisions 0

virbr0: flags=4099<UP,BROADCAST,MULTICAST>  mtu 1500
        ether 52:54:00:63:fe:5e  txqueuelen 1000  (Ethernet)
        RX packets 0  bytes 0 (0.0 B)
        RX errors 0  dropped 0  overruns 0  frame 0
        TX packets 0  bytes 0 (0.0 B)
        TX errors 0  dropped 0 overruns 0  carrier 0  collisions 0
```

或

```
[root@localhost ~]# ip addr
1: lo: <LOOPBACK,UP,LOWER_UP> mtu 65536 qdisc noqueue state UNKNOWN
group default qlen 1000
    link/loopback 00:00:00:00:00:00 brd 00:00:00:00:00:00
    inet 127.0.0.1/8 scope host lo
       valid_lft forever preferred_lft forever
    inet6 ::1/128 scope host
       valid_lft forever preferred_lft forever
2: ens33: <BROADCAST,MULTICAST,UP,LOWER_UP> mtu 1500 qdisc pfifo_fast
state UP group default qlen 1000
    link/ether 00:0c:29:5e:f9:af brd ff:ff:ff:ff:ff:ff
    inet 192.168.10.200/24 brd 192.168.10.255 scope global noprefixroute ens33
       valid_lft forever preferred_lft forever
    inet6 fe80::4d4e:645f:ef3b:304d/64 scope link noprefixroute
       valid_lft forever preferred_lft forever
3: virbr0: <NO-CARRIER,BROADCAST,MULTICAST,UP> mtu 1500 qdisc noqueue
state DOWN group default qlen 1000
    link/ether 52:54:00:63:fe:5e brd ff:ff:ff:ff:ff:ff
4: virbr0-nic: <BROADCAST,MULTICAST> mtu 1500 qdisc pfifo_fast master
virbr0 state DOWN group default qlen 1000
    link/ether 52:54:00:63:fe:5e brd ff:ff:ff:ff:ff:ff
```

ens33 部分显示的是系统中默认网卡的相关信息，lo 表示回环接口，virbr0 是一个虚拟网络接口。

范例 2：显示指定网卡的信息。

在运维中，主要关心默认网卡的相关信息，可只查看该网卡的信息。

```
[root@localhost ~]# ifconfig ens33
ens33: flags=4163<UP,BROADCAST,RUNNING,MULTICAST>  mtu 1500
        inet 192.168.10.200  netmask 255.255.255.0  broadcast 192.168.10.255
        inet6 fe80::4d4e:645f:ef3b:304d  prefixlen 64  scopeid 0x20<link>
        ether 00:0c:29:5e:f9:af  txqueuelen 1000  (Ethernet)
        RX packets 80793  bytes 74846118 (71.3 MiB)
        RX errors 0  dropped 0  overruns 0  frame 0
        TX packets 43912  bytes 4401786 (4.1 MiB)
        TX errors 0  dropped 0 overruns 0  carrier 0  collisions 0
```

显示的网卡信息说明如下：

第 1 行中“ens33”为网卡名，“UP”代表网卡是开启状态，“BROADCAST”代表支持广播，“RUNNING”代表网卡上的网线处于连接状态，“MULTICAST”代表支持组播，“mtu 1500”表示最大传输单元为 1 500 字节。

第 2 行中依次显示网卡的 IP 地址（inet）、子网掩码（netmask）、广播地址（broadcast）。

第 3 行依次显示 IPv6 地址、掩码长度（prefixlen）、作用域，link 表示仅该接口有效。

第 4 行依次显示网卡接口的 MAC 地址、传输队列长度（txqueuelen），接口类型为 Ethernet（以太网）。

第 5 行依次显示该网卡接收的报文个数、总字节数。

第 6 行依次显示该网卡接收报文错误数（errors）、丢弃数（dropped）、溢出数（overruns）、冲突的帧数（frame）。

第 7 行依次显示该网卡发送的报文个数、总字节数。

第 8 行依次显示该网卡发送报文错误数（errors）、丢弃数（dropped）、溢出数（overruns）、载荷数（carrier）、冲突的帧数（frame）。

或使用 ip 命令查询 ens33 网卡信息。

```
[root@localhost ~]# ip addr show ens33
2: ens33: <BROADCAST,MULTICAST,UP,LOWER_UP> mtu 1500 qdisc pfifo_fast
state UP group default qlen 1000
    link/ether 00:0c:29:5e:f9:af brd ff:ff:ff:ff:ff:ff
    inet 192.168.10.200/24 brd 192.168.10.255 scope global noprefixroute ens33
       valid_lft forever preferred_lft forever
    inet6 fe80::4d4e:645f:ef3b:304d/64 scope link noprefixroute
       valid_lft forever preferred_lft forever
```

范例 3：为网卡配置 IP 地址。

在 VMware 的 Master 虚拟机上操作。使用 ifconfig 命令为网卡 ens33 配置 IP 地址为 192.168.10.210。

```
[root@localhost ~]# ifconfig ens33 192.168.10.210
[root@localhost ~]# ifconfig ens33
ens33: flags=4163<UP,BROADCAST,RUNNING,MULTICAST>  mtu 1500
        inet 192.168.10.210  netmask 255.255.255.0  broadcast 192.168.10.255
        inet6 fe80::4d4e:645f:ef3b:304d  prefixlen 64  scopeid 0x20<link>
        ether 00:0c:29:5e:f9:af  txqueuelen 1000  (Ethernet)
        RX packets 80817  bytes 74850055 (71.3 MiB)
        RX errors 0  dropped 0  overruns 0  frame 0
        TX packets 43938  bytes 4405843 (4.2 MiB)
        TX errors 0  dropped 0 overruns 0  carrier 0  collisions 0
```

或使用 ip 命令为网卡添加 IP 地址。其中子网掩码 /24（即 255.255.255.0），表示 IPv4 地址的前 24 位表示网络部分，剩下的 8 位表示主机部分。

```
[root@localhost ~]# ip addr add 192.168.10.210/24 dev ens33
[root@localhost ~]# ip addr show ens33
2: ens33: <BROADCAST,MULTICAST,UP,LOWER_UP> mtu 1500 qdisc pfifo_fast
state UP group default qlen 1000
    link/ether 00:0c:29:5e:f9:af brd ff:ff:ff:ff:ff:ff
    inet 192.168.10.200/24 brd 192.168.10.255 scope global noprefixroute ens33
       valid_lft forever preferred_lft forever
    inet 192.168.10.210/24 scope global secondary ens33
       valid_lft forever preferred_lft forever
    inet6 fe80::4d4e:645f:ef3b:304d/64 scope link noprefixroute
       valid_lft forever preferred_lft forever
```

重启网络服务后，再次查看 ens33 的网卡 IP 地址。

```
[root@localhost ~]# systemctl restart network
[root@localhost ~]# ifconfig ens33
```

```
ens33: flags=4163<UP,BROADCAST,RUNNING,MULTICAST>  mtu 1500
        inet 192.168.10.200  netmask 255.255.255.0  broadcast 192.168.10.255
        inet6 fe80::4d4e:645f:ef3b:304d  prefixlen 64  scopeid 0x20<link>
        ether 00:0c:29:5e:f9:af  txqueuelen 1000  (Ethernet)
        RX packets 80908  bytes 74869310 (71.4 MiB)
        RX errors 0  dropped 0  overruns 0  frame 0
        TX packets 44066  bytes 4421314 (4.2 MiB)
        TX errors 0  dropped 0 overruns 0  carrier 0  collisions 0
[root@localhost ~]# ip addr show ens33
2: ens33: <BROADCAST,MULTICAST,UP,LOWER_UP> mtu 1500 qdisc pfifo_fast
state UP group default qlen 1000
    link/ether 00:0c:29:5e:f9:af brd ff:ff:ff:ff:ff:ff
    inet 192.168.10.200/24 brd 192.168.10.255 scope global noprefixroute ens33
       valid_lft forever preferred_lft forever
    inet6 fe80::4d4e:645f:ef3b:304d/64 scope link noprefixroute
       valid_lft forever preferred_lft forever
```

可看到通过 ifconfig 命令或 ip 命令配置的 IP 地址失效，ens33 的网卡 IP 地址仍然是其配置文件中设置的 IP 地址。

思维导图小结

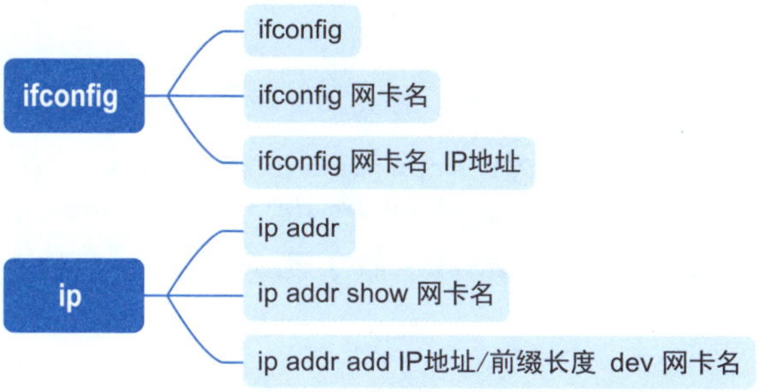

9.3　ping 测试主机之间网络连通性

视频

ping测试主机之间网络连通性

【功能说明】

ping 命令用于测试主机之间网络的连通性。执行 ping 命令会使用 ICMP 传输协议，发出要求回应的信息，若目标主机的网络功能没有问题，就会回应此信息，因而可得知当前主机能连接到目标主机。

以普通用户环境练习以下内容。

范例 1： 通过域名测试到目标主机的网络连通性。

测试当前 Master 虚拟机是否可以连接百度。

```
[student@localhost ~]$ ping www.baidu.com
PING www.a.shifen.com (180.101.50.188) 56(84) bytes of data.
64 bytes from 180.101.50.188 (180.101.50.188): icmp_seq=1 ttl=128 time=31.0 ms
64 bytes from 180.101.50.188 (180.101.50.188): icmp_seq=2 ttl=128 time=37.1 ms
64 bytes from 180.101.50.188 (180.101.50.188): icmp_seq=3 ttl=128 time=39.4 ms
64 bytes from 180.101.50.188 (180.101.50.188): icmp_seq=4 ttl=128 time=33.3 ms
64 bytes from 180.101.50.188 (180.101.50.188): icmp_seq=5 ttl=128 time=31.1 ms
^C                                              # 按【Ctrl+C】组合键强制终止
```

```
--- www.a.shifen.com ping statistics ---
5 packets transmitted, 5 received, 0% packet loss, time 4007ms
rtt min/avg/max/mdev = 31.049/34.419/39.409/3.333 ms
```

在 Linux 操作系统中使用 ping 命令测试网络连通性时，若不使用【Ctrl+C】组合键强制终止，会一直 ping 下去。

范例 2： 通过 IP 地址测试到目标主机的网络连通性。

若主机之间网络有故障时，将始终无信息显示，表示目标主机不可达。

```
[student@localhost ~]$ ping 10.0.0.100
PING 10.0.0.100 (10.0.0.100) 56(84) bytes of data.
^C
--- 10.0.0.100 ping statistics ---
17 packets transmitted, 0 received, 100% packet loss, time 16005ms
```

在宿主机和 VMware 虚拟机之间，使用 ping 测试网络连通性可能会遇到以下问题：

（1）宿主机能 ping 通虚拟机，但是虚拟机 ping 不通宿主机。一般都是因为宿主机的防火墙问题，关闭 Windows 防火墙即可。

（2）虚拟机能 ping 通宿主机，但是虚拟机 ping 不通外网，一般都是网关或 DNS 设置有问题。

（3）虚拟机 ping 域名，如 www.baidu.com，显示域名未知等信息，应查看网关和 DNS 设置是否正确。

（4）如果以上全部设置完还是有问题，可关闭并禁用 NetworkManager 服务。

```
[root@localhost ~]# systemctl stop NetworkManager          # 关闭该服务
[root@localhost ~]# systemctl disable NetworkManager       # 系统启动时禁用
```

（5）如果使用“systemctl status network”命令显示有问题，应检查网卡的配置文件。

思维导图小结

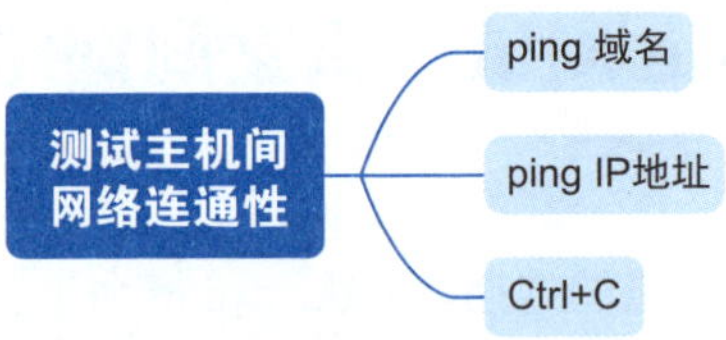

9.4 配置主机名

视频

配置主机名

在搭建配置 Hadoop 集群时，使用 IP 地址较麻烦，通常采用主机名的方式配置。

hostname 命令可用于显示或设置系统的主机名称。注意，使用该命令设置的主机名是临时的，系统重启后将失效。主机名要永久有效，需修改配置文件 /etc/hostname。在 CentOS 7 之前，主机名的配置文件为 /etc/sysconfig/network。

在 Hadoop 集群中使用主机名配置时，还需将各主机的 IP 地址和相应主机名的映射关系，写入映射文件 /etc/hosts 中。

以 root 用户环境练习以下内容。

范例 1： 显示主机名。

```
[root@localhost ~]# hostname
localhost.localdomain
```

范例 2： 临时修改主机名。

```
[root@localhost ~]# hostname hadoop200
[root@localhost ~]# bash
[root@hadoop200 ~]#
```

注意： *系统重启后，临时修改的主机名将失效。*

范例 3： 永久修改主机名。

```
[root@localhost ~]# vi /etc/hostname
                                    # 或 echo "hadoop200" > /etc/hostname
hadoop200
```

修改后需要重启系统才能生效。若暂时不重启系统又想使用新的主机名，应搭配使用范例 2 中的方法。

范例 4： 修改 host 映射文件

假设 Hadoop 集群中有三台主机，IP 地址分别为 192.168.10.200、192.168.10.201、192.168.10.202，对应的主机名为 hadoop200、hadoop201、hadoop202。

```
[root@hadoop200 ~]# vi /etc/hosts
127.0.0.1   localhost localhost.localdomain localhost4 localhost4.localdomain4
::1         localhost localhost.localdomain localhost6 localhost6.localdomain6

192.168.10.200 hadoop200
192.168.10.201 hadoop201
192.168.10.202 hadoop202
```

在宿主机中访问 Hadoop 集群时，也可通过使用主机名。将 Hadoop 集群中各虚拟机的 IP 地址和相应的主机名映射关系，写入 Windows 10 的主机映射文件（C:\Windows\System32\drivers\etc\hosts）中，如图 9-3 所示。

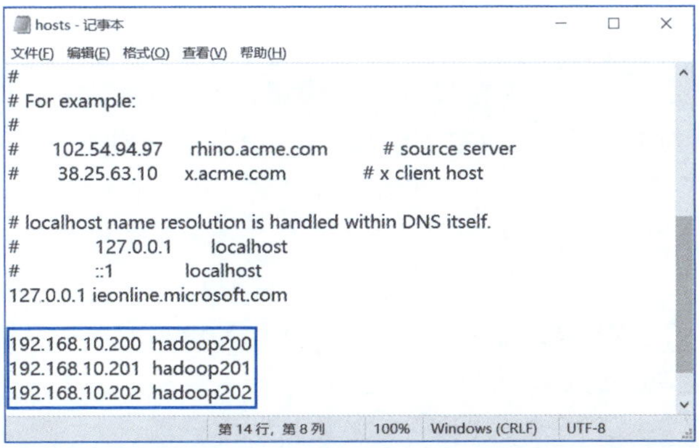
hosts - 记事本
文件(F) 编辑(E) 格式(O) 查看(V) 帮助(H)
#
For example:
#
102.54.94.97   rhino.acme.com   # source server
38.25.63.10   x.acme.com   # x client host

localhost name resolution is handled within DNS itself.
#	127.0.0.1 localhost
#	::1 localhost
127.0.0.1 ieonline.microsoft.com

192.168.10.200 hadoop200
192.168.10.201 hadoop201
192.168.10.202 hadoop202

第 14 行，第 8 列　100%　Windows (CRLF)　UTF-8

图9-3　宿主机的主机映射文件

此时在宿主机中使用 ping 命令测试与虚拟机之间的网络连通性时，可 ping 宿主机的主机名，如图 9-4 所示。

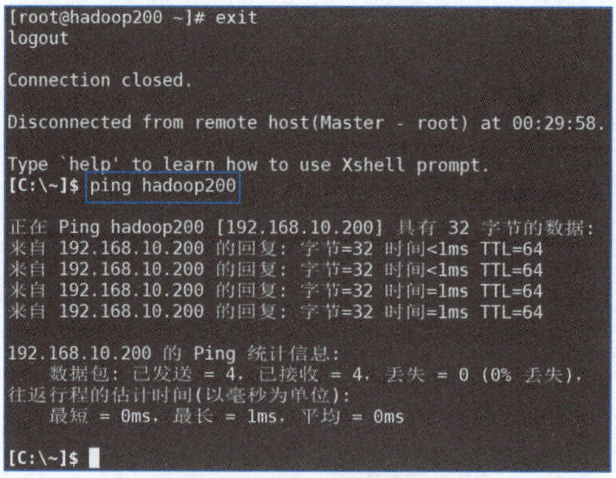

图9-4　使用主机名测试网络连通性

思维导图小结

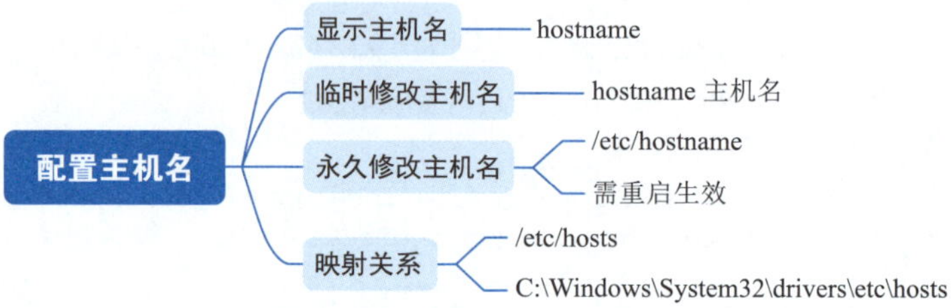

拓展阅读　“雪人计划”

“雪人计划”是一项由中国主导的国际互联网基础资源分配与管理改革倡议，特别是针对下一代互联网 IPv6 环境下根服务器系统的升级和多元化部署。这项计划的核心目标是打破原有的 IPv4 根服务器系统存在的集中度高、分布不均衡的问题，以适应互联网全球化和多样性的需求。

在现有的 IPv4 体系中，全球共有 13 个根服务器，其中 10 个在美国，英国、瑞典和日本各有 1 个，这种分布格局引发了关于互联网治理公正性和安全性的讨论。而在 IPv6 协议下，“雪人计划”提出并实践了“一个命名体系，多种寻址方式”的技术方案，旨在增加 IPv6 根服务器的数量，并且在全球范围内进行分散部署，使更多国家和地区能够参与到根服务器的管理和运营中来。

通过“雪人计划”，中国和其他国家地区已经设立了 IPv6 根服务器镜像节点或辅助节点，有效提高了互联网基础设施的安全性和稳定性，有利于实现全球互联网资源分配的公平性和共治共享，进一步促进了全球互联网治理体系的多元化发展。

实践练习 9

以 root 身份在 Xshell 上远程登录 VMware 上 CentOS 7.9 系统后，练习以下内容：

1．在 VMware 上开启两个 CentOS 7.9 系统（仍然使用 NAT 模式），主机名和静态 IP 地址分别为 Server（192.168.200.10）、Client（192.168.200.12）。首选 DNS 使用 223.5.5.5，不配置备用 DNS。将 IP 地址和主机名的映射关系写到映射文件中。

2．测试两台主机之间的网络连通性。

面试演练 9

1．想在 Linux 命令行下访问某个网站，并且该网站域名还没有解析，如何操作？

2．自定义解析域名时可以编辑哪个文件？是否可以一个 IP 对应多个域名？是否可以一个域名对应多个 IP？

模块10

SSH服务配置与管理

学习目标

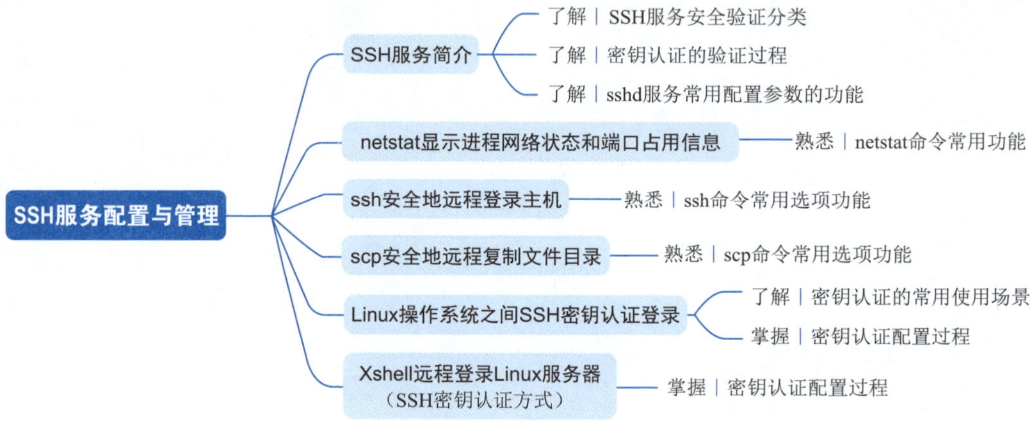

求木之长者，必固其根本；欲流之远者，必浚其泉源。——《谏太宗十思疏》

于 Linux 求知之途中，SSH 服务配置与管理之重要，犹如“求木之长者，必固其根本；欲流之远者，必浚其泉源”所述。SSH 服务作为系统间安全通信的桥梁，其配置与管理恰似稳固树根、疏通水源。若一丝不苟对待，系统内外连通便得以顺畅安全，文件传输、远程操作皆能稳定开展，系统防护固若金汤，数据传输安全无忧。反之，若 SSH 服务配置管理疏忽，IP 地址绑定错误、密钥管理混乱等问题就会出现，系统易遭暴力破解、中间人攻击等威胁。

10.1 SSH 服务简介

视频

SSH服务简介

在实际生产环境中一般通过远程登录的方式登录到 Linux 服务器上完成相应的运维管理工作，而实现安全远程登录使用的服务就是 SSH 服务。

SSH 服务由服务端（OpenSSH）与客户端（如 Xshell、SecureCRT 等）两部分组成。OpenSSH 是基于 SSH（secure shell protocol，安全外壳协议）开发的一款远程管理服务程序。SSH 服务端的进程名为 sshd，默认使用 22 端口，是一个守护进程，在后台运行且实时监听来自客户端的请求。在客户端与远程服务器数据传输前，SSH 服务对需要传输的数据进行加密，从而保证客户端与远程服务器之间的会话中数据传输的安全性。

从客户端来看，SSH 服务提供两种安全验证的方法：

（1）基于口令的安全验证：通过用户名、密码及服务器的 IP 地址进行连接，如模块 1 中“1.5 Xshell 远程登录 Linux 服务器（口令方式）”。所有传输的数据都会被加密，但这种方式有一定安全风险，可能你所连接的服务器并非真正需要连接的服务器，而是黑客利用技术手段冒充的，也就是受到“中间人”这种方式的攻击。

（2）基于密钥的安全验证：需要在客户端生成一对密钥，将公钥（public key）传至需要访问的服务器上，而私钥（private key）存放在 SSH 客户端主机上。这种认证方式比基于口令的安全验证更安全，其安全验证过程如图 10.1 所示。

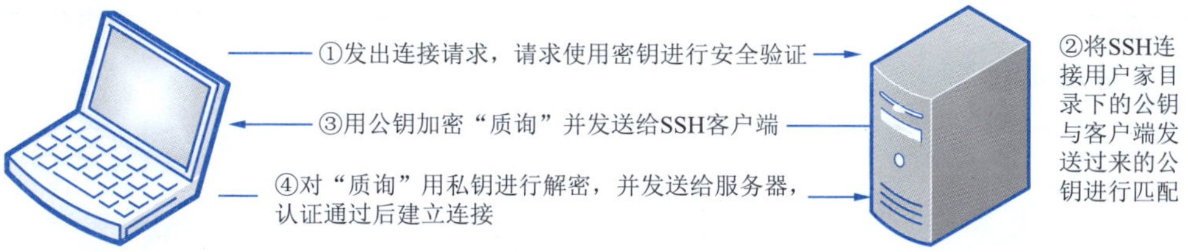

图10.1　基于密钥的安全验证过程

一般安装完 Linux 操作系统后自带 SSH 服务。可通过如下命令查看是否安装。

```
[root@hadoop200 ~]# rpm -qa | grep openssh
openssh-server-7.4p1-21.el7.x86_64
openssh-7.4p1-21.el7.x86_64
openssh-clients-7.4p1-21.el7.x86_64
```

上述输出结果表示系统已经安装了 SSH 服务。如果没有安装，可在 VMware 的 Master 虚拟机上按如下步骤进行安装：

（1）使用“yum -y install openssh-server”命令安装 SSH 服务。

（2）使用“systemctl start sshd”启动 SSH 服务。

（3）使用“systemctl enable sshd”设置 SSH 服务开机自启动。

（4）使用“systemctl status sshd”查看 SSH 服务状态。

sshd 服务的配置文件是 /etc/ssh/sshd_config 文件。在该配置文件中有许多以“#”开头的注释行所指定的配置参数是 SSH 服务的默认设置。如果修改配置参数，建议复制原配置行，然后修改后去掉前面的 # 使其生效。

配置文件中常用的配置参数见表 10-1。修改该配置文件后，运行“systemctl reload sshd”命令重新加载配置文件即可。

表10-1　sshd服务配置文件中常用配置参数

配置参数	说　明	常用配置
Port 22	指定监听的端口号，默认值22	修改默认端口号，如修改为2200，需执行“systemctl restart sshd”命令重启服务生效。虽然修改端口号在一定程度上可以增强安全性，但黑客可以借助nmap之类的扫描工具轻易探测出修改之后的端口号。如果非必要的话，一般不建议修改SSH的默认端口号
ListenAddress 0.0.0.0	指定监听的IP地址，默认值0.0.0.0表示监听本机所有的IP地址	如果服务器配置有多个IP，可指定通过某个IP地址进行SSH连接

续表

配置参数	说　明	常用配置
PermitRootLogin yes	是否允许root用户利用SSH远程登录，默认值是yes	生产环境下建议设为no，禁止root用户远程登录系统，可以有效防止针对SSH服务的口令爆破攻击
PermitEmptyPasswords no	是否允许使用空密码的用户远程登录，默认值是no	绝对不能修改为yes，很不安全
UseDNS yes	连接时进行DNS反向解析，默认值是yes	建议修改为no，禁止反向解析，解析客户端名字无意义，可有效加快客户端连接的速度
PasswordAuthentication	是否允许口令密码验证，默认值是yes	若使用密钥认证，可关闭口令密码验证，即设置为no

思维导图小结

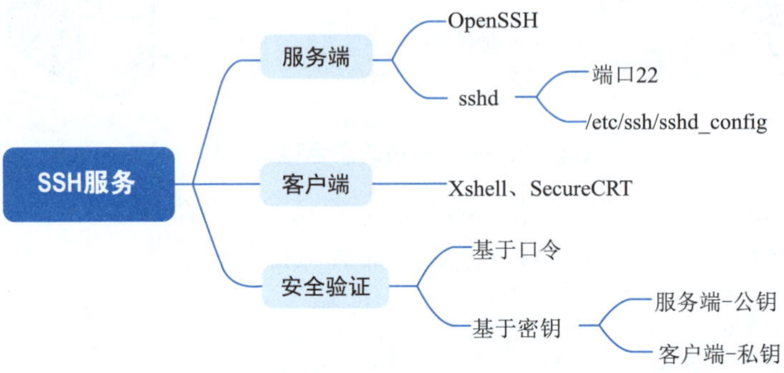

视频

netstat显示进程网络状态和端口占用信息

10.2　netstat 显示进程网络状态和端口占用信息

【功能说明】

netstat 命令用于显示本机网络的连接状态、运行端口和路由表等信息。

以 root 用户环境练习以下内容。

范例 1： 查看 sshd 进程网络信息。

```
[root@hadoop200 ~]# netstat -anp | grep sshd
tcp     0    0 0.0.0.0:22          0.0.0.0:*            LISTEN       1023/sshd
tcp     0    0 127.0.0.1:6010      0.0.0.0:*            LISTEN       1946/sshd: root@pts
tcp     0   36 192.168.10.200:22   192.168.10.1:55323   ESTABLISHED  1946/sshd: root@pts
tcp6    0    0 :::22               :::*                 LISTEN       1023/sshd
tcp6    0    0 ::1:6010            :::*                 LISTEN       1946/sshd: root@pts
unix  2      [ ]         DGRAM                    33532   1946/sshd: root@pts
unix  3      [ ]         STREAM     CONNECTED     25634   1023/sshd
```

说明：

（1）“-a”选项显示处于监听（listen）状态和非监听状态的 socket（套接字，对网络中不同主机上的应用进程之间进行双向通信端点的抽象，是网络环境中进程间通信的应用程序编程接口，表示方法为“IP 地址：端口号”）信息。

（2）“-n”选项显示 IP 地址，不进行 DNS 解析成主机名或域名。

（3）“-p”选项显示 socket 所属进程的 PID 和进程名。

（4）使用“netstat -anp”显示的信息中：

- 第 1 列为 socket 使用的协议，如 TCP、UDP 等。
- 第 2 列表示接收到但是还未处理的字节数。
- 第 3 列表示已经发送但是未被远程主机确认收到的字节数。
- 第 4 列是本地主机地址和端口。
- 第 5 列是远程主机地址和端口。
- 第 6 列为 socket 的状态。ESTABLISHED 表示 socket 已经建立连接，即处于连接的状态。LISTEN 表示 socket 正在监听连接请求。
- 第 7 列为进程 PID 和进程名称。

其中第 3 行显示的信息是宿主机 Xshell 上的会话（192.168.10.1:55323）使用 Master 的 SSH 服务（1946/sshd:root@pts）登录到 Master 虚拟机（192.168.10.200:22），socket 处于连接状态（ESTABLISHED）。

范例 2： 查看网络端口号 22 占用情况。

```
[root@hadoop200 ~]# netstat -lntup | grep 22
tcp        0      0 0.0.0.0:22          0.0.0.0:*           LISTEN      1161/sshd
tcp6       0      0 :::22               :::*                LISTEN      1161/sshd
```

说明：

（1） 显示的信息表示网络端口号 22 是被 sshd 进程占用。

（2） “-l”选项显示所有 LISTEN 状态的网络连接。

（3） “-t”选项显示所有 TCP 连接。

（4） “-u”选项显示所有 UDP 连接。

思维导图小结

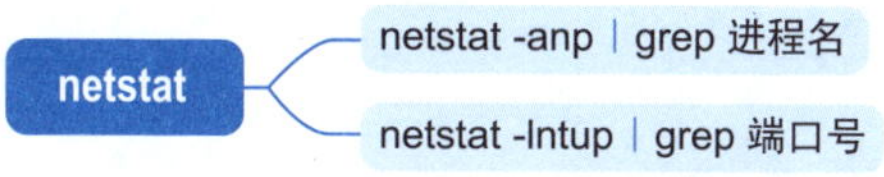

10.3 ssh 安全地远程登录主机

【功能说明】

ssh 命令是 OpenSSH 套件中的客户端连接工具，可以使用 ssh 加密协议安全地远程登录服务器，实现对服务器的远程管理。Windows 中的替代工具为 Xshell、SecureCRT、putty 等。

视频 ssh安全地远程登录主机

【准备工作】

在 VMware 上开启两个 CentOS 7.9 系统，主机名和 IP 地址分别为 hadoop200（192.168.10.200）、hadoop201（192.168.10.201）。

以 root 用户环境练习以下内容。

范例 1： 以当前用户远程登录服务器。

在主机名为 hadoop200 的虚拟机上，以当前用户 root 使用 ssh 命令远程登录主机名为 hadoop201 的虚拟机。

```
[root@hadoop200 ~]# ssh 192.168.10.201
                                        # 或 ssh -p 22 root@192.168.10.201
                               # 由于 sshd 默认端口为 22，因此可省略“-p 22”
        # 从 hadoop200 主机的 root 用户环境下远程登录到 hadoop201 主机的 root 用户环境下
                                   # 由于用户名都是 root，因此“root@”可省略
                     # 下面 4 行内容只有在第一次远程连接时会提示，再次连接时就不会提示了
The authenticity of host '192.168.10.201 (192.168.10.201)' can't be established.
ECDSA key fingerprint is SHA256:vYFHsX2SNvSymZy+s06dQAryhfn+DSXMGcK8JCQcvrY.
ECDSA key fingerprint is MD5:8e:4b:57:8f:ef:81:a6:04:4b:67:b2:19:91:3a:86:1e.
Are you sure you want to continue connecting (yes/no)? yes
Warning: Permanently added '192.168.10.201' (ECDSA) to the list of known hosts.
root@192.168.10.201's password:                   # 输入 hadoop201 主机 root 的密码
Last login: Sun Jun  5 20:01:32 2022 from 192.168.10.1
[root@hadoop201 ~]# hostname
hadoop201
[root@hadoop201 ~]# logout
Connection to 192.168.10.201 closed.
[root@hadoop200 ~]# ssh 192.168.10.201
root@192.168.10.201's password:                   # 输入 hadoop201 主机 root 的密码
Last login: Sun Jun  5 20:04:15 2022 from 192.168.10.200
[root@hadoop201 ~]#
```

范例 2：以指定用户远程登录服务器。

在主机名为 hadoop200 的虚拟机上，以指定用户 yy 使用 ssh 命令远程登录主机名为 hadoop201 的虚拟机，用户 yy 是 hadoop201 虚拟机上已有的用户（自行创建）。

```
[root@hadoop200 ~]# ssh -p 22 yy@192.168.10.201
yy@192.168.10.201's password:                      # 输入 hadoop201 主机 yy 的密码
[yy@hadoop201 ~]$ hostname
hadoop201
[yy@hadoop201 ~]$ whoami
yy
[yy@hadoop201 ~]$ exit
logout
Connection to 192.168.10.201 closed.
[root@hadoop200 ~]#
```

在 hadoop200 虚拟机的 /etc/hosts 文件中配置 IP 地址“192.168.10.201”和“hadoop201”主机名的映射关系后（如何配置见 9.4 节范例 4），还可以通过使用主机名远程登录。

```
[root@hadoop200 ~]# ssh yy@hadoop201
yy@192.168.10.201's password:
[yy@hadoop201 ~]$ logout                 # 按【Ctrl+D】组合键，自动输入 logout
Connection to hadoop201 closed.
[root@hadoop200 ~]#
```

范例 3：远程执行命令。

在主机名为 hadoop200 的虚拟机上，使用 ssh 命令在主机名为 hadoop201 的虚拟机上远程执行某命令。

```
[root@hadoop200 ~]# ssh 192.168.10.201 "hostname"
root@192.168.10.201's password:                   # 输入 hadoop201 主机 root 的密码
hadoop201
[root@hadoop200 ~]#
```

注意： 当前操作并未远程登录到 192.168.10.201 主机上，仅远程执行命令。

思维导图小结

10.4　scp 安全地远程复制文件目录

【功能说明】

视　频

scp安全地远程复制文件目录

scp（secure copy）命令是基于 ssh 安全地在本地 Linux 主机和远程 Linux 主机之间复制文件和目录。

使用 10.3 节中的两台虚拟机练习以下内容。

范例 1： 从本地主机复制到远程主机。

将 hadoop200 主机上的 /etc/hosts 文件复制到远程主机 hadoop201 的 /root 目录中，且文件名为 hosts-200。

```
[root@hadoop200 ~]# scp /etc/hosts root@hadoop201:/root/hosts-200
root@hadoop201's password:                              # 输入 hadoop201 主机 root 的密码
hosts                                                  100%   234   500.6KB/s   00:00
```

将 hadoop200 主机上的某目录复制到远程主机。

```
[root@hadoop200 ~]# mkdir test-scp-200
[root@hadoop200 ~]# scp -r test-scp-200 root@hadoop201:/root
root@hadoop201's password:                              # 输入 hadoop201 主机 root 的密码
[root@hadoop200 ~]#
```

范例 2： 从远程主机复制到本地主机。

将远程 hadoop201 主机上的 /etc/hosts 文件复制到本地 hadoop200 的 /root 目录中，且文件名为 hosts-201。

```
[root@hadoop200 ~]# scp root@hadoop201:/etc/hosts /root/hosts-201
root@hadoop201's password:                              # 输入 hadoop201 主机 root 的密码
hosts                                                  100%   158   254.2KB/s   00:00
[root@hadoop200 ~]# cat hosts-201
127.0.0.1   localhost localhost.localdomain localhost4 localhost4.localdomain4
::1         localhost localhost.localdomain localhost6 localhost6.localdomain6
```

在 hadoop201 主机上新建一个目录。

```
[root@hadoop201 ~]# mkdir test-scp-201
```

将远程 hadoop201 主机上的某目录复制到本地 hadoop200。

```
[root@hadoop200 ~]# scp -r root@hadoop201:/root/test-scp-201 /root
root@hadoop201's password:
[root@hadoop200 ~]#
```

上述操作过程中，若在 /etc/hosts 文件中未设置 IP 地址和主机名的映射关系，“@”后应使用 IP 地址表示远程主机。

思维导图小结

10.5 Linux 操作系统之间 SSH 密钥认证登录

视 频

Linux操作系统之间SSH密钥认证登录

在生产环境中基于口令的认证登录存在被暴力破解或嗅探截获的风险，而 SSH 密钥认证登录则不存在这种风险。

在 Hadoop 集群各主机之间频繁传递数据时，如果使用基于口令的认证登录，则每次传递数据时，都要输入相应的用户密码，而使用 SSH 密钥认证登录，则实现免密码登录，便于数据在集群中各节点之间传递。

使用 10.3 节中的两台虚拟机练习以下内容。

范例： Linux 操作系统之间免密码登录。

通过使用密钥认证，实现 hadoop200 主机和 hadoop201 主机之间 root 用户的免密码登录。

（1）为 hadoop200 主机当前登录用户生成密钥对。

当前登录用户可以是普通用户，也可以是 root 用户。根据范例任务需求，为 hadoop200 主机上的 root 用户生成密钥对。

```
[root@hadoop200 ~]# ssh-keygen
Generating public/private rsa key pair.
Enter file in which to save the key (/root/.ssh/id_rsa):      #按【Enter】键
Enter passphrase (empty for no passphrase):                   #按【Enter】键
Enter same passphrase again:                                  #按【Enter】键
Your identification has been saved in /root/.ssh/id_rsa.              #私钥
Your public key has been saved in /root/.ssh/id_rsa.pub.              #公钥
The key fingerprint is:
SHA256:LSOMbhQKZyaB0KaIzC4chaQjjbrLHltLj7ClvoLykOQ root@hadoop200
The key's randomart image is:
+---[RSA 2048]----+
|           o. =o+|
|          oo+o.B=|
|         .===oooB|
|       . o.*+=.oE|
|        S . o.o*o|
|       .    ..= +|
|         . . ..o.|
|          o  o .o|
|           .. ooo|
+----[SHA256]-----+
```

显示的信息已说明“/root/.ssh/id_rsa”文件为 hadoop200 主机 root 用户的私钥，“/root/.ssh/id_rsa.pub”文件为 hadoop200 主机 root 用户的公钥。

（2）在 hadoop200 主机上需要免密码登录到 hadoop201 主机的哪个用户家目录中，就将公钥传递到该用户家目录中。

此处将 hadoop200 主机当前登录用户 root 的公钥传递到 hadoop201 主机 root 家目录中。

```
[root@hadoop200 ~]# ssh-copy-id root@hadoop201
/usr/bin/ssh-copy-id: INFO: Source of key(s) to be installed: "/root/.ssh/id_rsa.pub"
/usr/bin/ssh-copy-id: INFO: attempting to log in with the new key(s), to filter out any that are already installed
/usr/bin/ssh-copy-id: INFO: 1 key(s) remain to be installed -- if you are prompted now it is to install the new keys
root@hadoop201's password:                              # 输入 hadoop201 主机 root 用户密码

Number of key(s) added: 1

Now try logging into the machine, with:   "ssh 'root@hadoop201'"
and check to make sure that only the key(s) you wanted were added.

[root@hadoop200 ~]#
```

传递的公钥保存在 hadoop201 主机 root 用户家目录下的“.ssh/authorized_keys”文件中。

```
[root@hadoop201 ~]# cat .ssh/authorized_keys
ssh-rsa AAAAB3NzaC1yc2EAAAADAQABAAABAQC6tB+HpjFSwDp+Qh29DwdIVeh8jXbndMGInOfDa0J9YF07XvN6zWHw86zHD3e7zPAx4o3Xluufl7cbBr6l8qCLsG8CYGDcSMIhAxFEJ7S7C+bwd+GhvJrpk24RI2ZzE8oH/uxW7uiiFmQTs13TefM/oW2XCdPp03mntfLvwbH15zya/QgVVxR6e0byV265eIGEVOLB6IJRX7vRbq5SLsXBG2wymcZYQmnbbjWziAGnegeDaD8v0n30hXqRV6viPV2Wx3JuxgJfojv6fKEfLLLY1S61yZnzXC+mdc+Hl59K3CZDlqsNra7rLDI5SmDHa14kB3TB4/lKUFxtrJW3b+kr root@hadoop200
```

（3）免密码登录。

在 hadoop200 主机当前用户 root 环境下，使用 ssh 命令登录到 hadoop201 主机 root 家目录，不再需要输入密码。

```
[root@hadoop200 ~]# ssh root@hadoop201
Last login: Mon Apr 29 13:49:18 2024 from 192.168.10.200
[root@hadoop201 ~]#
```

上述操作只实现了在 hadoop200 主机上 root 用户环境下，免密码登录到 hadoop201 主机的 root 家目录。若要在 hadoop201 主机上 root 用户环境下，免密码登录 hadoop200 主机的 root 家目录，操作同上：

（1）在 hadoop201 主机上为用户 root 生成密钥对。

（2）将公钥传递到 hadoop200 主机的 root 家目录中。

上述操作过程中，若在 /etc/hosts 文件中未设置 IP 地址和主机名的映射关系，“@”后应使用 IP 地址表示远程主机。

思维导图小结

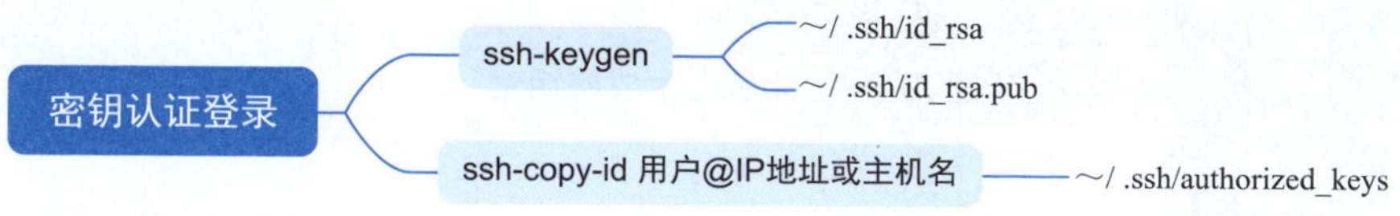

10.6 Xshell 远程登录 Linux 服务器（SSH 密钥认证方式）

视 频

Xshell远程登录Linux服务器（SSH密钥认证方式）

在生产环境中可使用云服务提供的 Linux 服务器，此时在 Xshell 上使用密钥认证登录更安全。

使用 hadoop200 主机练习以下内容。

范例：Xshell 上免密码登录 Linux 服务器。

在 Xshell 上通过 SSH 密钥认证，以 root 用户免密码登录到 Linux 服务器。

Step1：在 Xshell 中生成密钥对。

在 Xshell 中，选择“工具”|“新建用户密钥生成向导”命令，如图 10-2 所示，依次单击三次“下一步”、“是”和“完成”按钮。

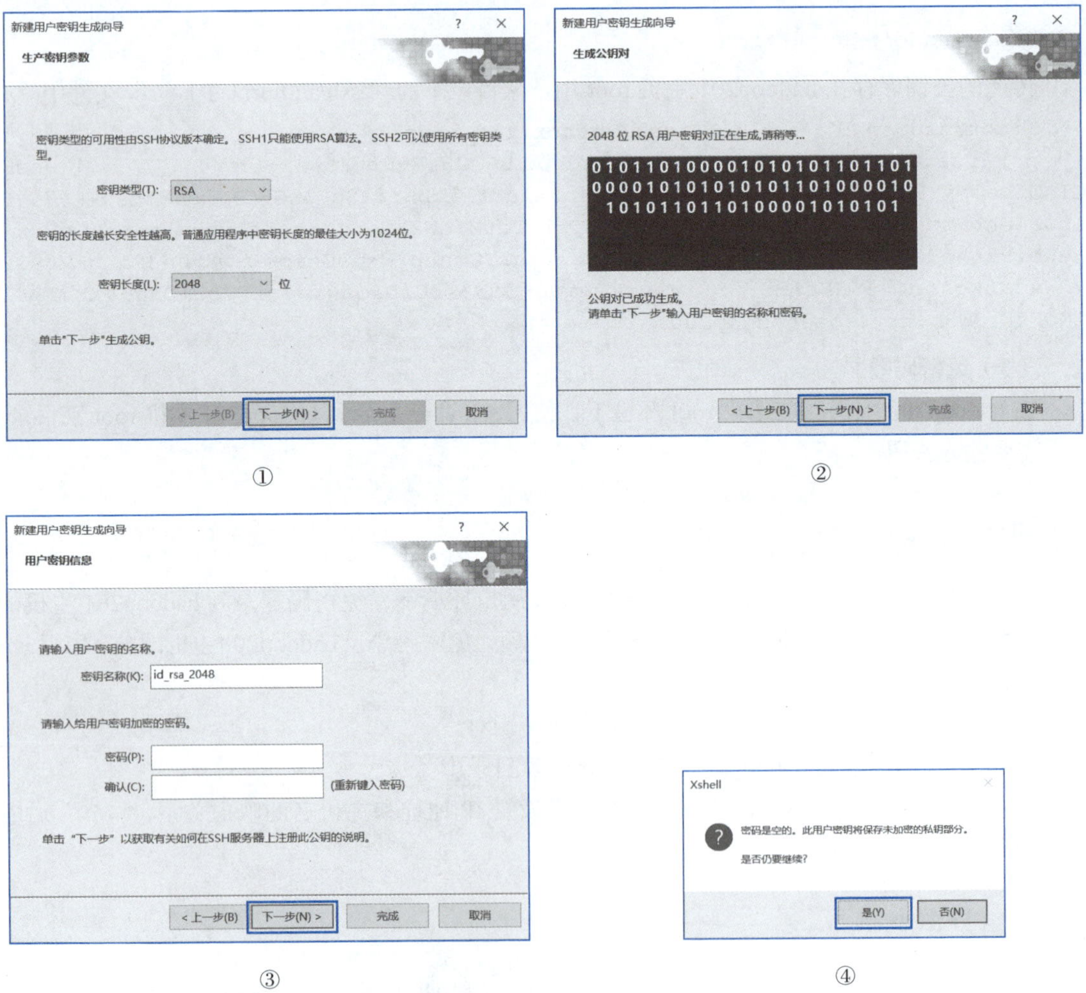

图10-2 Xshell上生成密钥对

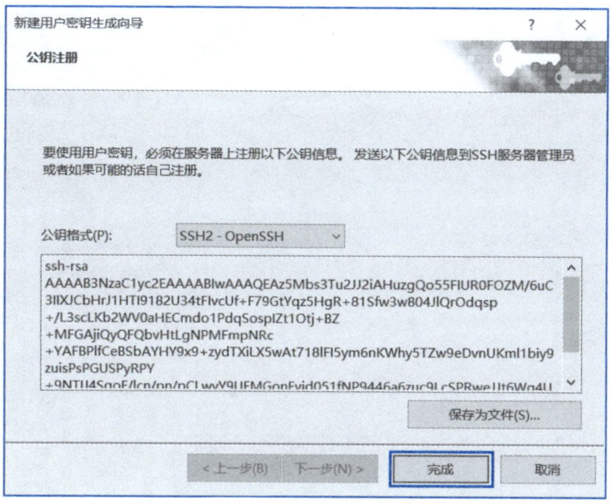

⑤

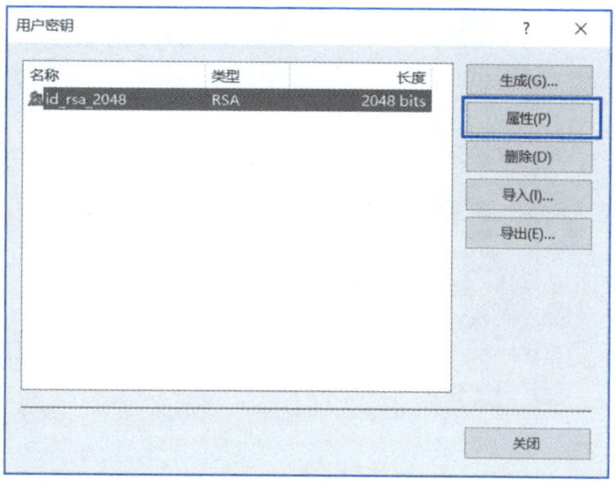

⑥

图10-2　Xshell上生成密钥对（续）

“id_rsa_2048”为密钥对中的私钥，单击“属性”按钮，如图 10-3 所示为密钥对中的公钥，单击“保存为文件”按钮，公钥文件名为“id_rsa_2048.pub”。

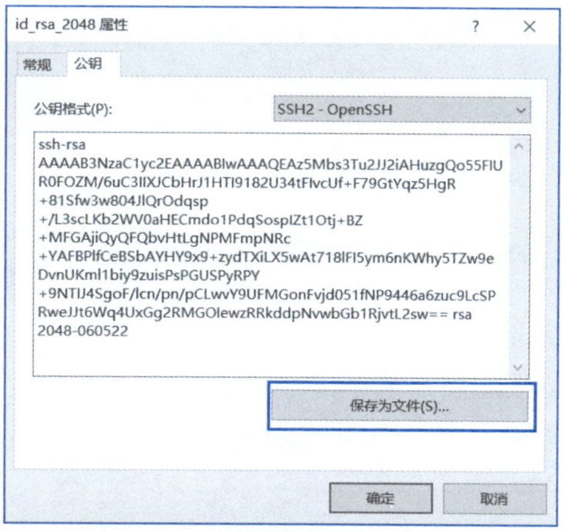

图10-3　Xshell生成密钥中的公钥

Step2：将公钥内容追加到 authorized_keys 文件中。

将公钥文件“id_rsa_2048.pub”上传到 root 家目录后，将其内容追加到“.ssh/authorized_keys”文件中（注意：若没有 .ssh 目录，可通过 mkdir 命令创建，且权限修改为 700；若没有 authorized_keys 文件，可通过 touch 命令创建，且权限修改为 600）。

```
[root@hadoop200 ~]# cat id_rsa_2048.pub >> .ssh/authorized_keys
[root@hadoop200 ~]#
```

Step3：修改 Xshell 会话中用户身份验证方式。

右击会话，在弹出的快捷菜单中选择“属性”命令，弹出相应的属性对话框，如图 10-4 所示，将用户身份验证的“方法”设置为“Public key”，单击“设置”按钮，在弹出对话框的“用户密钥”下拉列表中选择之前生成的私钥“id_rsa_2048”。

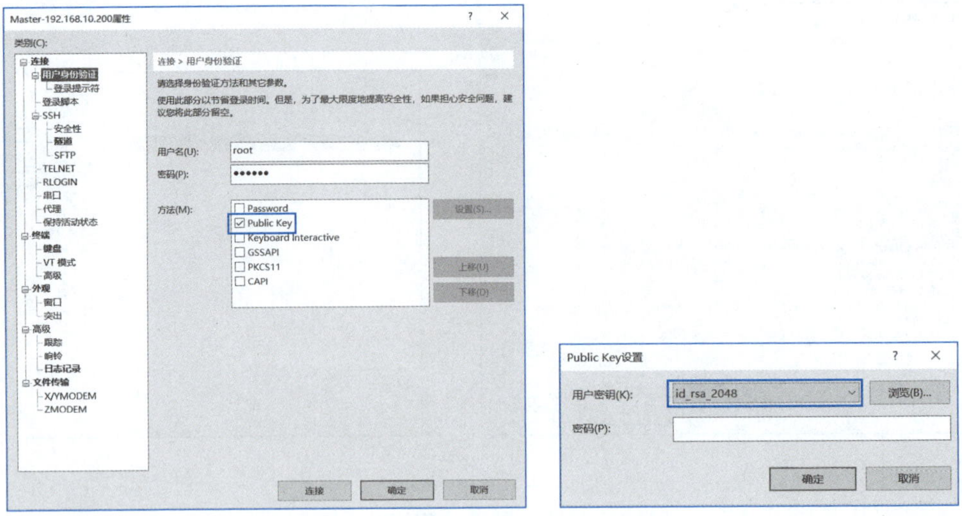

图10-4　使用SSH密钥认证方式登录

Step4：关闭口令认证登录。

在配置完所需登录用户的 SSH 密钥认证后，可关闭口令认证方式，提高服务器安全性。

```
[root@hadoop200 ~]# vi /etc/ssh/sshd_config                  # 修改 ssh 配置文件
…
#PasswordAuthentication yes
#PermitEmptyPasswords no
PasswordAuthentication no                                  # 将原有的 yes 修改为 no
…
[root@hadoop200 ~]# systemctl restart sshd                  # 重启 sshd 服务
[root@hadoop200 ~]#
```

Step5：验证口令认证登录方式被禁止。

如图 10-5 所示，使用 student 用户基于口令登录 Master 虚拟机，在“SSH 用户身份验证”窗口中，Password 部分处于灰化状态，说明 Master 虚拟机上口令认证登录方式已被关闭。

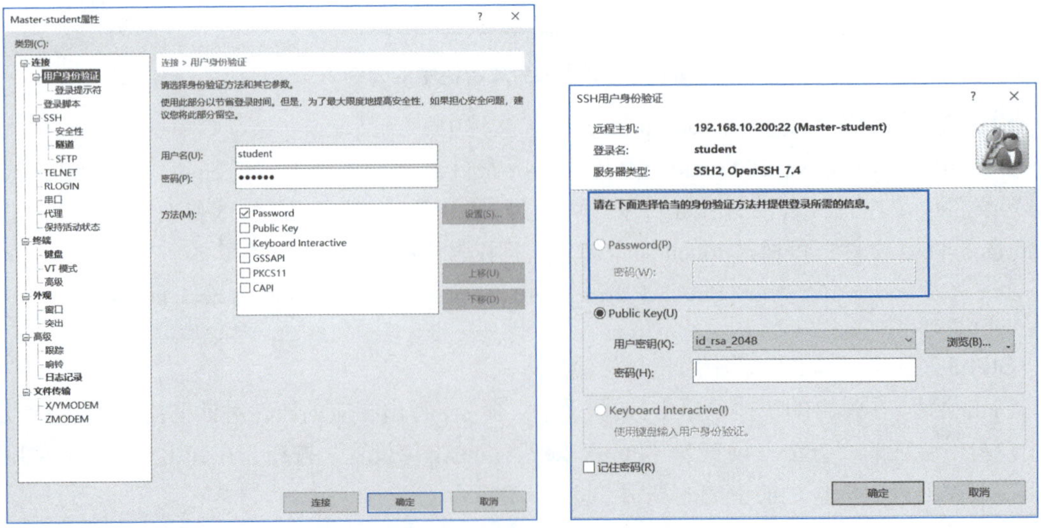

图10-5　拒绝口令认证登录

思维导图小结

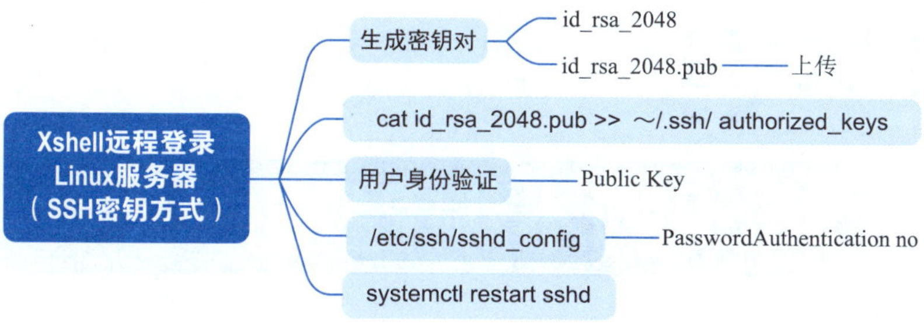

拓展阅读　什么是去 IOE

去 IOE（IOE decoupling 或 IOE displacement）是一个源自阿里巴巴集团的概念，它指的是在 IT 架构中移除对 IBM（International Business Machines）的小型机、Oracle（甲骨文）的数据库以及 EMC（易安信）的存储设备的依赖，转而采用更加经济高效、灵活扩展且自主可控的解决方案，通常是以开源软件和分布式架构为基础的系统替代。

具体实施去 IOE 的原因主要有以下几个方面：

（1）成本考量：相比于传统的 IBM 小型机、Oracle 数据库和 EMC 存储设备，开源软件和 X86 架构服务器的成本更低廉，有利于企业节省 IT 支出。

（2）技术自主性：减少对国外品牌核心技术的依赖，提升国内企业的技术自主权，保障信息安全。

（3）扩展灵活性：基于开源软件和分布式架构设计的系统更容易水平扩展，能满足互联网业务快速变化和海量数据处理的需求。

（4）数据安全：鉴于数据安全的重要性，尤其是对政府和关键行业来说，去 IOE 有助于保护敏感数据不受外部控制，避免潜在的安全风险。

这一概念在中国信息技术领域尤为突出，体现了国内企业追求技术独立、信息安全和经济效益的战略转型趋势。随着云计算、大数据和开源技术的不断发展，去 IOE 已经成为中国 IT 行业的一种重要发展趋势，并在多个行业中得到广泛应用和推广。

实践练习 10

在完成实践练习 9 的基础上练习以下内容：

1. 在两台 hadoop200、hadoop201 主机之间实现免密码登录。
2. 在 Xshell 上免密码登录到 hadoop200 的 root 家目录下。

面试演练 10

1. Windows 和 Linux 常用的远程连接工具有哪些？
2. 如何查看当前系统每个 IP 的连接数？

模块 11

Shell脚本编程基础

学习目标

- Shell脚本编程基础
  - 创建Shell脚本
    - 熟悉｜Shell脚本内容基本结构
    - 熟悉｜脚本的语法检查、调试、执行
  - Shell变量简介
    - 了解｜Shell变量分类及其作用
    - 了解｜Shell变量使用规则
  - 环境变量
    - 熟悉｜系统常用环境变量的用途
    - 掌握｜自定义环境变量的设置方法
    - 了解｜Bash配置文件的用途
  - 用户自定义变量
    - 熟悉｜用户自定义变量的使用
    - 掌握｜算术运算表达式的使用
  - 位置变量
    - 熟悉｜位置变量的使用
  - 特殊变量
    - 熟悉｜常用特殊变量的作用
  - 条件测试
    - 了解｜条件表达式的使用场景
    - 熟悉｜常用文件状态测试操作符的作用
    - 熟悉｜整数值比较操作符的作用
    - 熟悉｜字符串比较操作符的作用
    - 熟悉｜逻辑测试操作符的作用
  - 程序控制语句
    - 掌握｜程序控制语句的作用及语法格式
  - 多任务并发执行
    - 了解｜多任务并发的使用场景
    - 熟悉｜多任务并发的设置方法
  - 自定义函数的使用
    - 了解｜自定义函数的使用场景
    - 了解｜全局变量、局部变量的使用范围
    - 熟悉｜自定义函数的定义、调用

形而上者谓之道，形而下者谓之器。

——《易经·系辞》

在 Linux 学问研习的道路上，Shell 脚本编程基础之地位，犹如《易经·系辞》所云："形而上者谓之道，形而下者谓之器。" Shell 脚本编程实为驾驭系统工具之"器"，掌握其基础，则能举一反三，随心所欲地组合命令、自动化任务，实现对操作系统之道的自如运用，从而大大提高工作效率，可谓 Linux 世界中不可或缺的实用智慧。

11.1　创建 Shell 脚本

视 频

创建Shell脚本

在 Linux 操作系统中，可通过编写 Shell 脚本，将一系列命令自动运行，从而提高系统运维的工作效率。

以普通用户环境练习以下内容。

范例 1： 创建一个 Shell 脚本。

一般使用 vim 创建 Shell 脚本文件，通常以“.sh”作为文件后缀。在实际运维工作中，建议将创建的 Shell 脚本放在一个固定的目录中。

```
[student@localhost ~]# mkdir scripts
[student@localhost ~]# cd scripts/
[student@localhost scripts]# vim hello.sh
        # 脚本中每行行首的数字为行号，在 vim 编辑器命令模式下，使用“:set nu”显示行号
 1 #!/bin/bash
 2 ########################################
 3 # 文    件：hello.sh
 4 # 版    本：V1.0
 5 # 作    者：teacher
 6 # 组    织：jssc
 7 # 创建时间：2022-11-26
 8 # 描    述：第一个 shell 脚本
 9 ########################################
10 echo "Hello World"
11 echo "Today is $(date +%F)"
```

Shell 脚本格式说明如下：

（1）第一行顶格写 #!/bin/bash，用于指明解释执行当前脚本的解释器。所谓解释器也就是系统中的 Shell。CentOS 系统中默认使用的 Shell 是 bash。

```
[student@localhost ~]# echo $SHELL
/bin/bash
```

第一行顶格也可以写 #!/bin/sh。在 CentOS 系统中，sh 是 bash 的一个软链接。

```
[student@localhost ~]# ll /bin/sh
lrwxrwxrwx. 1 root root 4 Feb 11  2023 /bin/sh -> bash
```

（2）在 Shell 脚本文件中，以“#”开头的内容是注释信息。编写脚本程序时，添加必要的注释信息是一个良好的习惯，不仅增强脚本文件的可读性，而且方便在不同时间、不同用户之间交流使用。

（3）上述范例中第 10、11 行为可执行语句，是该脚本程序中最重要的组成部分。在命令行操作界面中可以执行的命令都可以写入脚本中。默认情况下，脚本程序按顺序依次解释执行。此外，还可以使用程序控制语句或自定义函数（详见 11.8 ～ 11.10 节）等，用于灵活控制执行过程。

范例 2： 检查 Shell 脚本是否有语法错误。

在执行 Shell 脚本文件前，可通过“bash -n”检查脚本中是否有语法错误（不会执行脚本）。若有语法错误，将给出错误提示；若没有语法错误，则不显示任何信息。

将范例 1 中第 10 行最后一个双引号去掉。

```
[student@localhost scripts]# bash -n hello.sh
hello.sh: line 11: unexpected EOF while looking for matching '"'
hello.sh: line 12: syntax error: unexpected end of file
```

将范例 1 中第 10 行最后重新补上一个双引号。

```
[student@localhost scripts]# bash -n hello.sh
[student@localhost scripts]#
```

范例 3： 调试 Shell 脚本。

通过“bash -x”调试 Shell 脚本将输出脚本的执行过程，带有“+”或“++”的输出行是所执行的命令，未带“+”的输出行是命令执行的结果。

```
[student@localhost scripts]# bash -x hello.sh
+ echo 'Hello World'
Hello World
++ date +%F
+ echo 'Today is 2022-11-26'
Today is 2022-11-26
```

范例 4： 执行 Shell 脚本（脚本未设置可执行权限）。

方法 1：使用 bash 或 sh 命令解释执行脚本文件。

```
[student@localhost scripts]# bash hello.sh          #脚本在当前目录下，相对路径
Hello World
Today is 2022-11-26
[student@localhost scripts]# bash /root/scripts/hello.sh          #绝对路径
Hello World
Today is 2022-11-26
```

或

```
[student@localhost scripts]# sh hello.sh          #脚本在当前目录下，相对路径
Hello World
Today is 2022-11-26
[student@localhost scripts]# sh /root/scripts/hello.sh          #绝对路径
Hello World
Today is 2022-11-26
```

方法 2：使用“.”或 source 解释执行脚本文件。注意：“.”和脚本文件的相对路径或绝对路径之间有空格。

```
[student@localhost scripts]# . hello.sh          #脚本在当前目录下，相对路径
Hello World
Today is 2022-11-26
[student@localhost scripts]# . /root/scripts/hello.sh          #绝对路径
Hello World
Today is 2022-11-26
```

或

```
[student@localhost scripts]# source hello.sh          #脚本在当前目录下，相对路径
Hello World
Today is 2022-11-26
[student@localhost scripts]# source /root/scripts/hello.sh          #绝对路径
Hello World
Today is 2022-11-26
```

范例 5：执行 Shell 脚本（脚本设置了可执行权限）。

```
[student@localhost scripts]# chmod +x hello.sh
[student@localhost scripts]# ll hello.sh
-rwxr-xr-x. 1 root root 287 Nov  26 09:46 hello.sh
```

由于 Shell 脚本并不是外部命令，其路径并不在 PATH 变量中，因此要执行 Shell 脚本，必须指明脚本文件的路径（相对路径或绝对路径）。

```
[student@localhost scripts]# ./hello.sh            # 脚本在当前目录下，相对路径
Hello World
Today is 2022-11-26
[student@localhost scripts]# /home/student/scripts/hello.sh      # 绝对路径
Hello World
Today is 2022-11-26
```

思维导图小结

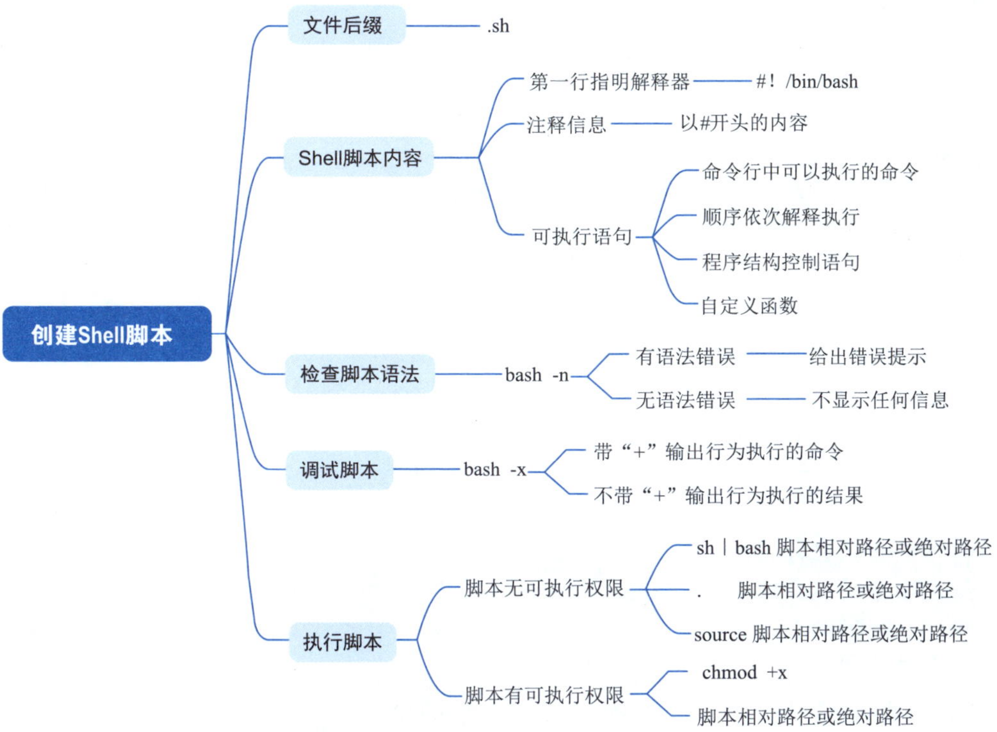

11.2　Shell 变量简介

与其他编程语言一样，Shell 脚本程序中也有变量。可以把变量当成一个容器，通过变量，可以在内存中存储数据，也可以在脚本执行中进行修改和访问存储的数据。

按照变量的作用不同，可以将 Shell 变量分为以下四类：

（1）环境变量：一般由系统定义（如 PWD、PATH、SHELL 等），也可以自定义环境变量。环境变量主要用于保存系统操作环境相关的数据。

视频

Shell变量简介

（2）用户自定义变量：由用户自行定义、修改和使用，作用域为当前 Shell 进程。

（3）位置变量：主要用来在命令行中向脚本传递参数，变量名不能自定义，且变量的作用是固定的，如 $1、$2、$3 分别代表了传递的第 1、2、3 个参数。

（4）特殊变量：是 bash 中内置的变量，变量名不能自定义，且变量的作用是固定的，如 $? 用于检查上一条命令的退出状态码。

Shell 变量在使用时需遵循以下规则：

（1）变量名可由数字、字母和下划线组成，但不能以数字开头，且变量名区分大小写。为了区别于用户自定义变量，环境变量通常全为大写字母。

（2）在为变量命名时，应“见名知义”，命名机制遵循某种规则。推荐多个单词中间通过下划线连接，如 SRC_DIR=“/root/soft”。

（3）不能使用程序的保留字为变量命名，如 if、while、case 等。

（4）使用“=”给变量赋值，需注意“=”两边不能有空格。

（5）在调用变量时，需在变量名前加“$”。

```
[student@localhost ~]# day="Sunday"
[student@localhost ~]# echo $day
Sunday
```

错误的赋值方式：

```
[student@localhost ~]# day ="Sunday"                     # 在 = 左边有空格
bash: day: command not found...
[student@localhost ~]# day= "Sunday"                     # 在 = 右边有空格
bash: Sunday: command not found...
[student@localhost ~]# day = "Sunday"                    # 在 = 两边有空格
bash: day: command not found...
```

（6）在对 Shell 变量赋值时，建议用引号（单引号或双引号的功能区别，可复习 3.3 节中相关内容）将字符串值括起来，特别是字符串中存在空格时。

```
[student@localhost ~]# today="Today is $day"
[student@localhost ~]# echo $today
Today is Sunday
[student@localhost ~]# today='Today is $day'    # 注意单引号和双引号的功能区别
[student@localhost ~]# echo $today
Today is $day
```

若不使用引号：

```
[student@localhost ~]# today=Today is $day
bash: is: command not found...
```

（7）Shell 变量无须定义类型，默认将存储的数据视为字符型。

```
[student@localhost ~]# num1=10
[student@localhost ~]# num2=20
[student@localhost ~]# echo $num1+$num2 # 使用变量进行计算，详见 11.4 节中范例 2
10+20
```

（8）当变量名容易和紧跟其后的其他字符混淆时，需使用花括号将变量名括起来，如 ${ 变量名 }。

```
[student@localhost ~]# BAK_NAME=$(date +%Y%m%d)
[student@localhost ~]# echo "$BAK_NAMEetc.tar.gz"
.tar.gz                                          # 变量名和紧跟其后的字符混淆
```

```
[student@localhost ~]# echo "${BAK_NAME}etc.tar.gz"
20221126etc.tar.gz
```

思维导图小结

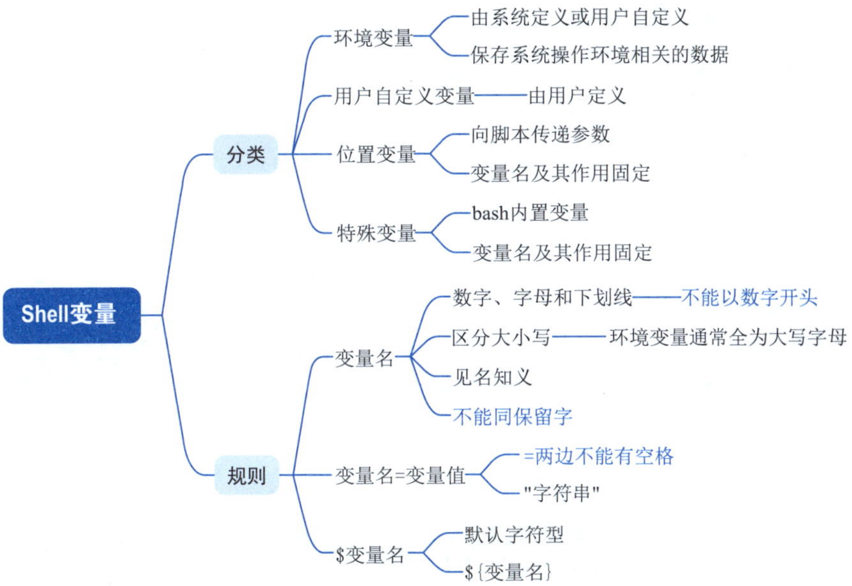

11.3 环境变量

视频

环境变量

在 bash Shell 中，环境变量分为系统自定义环境变量和用户自定义环境变量。

以 root 用户环境练习以下内容。

范例 1： 查看环境变量。

每个用户的环境变量都不相同，用户可以通过读取环境变量来了解自己的当前状态。

```
[root@localhost ~]# env                          # 查看当前用户的环境变量
XDG_SESSION_ID=63
HOSTNAME=localhost.localdomain
TERM=xterm
SHELL=/bin/bash
HISTSIZE=1000
S1SH_CLIENT=192.168.10.1 62555 22
…
USER=root
…
PATH=/usr/lib64/qt-3.3/bin:/usr/local/sbin:/usr/local/bin:/usr/sbin:/
usr/bin:/root/bin
PWD=/root
LANG=en_US.UTF-8
…
HOME=/root
…
```

在管理和运维系统时常用的环境变量及其用途如下：

- SHELL：当前用户使用的 Shell。
- HISTSIZE：当前用户的历史命令条数。
- USER：当前用户的用户名。
- PATH：当前用户的命令搜索路径。
- PWD：用户当前的工作目录。
- LANG：Shell 使用的默认语言。
- HOME：当前用户的家目录。

范例 2：自定义环境变量。

编写 jdk_install.sh 脚本，将 jdk 二进制包安装到 /application 目录中，使系统中所有用户可用。

```
 1 #!/bin/bash
 2 ###############################################################
 3 # 文    件 : jdk_install.sh
 4 # 版    本 : V1.0
 5 # 作    者 : teacher
 6 # 组    织 : jssc
 7 # 创建时间 : 2022-11-14 13:59:03
 8 # 描    述 : jdk 二进制包安装
 9 ###############################################################
10 JAVA="jdk-8u411-linux-x64.tar.gz"              # 要安装的 jdk 二进制包的文件名
11 APP_HOME="/application"                                   #jdk 的安装目录
12 SRC_DIR="/root/soft"                       # 安装使用的 jdk 二进制包所在目录
13 
14 cd $SRC_DIR
15 
16 echo "=====Step1: 卸载原有的 jdk====="
17 rpm -e --nodeps $(rpm -qa | grep ^java) &>/dev/null
18 
19 echo "=====Step2: 安装新的 jdk====="
20 mkdir -p $APP_HOME
21 tar -xf $JAVA -C $APP_HOME
22 ln -snf ${APP_HOME}/$(ls -t $APP_HOME | grep ^jdk | head -1) ${APP_HOME}/java
23 
24 echo 'export JAVA_HOME=${APP_HOME}/java' >> /etc/profile
25 echo 'export PATH=$PATH:$JAVA_HOME/bin' >> /etc/profile
26 echo 'export JRE_HOME=$JAVA_HOME/jre' >> /etc/profile
27 echo 'export CLASSPATH=.:$JAVA_HOME/lib:$JRE_HOME/lib' >> /etc/profile
28 source /etc/profile
29 
30 echo "===== 安装成功 ====="
31 java -version
```

上述脚本说明如下：

（1）第 10 ～ 12 行中，JAVA、APP_HOME、SRC_DIR 为用户自定义变量（详见 11.4 节）。在使用该脚本时，应根据 jdk 安装版本、安装目录、下载好的 jdk 二进制包所在目录的实际情况，调整这三个变量的赋值。

（2）第 14 ～ 31 行为安装过程，参考 7.3 节中 jdk 二进制包手动安装过程。

（3）第 24 ～ 27 行中，使用 export 命令定义环境变量 JAVA_HOME、PATH、JRE_HOME、CLASSPATH。为使这些环境变量对所有用户永久有效，将 export 的这条命令写入 /etc/profile 文

件末尾。

系统环境变量是通过 Bash 配置文件来定义的。如果要自定义永久有效的环境变量，或者永久更改某个环境变量的值，则需要修改 Bash 配置文件。Bash 配置文件有多个：

（1）profile 类文件：只在用户登录时执行一次。

- profile 类的全局配置文件：/etc/profile、/etc/profile.d/*.sh（目录 /etc/profile.d 中所有以“.sh”结尾的文件）。
- profile 类的局部配置文件：~/.bash_profile（“~/”泛指用户家目录）。

（2）bashrc 类文件：不但在用户登录时会执行，而且每当用户打开新的 Shell 或者创建子 Shell 时也会执行，即 bashrc 类文件会反复执行多次。

- bashrc 类的全局配置文件：/etc/bashrc。
- bashrc 类的局部配置文件：~/.bashrc。

注意：全局配置文件对系统中所有用户都生效，而局部配置文件只对相应用户生效。当全局配置和局部配置发生冲突时，以局部配置为准。

运行脚本：

```
[root@localhost scripts]# bash jdk_install.sh
=====Step1：卸载原有的jdk=====
=====Step2：安装新的jdk=====
===== 安装成功 =====
openjdk version "1.8.0_262"
OpenJDK Runtime Environment (build 1.8.0_262-b10)
OpenJDK 64-Bit Server VM (build 25.262-b10, mixed mode)
```

【思考】：使用上述脚本自动安装 jdk 二进制包，有什么潜在问题?

问题 1：任何用户都可以运行该脚本，实现自动安装 jdk 二进制包吗?

解决思路：默认情况下，只有 root 用户可以在系统中安装软件。应在安装前，判断当前用户是否为 root，即环境变量 USER 的值是否为 root，或环境变量 UID 的值是否为 0。若不是，则应给出提示信息，并退出脚本的运行。

问题 2：root 用户在运行该脚本时，指定目录下没有所需的 jdk 二进制发布安装包怎么办?

解决思路：应在安装前，判断指定目录下是否有所需的文件。若没有，则应给出提示信息，并退出脚本的运行。

问题 3：在 /etc/profile 文件末尾写入很多用于不同需求的自定义变量，管理起来不方便，如何按需求类别进行配置管理?

解决思路：将一个大配置文件中的设置项按照类别提取出来，分散存储在各个小配置文件中。这是 CentOS 7 系统推崇的模块化设计思路。

将上述脚本中的第 24 ～ 27 行改为：

```
24 echo 'export JAVA_HOME=${APP_HOME}/java' >> /etc/profile.d/java.sh
25 echo 'export PATH=$PATH:$JAVA_HOME/bin' >> /etc/profile.d/java.sh
26 echo 'export JRE_HOME=$JAVA_HOME/jre' >> /etc/profile.d/java.sh
27 echo 'export CLASSPATH=.:$JAVA_HOME/lib:$JRE_HOME/lib' >> /etc/profile.d/java.sh
```

将安装 jdk 后相关的环境变量存储在 /etc/profile.d/java.sh 这个单独的小配置文件中。要使该配置文件中的内容生效，仍然使用“source /etc/profile”命令。

思维导图小结

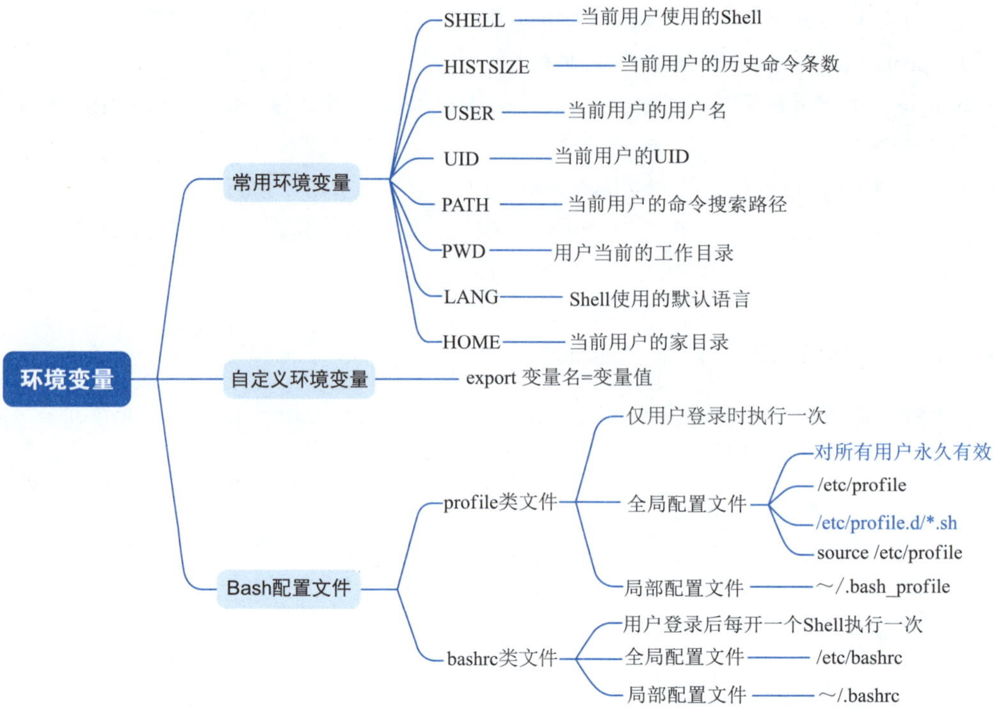

11.4 用户自定义变量

视频

用户自定义变量

用户自定义变量是由用户自行定义的变量。在编写 Shell 脚本程序时，通常根据需求设置一些自定义变量，用于存储一些数据，如 11.3 节中范例 2 脚本中的第 10～12 行，定义了三个变量 JAVA、APP_HOME、SRC_DIR，分别用于存储安装的 jdk 二进制包的文件名、安装目录、jdk 二进制包所在目录，便于在该脚本后续代码中反复使用这些数据。

```
10 JAVA="jdk-8u411-linux-x64.tar.gz"
11 APP_HOME="/application"
12 SRC_DIR="/root/soft"
```

除了使用“变量名 = 变量值”的方式外，还可以使用 read 命令从键盘读取输入数据赋值给变量，从而实现简单的交互过程。

以普通用户环境练习以下内容。

范例 1： 编写脚本 info.sh，执行效果如下所示。

```
请输入姓名: teacher                                  # 用户从键盘输入 teacher
请输入年龄: 31                                          # 用户从键盘输入 31
请输入性别: 女                                          # 用户从键盘输入女
********************
你的基本信息如下:
姓名: teacher
年龄: 31
性别: 女
********************
```

脚本内容：

```
#!/bin/bash
read -p "请输入姓名：" NAME                    #用户自定义变量 NAME
read -p "请输入年龄：" AGE                      #用户自定义变量 AGE
read -p "请输入性别：" SEX                      #用户自定义变量 SEX

cat<<eof
********************
你的基本信息如下：
姓名：$NAME                                    #输出变量 NAME 的内容
年龄：$AGE                                     #输出变量 AGE 的内容
性别：$SEX                                     #输出变量 SEX 的内容
********************
eof
```

范例 2： 编写脚本 sum01.sh，从键盘输入两个整数依次赋值给变量 num1 和 num2，输出这两个整数的和。

默认情况下，Shell 将所有变量都视为字符型。

```
[root@localhost ~]# num1=10
[root@localhost ~]# num2=20
[root@localhost ~]# echo $num1+$num2
10+20                                  # 变量存储的数据默认视为字符型
[root@localhost ~]# echo $[$num1+$num2]
30                    # 通过使用 $[ 算术运算表达式 ] 实现变量的算术运算
```

常用的算术运算符有：

- +、- 加减运算；
- *、/ 乘除运算；
- % 取模运算（计算数值相除后的余数）；
- ** 乘方运算。

脚本内容：

```
#!/bin/bash
read -p "请输入两个整数：" num1 num2                #多个变量之间以空格分隔
echo $[$num1 + $num2]
```

运行脚本：

```
[root@localhost scripts]# bash sum01.sh
请输入两个整数：10 20              # 用户从键盘输入两个数字，以空格分隔两个数字
30
```

思维导图小结

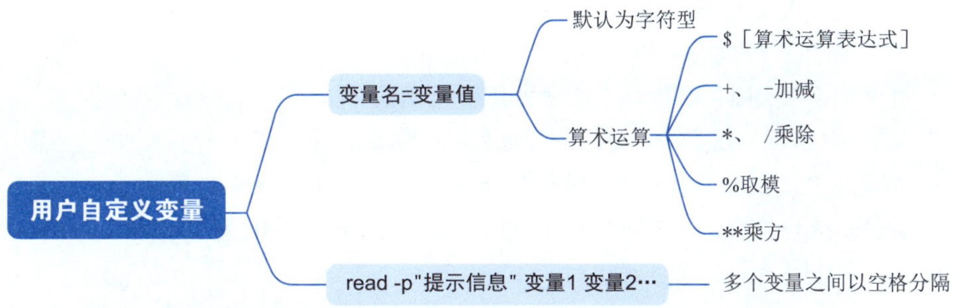

11.5 位置变量

视频

位置变量

在使用 Shell 脚本程序时，除了通过 read 命令实现简单的交互过程外，还可以使用位置变量，在命令行中给 Shell 脚本程序提供操作参数。

位置变量与 Shell 脚本程序执行时所使用的命令参数相对应，命令行中的参数按照从左到右的顺序依次赋值给位置变量。位置变量名称格式为“$n”，其中 n 是参数的位置序号，从 1 开始，如 $1、$2、$3 分别代表命令行中给出的第 1、2、3 个参数。当 n > 9 时，格式为“${n}”，如 ${10} 代表第 10 个参数。

以普通用户环境练习以下内容。

范例： 编写脚本 sum02.sh，使用位置变量对命令行中给出的 10 个整数求和。

脚本内容：

```
#!/bin/bash
num1=$1        # 变量 num1 获得位置变量 $1 的值，及脚本运行时在命令行中给出的第 1 个参数
num2=$2
num3=$3
num4=$4
num5=$5
num6=$6
num7=$7
num8=$8
num9=$9
num10=${10}

echo $[$num1 + $num2 + $num3 + $num4 + $num5 + $num6 + $num7 + $num8 + $num9 + $num10]
```

运行脚本：

```
[root@localhost scripts]# bash sum02.sh 1 2 3 4 5 6 7 8 9 10
55
```

思维导图小结

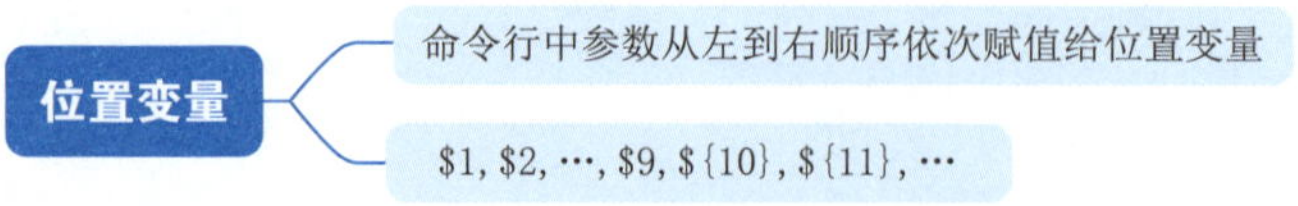

11.6 特殊变量

视频

特殊变量

特殊变量是 bash 中的内置变量。用户只能使用这些特殊变量，而不能自己创建新的特殊变量，也不能为特殊变量赋值。

以普通用户环境练习以下内容。

范例 1： 使用 $? 查看上一条命令是否正确执行。

shell 中运行的每条命令都使用退出状态码来告诉 shell 它完成了处理。退出状态码是一个 0 ～ 255 的整数值，在命令结束运行时由命令传给 shell。

可在一条命令执行结束后，立即查看 $? 的值。如果 $? 的值为 0，证明该命令正确执行；如果 $? 的值为非 0，则证明该命令未正确执行。

```
[student@localhost scripts]# id student
uid=1000(student) gid=1000(student) groups=1000(student)
[student @localhost scripts]# echo $?
0                                   # 系统中有 student 用户，因此 id student 命令正确执行
[student@localhost scripts]# id teacher
id: teacher: no such user
[student @localhost scripts]# echo $?
1                                # 系统中没有 teacher 用户，因此 id teacher 命令未正确执行
```

范例 2：使用 $0 获取当前脚本名称，使用 $# 获取命令行中向脚本传递的参数个数。

脚本内容：

```
#!/bin/bash
echo "当前执行的脚本是 $0"
echo "向该脚本传递了 $# 个参数"
echo "第一个参数为：$1"
echo "第二个参数为：$2"
echo "第三个参数为：$3"
```

运行脚本：

```
[student@localhost scripts]# bash file_name.sh one two three four
当前执行的脚本是 file_name.sh
向该脚本传递了 4 个参数         # 命令行中向脚本传递了 one、two、three、four 四个参数
第一个参数为：one
第二个参数为：two
第三个参数为：three
```

范例 3：分别使用 $* 和 $@ 引用命令行中的所有参数。

```
#!/bin/bash
echo "-----\$* 的功能 -----"
echo "\$* 不放在双引号中使用 "
echo $*
echo "\$* 放在双引号中使用 "
for i in "$*";do
    echo $i
done

echo "-----\$@ 的功能 -----"
echo "\$@ 不放在双引号中使用 "
echo $@
echo "\$@ 放在双引号中使用 "
for i in "$@";do
    echo $i
done
```

运行脚本：

```
[student@localhost scripts]# bash test.sh 1 2 3
-----$* 的功能 -----
$* 不放在双引号中使用
1 2 3
$* 放在双引号中使用
1 2 3
-----$@ 的功能 -----
$@ 不放在双引号中使用
1 2 3
$@ 放在双引号中使用
1
2
3
```

从脚本运行的结果可以看到，$* 和 $@ 都可以获取命令行中所有的参数，但放在双引号中使用时有明显的区别。若在命令行中运行脚本时写了三个参数 1、2、3，则 “$*” 等价于 “1 2 3”（将所有参数视为一个参数），而 “$@ 等价于 “1” “2” “3”（把每个参数区分对待）。

思维导图小结

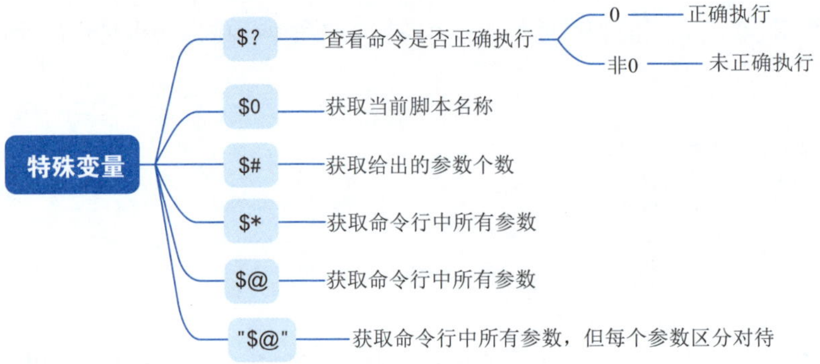

11.7 条件测试

视频

条件测试

通过 Shell 脚本执行任务时，可使用条件测试语句选择性地执行任务。

条件测试语句的格式：

```
[ 条件表达式 ]
```

说明：

（1）中括号“[]”与其中的条件表达式之间至少需要有一个空格进行分隔，否则报错。

（2）条件测试的结果可以通过特殊变量“$?”来判断，当“$?”的值为 0 时，表示条件表达式成立，若为非 0，则表示条件表达式不成立。

根据需要判断的条件内容和类型的不同，条件测试主要包括：

（1）文件状态测试。文件状态测试是指根据给定的路径名称，判断该名称对应的是文件还是目录，或者判断文件是否可读、可写、可执行等。常用的文件测试操作符有：

- -d：测试是否为目录。
- -f：测试是否为文件。
- -L：测试是否为符号链接文件。
- -e：测试目录或文件是否存在。
- -r：测试当前用户是否有读取权限。
- -w：测试当前用户是否有写入权限。
- -x：测试当前用户是否有执行权限。

（2）整数值比较。整数值比较是指根据给定的两个数值判断它们的大小关系。注意：在“[]”中不再使用传统的 =、> 和 < 等比较符号（这些符号在 Shell 中已有特定的含义），而是使用一些专门的操作符。常用的整数值比较操作符有：

- -eq：equal，等于。
- -ne：not equal，不等于。

- -gt：greater than，大于。
- -lt：less than，小于。
- -ge：greater than or equal to，大于或等于。
- -le：less than or equal to，小于或等于。

（3）字符串比较。字符串比较主要是指比较两个字符串是否相同，测试字符串是否为空等。常用的字符串比较操作符有：

- =：匹配。
- !=：不匹配。
- -z：检查字符串是否为空。

注意：在进行字符串比较时，建议为字符串加上引号，并且“=”两侧必须留有空格。

（4）逻辑测试。逻辑测试可以同时测试多个条件，根据这些条件是否同时成立或其中一个条件成立，来决定采取执行相应的任务。

Bash 中逻辑测试操作符分为如下两类：

① 在 [] 中多个条件表达式间使用的逻辑测试操作符。

- -a：逻辑与，表示前后两个条件都成立时，整个测试结果才为真。
- -o：逻辑或，表示前后两个条件中只要有一个成立，整个测试结果即为真。
- ！：逻辑非，表示当指定的条件不成立时，整个测试结果为真。

② 在多个命令之间使用的逻辑测试操作符。

&&：command1 && command2，当 command1 执行结果为真时，command2 才会被执行。

||：command1 || command2，当 command1 执行结果为假时，command2 才会被执行。

以 root 用户环境练习以下内容。

范例 1：文件状态测试。

通过文件状态测试，初步解决 11.3 节中范例 2 留下的问题 2，测试指定目录下是否有所需的 jdk 二进制包。

```
[root@localhost soft]# ls
jdk-8u411-linux-x64.tar.gz
[root@localhost soft]# JAVA="jdk-8u411-linux-x64.tar.gz"
[root@localhost soft]# [ -f $JAVA ]
                        # 中括号“[ ]”与其中的条件表达式之间有空格进行分隔
[root@localhost soft]# echo $?
0                                         # 返回值为 0，说明指定的文件存在
```

若指定目录下没有所需文件。

```
[root@localhost soft]# rm -rf jdk-8u411-linux-x64.tar.gz
[root@localhost soft]# [ -f $JAVA ]
[root@localhost soft]# echo $?
1                                      # 返回值为非 0，说明指定的文件不存在
```

范例 2：整数值比较。

通过整数值比较，初步解决 11.3 节中范例 2 留下的问题 1，判断当前用户是否为 root。

```
[root@localhost ~]# [ $UID -eq  0 ]          # 用户 root 的 UID 为 0，测试结果成立
[root@localhost ~]# echo $?
0
[root@localhost ~]# su - student
[student@localhost ~]$ [ $UID -eq 0 ]     # 普通用户的 UID 不为 0，测试结果不成立
```

```
[student@localhost ~]$ echo $?
1
```

范例3：字符串比较。

通过字符串比较，初步解决11.3节中范例2留下的问题1，判断当前用户是否为root。

```
[root@localhost ~]# [ $USER = "root" ]        # 判断当前用户的用户名是否为 root
[root@localhost ~]# echo $?
0
[root@localhost ~]# su - student
[student@localhost ~]$ [ $USER = "root" ]
[student@localhost ~]$ echo $?
1
```

范例4：逻辑测试。

判断用户输入的数是否在指定范围内。

```
[root@localhost ~]# read -p "请输入一个数（0~9之间）：" num
请输入一个数：108
[root@localhost ~]# [ $num -lt 0 -o $num -gt 9 ] && echo "输入的数超出范围，
请重新输入"
输入的数超出范围，请重新输入
```

运用逻辑测试，进一步解决11.3节中范例2留下的问题2，测试指定目录下是否有所需的jdk二进制包，若没有则输出提示信息。

```
[root@localhost soft]# ls
jdk-8u411-linux-x64.tar.gz
[root@localhost soft]# JAVA="jdk-8u411-linux-x64.tar.gz"
[root@localhost soft]# [ -f $JAVA ] || echo "缺少安装所需的${JAVA}二进制包"
缺少安装所需的jdk-8u411-linux-x64.tar.gz二进制包
```

思维导图小结

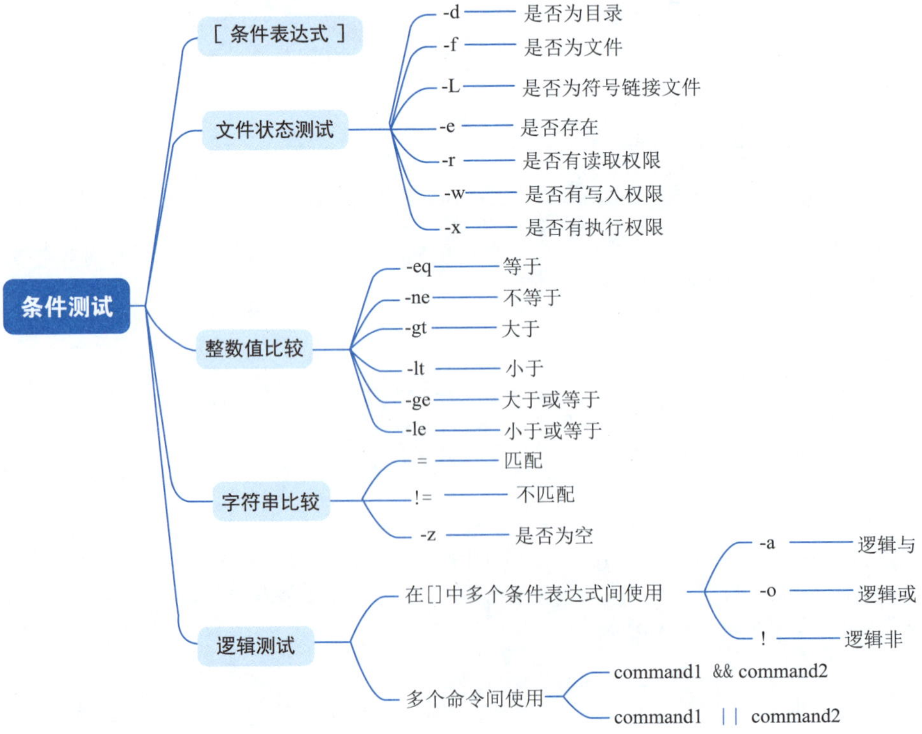

11.8 程序控制语句

视 频

程序控制语句简介

Shell 是一种解释型的脚本编程语言，可以通过使用选择、循环等控制语句，编写出应用灵活、功能强大的 Shell 脚本。与其他编程语言相比，Shell 程序的结构控制语句在语法上会有一些差别，但基本的逻辑关系是相似的。

（1）if 选择语句的语法格式

if单分支选择结构	if双分支选择结构	if多分支选择结构

if 条件测试命令;then
  命令序列1
fi
	if 条件测试命令;then
	  命令序列1
	else
	  命令序列2
	fi
		if 条件测试命令1;then
		  命令序列1
		elif 条件测试命令2;then
		  命令序列2
		elif 条件测试命令3;then
		  命令序列3
		…
		else
		  命令序列n
		fi

if 单分支选择结构可以使用逻辑测试操作符实现：

```
条件测试命令   &&   {
     命令序列
}
```

if 双分支选择结构也可以使用逻辑测试操作符实现：

```
条件测试命令   &&   {
     命令序列 1
}  ||   {
     命令序列 2
}
```

说明：

- 当命令序列中有多条命令写在一行时，命令间以“；”分隔。
- 当命令序列中只有一条命令时，“{ }”可省略。

（2）case 分支语句的语法格式

case 语句用于多重分支选择结构。

```
case 变量值 in
模式 1)
     命令序列 1
     ;;
模式 2)
     命令序列 2
     ;;
…
*)
     默认执行的命令序列
esac
```

说明：

- 模式 1、模式 2……可为用户预设的固定值，也可在模式中使用通配符 *、？、[] 和“|”

（或），如 [a-z]|[A-Z]，该模式表示大小写英文字母。

- 将 case 后的变量值与各模式值比较，找到与之匹配的值，然后执行该模式下的命令序列，当遇到双分号“;;”后，跳转至 esac，case 语句结束。
- 将 case 后的变量值与各模式值比较，找不到与之匹配的值，则执行模式“*)”后的命令序列，遇到 esac 后，case 语句结束。

（3）for 循环语句的语法格式

for 循环语句主要用于循环次数确定的情况。

```
for  变量名  in  取值列表; do
    命令序列
done
```

说明：

- 变量名一次获取 in 后的取值列表中的值，每次仅取一个，然后执行 do 和 done 之间的命令序列。
- for 语句的循环次数取决于取值列表。

（4）while 循环语句的语法格式

while 循环语句主要用于循环次数不确定的情况。

while 条件测试命令;do
  命令序列
done
	while read 变量;do
	  命令序列
	done < 指定文件

说明：

- 判断条件测试命令，若成立，则执行 do 和 done 之间的命令序列，执行完后再次判断条件测试命令，如此循环，直到条件测试命令不成立，结束 while 语句。
- 当条件测试命令使用“true”时，表示条件永远成立，命令序列将无限循环，需在命令序列中使用 break 语句退出循环。
- 使用 while 语句可实现对指定文件按行进行遍历，读取出的每行将被赋值给变量，在命令序列中可对该变量进行处理。文件推荐使用绝对路径描述。

（5）循环控制语句 break 和 continue

break 语句用于跳出当前所在的循环体，即结束当前所在的循环体，但并不是退出 Shell 脚本程序。而 continue 语句用于暂停本次循环，并跳转至循环语句的顶部重新测试条件，本次执行过程中在 continue 语句后面的命令序列将不被执行。

（6）shift 语句

shift 语句一般用在 Shell 脚本中，用于对命令行参数进行左移。

例如，命令行参数为 10 30 50 70，则 Shell 脚本中位置变量如下：

```
$1=10,$2=30,$3=50,$4=70
```

执行一次 shift 命令后左移一个命令行参数。

```
$1=30,$2=50,$3=70
```

再执行一次 shift 命令后又左移一个命令行参数。

```
$1=50,$2=70
```

因此，合理利用 shift 命令，可以在位置参数的数量不固定的情况下灵活实现程序的功能。

（7）exit 语句

在 Shell 脚本中，可通过设置 exit 语句，用于非正常退出脚本的情况。例如，用于解决 11.3 节中范例 2 留下的问题 1 和问题 2，当判断当前用户不是 root 时退出脚本的运行，当判断执行目录下没有所需的文件时退出脚本的运行。在 Shell 脚本中可设置多个 exit 语句，并为每个 exit 语句设置不同的返回状态值（1 ～ 255 中的任意数）。这样，当 Shell 脚本程序非正常退出时，可通过查看返回状态值，知道非正常退出的原因。

视　频

程序控制语句-范例1

以 root 用户环境练习以下内容。

范例 1：解决 jdk 脚本安装遗留问题。（if 单分支、exit）

完善 11.3 节中范例 2 的 Shell 脚本，自动安装 jdk 二进制包。将原有脚本中的第 10 ～ 14 行进行优化，在安装 jdk 之前，判断当前用户是否为 root 用户，若不是则退出脚本，判断指定目录下是否有所需的 jdk 安装包，若没有则退出脚本。

```
10 if [ $UID -ne 0 ];then                          # 判断当前用户是否为 root 用户
11     echo "报错：请使用 root 用户身份运行该脚本！"
12      exit 1                                    # 退出脚本，并自定义返回状态值为 1
13 fi
14
15 JAVA='jdk-8u411-linux-x64.tar.gz'
16 APP_HOME='/application'
17 SRC_DIR='/root/soft'
18
19 cd $SRC_DIR
20 if [ ! -f $JAVA ];then                          # 判断指定目录下是否有所需文件
21     echo "缺少安装所需的 ${JAVA} 二进制安装包"
22      exit 2                                     # 退出脚本，并自定义返回状态值
23 fi
```

也可以使用逻辑测试操作符实现：

```
10 [ $UID -ne 0 ] && {
11     echo "报错：请使用 root 用户身份运行该脚本！"
12     exit 1
13 }
14
15 JAVA='jdk-8u411-linux-x64.tar.gz'
16 APP_HOME='/application'
17 SRC_DIR='/root/soft'
18
19 cd $SRC_DIR
20 [ ! -f $JAVA ] && {
21     echo "缺少安装所需的 ${JAVA} 二进制安装包"
22     exit 2
23 }
```

当使用普通用户环境运行优化后的脚本时：

```
[student@localhost ~]$ bash jdk_install.sh
报错：请使用 root 用户身份运行该脚本！
```

当指定目录下没有 jdk 安装包时（使用 rm 命令删除 /root/soft 下 jdk 安装包）：

```
[root@localhost scripts]# bash jdk_install.sh
缺少安装所需的 jdk-8u411-linux-x64.tar.gz 二进制安装包
```

视频

程序控制语句-范例2

范例 2：规范创建周期性定时任务。（if 双分支）

在创建周期性定时任务时，规范操作是将需要执行的任务通过定时运行脚本来实现。

每周一凌晨 2:00，备份数据库服务器上的 /etc 目录到 /etcbak 目录中，备份文件名为“年月日 -etc.tar.gz”，其中的“年月日”为备份时系统日期。

首先创建脚本 /root/scripts/etc_bak.sh。

```
 1 #!/bin/bash
 2 BAK_NAME_FILE=$(date +%F)                                    # 获得系统年月日
 3 BAK_DIR="/etcbak"
 4 SRC_DIR="/etc"
 5
 6 [ -e $BAK_DIR ] || mkdir $BAK_DIR                   # 若指定目录不存在，则创建该目录
 7 cd $BAK_DIR
 8 tar zcf ${BAK_NAME_FILE}-etc.tar.gz $SRC_DIR &>/dev/null
 9 ls -lh ${BAK_NAME_FILE}-etc.tar.gz
10 if [ $? -eq 0 ];then
11     echo "备份 $SRC_DIR 目录成功"
12 else
13     echo "备份 $SRC_DIR 目录失败"
14 fi
```

其中，第 10 ～ 14 行也可以使用逻辑测试操作符实现：

```
10 [ $? -eq 0 ] && echo "备份 $SRC_DIR 目录成功" || echo "备份 $SRC_DIR 目录失败"
```

对脚本进行测试，测试成功后，再编辑定时任务。

```
[root@localhost scripts]# bash etc_bak.sh
-rw-r--r-- 1 root root 12M Dec  4 18:51 2022-11-04-etc.tar.gz
备份 /etc 目录成功
```

编辑定时任务。

```
[root@localhost scripts]# crontab -e
[root@localhost scripts]# crontab -l
0 3 * * 1 /bin/bash /root/scripts/etc_bak.sh
```

视频

程序控制语句-范例3

范例 3：判断用户及家目录是否存在。（if 多分支）

编写脚本，判断输入的用户在系统中是否存在，是否有家目录。

```
 1 #!/bin/bash
 2 read -p "请输入用户名：" USER_NAME
 3
 4 if id $USER_NAME &>/dev/null; then
 5     echo "用户 ${USER_NAME} 在系统中存在"
 6 elif [ -d /home/$USER_NAME ] ; then
 7     echo "用户 ${USER_NAME} 在系统中不存在"
 8     echo "${USER_NAME} 有家目录"
 9 else
10     echo "用户 ${USER_NAME} 在系统中不存在"
11     echo "${USER_NAME} 没有家目录"
12 fi
```

对于多分支选择结构的程序在测试时，需注意对每个分支情况都进行测试。

测试脚本中第 4 ～ 5 行的分支内容：

```
[root@localhost scripts]# bash user.sh
```

```
请输入用户名：root                                    # 从键盘输入 root
用户 root 在系统中存在
```

测试脚本中第 6 ～ 8 行的分支内容：

```
[root@localhost scripts]# useradd teacher
[root@localhost scripts]# userdel teacher             # 删除用户，但未删除其家目录
[root@localhost scripts]# bash user.sh
请输入用户名：teacher                                  # 从键盘输入 teacher
用户 teacher 在系统中不存在
teacher 有家目录
```

测试脚本中第 9 ～ 11 行的分支内容：

```
[root@localhost scripts]# useradd teacher
[root@localhost scripts]# userdel -r teacher          # 删除用户及其家目录
[root@localhost scripts]# bash user.sh
请输入用户名：teacher                                  # 从键盘输入 teacher
用户 teacher 在系统中不存在
teacher 没有家目录
```

范例 4：猜字符游戏。（case 多分支）

视 频

程序控制语句-范例4

编写脚本，判断用户从键盘输入的一个字符是否为英文字母、数字或者其他字符，并输出相应的判断结果。

脚本内容：

```
#!/bin/bash
read -p "请任意输入一个字符：" char
case $char in
    [a-z] | [A-Z])
        echo "英文字母"
        ;;
    [0-9])
        echo "数字"
        ;;
    *)
        echo "功能键或其他字符"
esac
```

运行脚本，对 case 的每个分支都进行测试：

```
[root@localhost scripts]# bash char.sh
请任意输入一个字符：a
英文字母
[root@localhost scripts]# bash char.sh
请任意输入一个字符：A
英文字母
[root@localhost scripts]# bash char.sh
请任意输入一个字符：9
数字
[root@localhost scripts]# bash char.sh
请任意输入一个字符：=
功能键或其他字符
```

范例 5：编写脚本实现一个菜单。（while 循环、case 多分支、break）

视 频

程序控制语句-范例5

编写脚本实现如下所示的菜单，当按数字键 4 时退出，否则一直循环显示。

```
*************************************
请输入您的选项：
1 复制
2 删除
```

```
3 备份
4 退出
****************************************
```

脚本内容：

```
#!/bin/bash
while true                                              #使用true，无限循环
do
    echo "****************************************"
    echo "请输入您的选项："
    echo "1 复制"
    echo "2 删除"
    echo "3 备份"
    echo "4 退出"
    echo "****************************************"
    read option
    case $option in
        1)
            echo "复制已完成"
            ;;
        2)
            echo "删除已完成"
            ;;
        3)
            echo "备份已完成"
            ;;
        4)
            echo "退出中..."
            break                                       #退出while循环
            ;;
        *)
            echo "无效选项，请重新输入您的选项"
    esac
done
```

视频 程序控制语句-范例6

范例6：批量修改文件名。（for循环）

在/root/test目录下创建一批文件file01，file02，…，file10，编写一个脚本，批量修改这些文件名为data01，data02，…，data10。

脚本内容：

```
#!/bin/bash
cd /root/test
for i in $(ls file*);do
    mv $i $(echo $i | sed 's/file/data/g')
done
```

运行脚本：

```
[root@localhost scripts]# mkdir /root/test
[root@localhost scripts]# touch /root/test/file{01..10}
[root@localhost scripts]# bash rename.sh
[root@localhost scripts]# ls /root/test/
data01  data02  data03  data04  data05  data06  data07  data08  data09  data10
```

上述是通过编写Shell脚本实现批量修改文件名，在Linux中可使用rename命令批量改名，语法格式为：

```
rename  被替换的字符串  替换后的字符串  需要改名的文件列表
```

将 /root/test 目录下的 data01，data02，…，data10 批量改名为 hadoop01，hadoop02，…，hadoop10。

```
[root@localhost scripts]# rename data hadoop /root/test/data*
[root@localhost scripts]# ls /root/test
hadoop01  hadoop02  hadoop03  hadoop04  hadoop05  hadoop06  hadoop07
hadoop08  hadoop09  hadoop10
```

范例 7：批量创建用户。（while 循环）

视 频

程序控制语句-范例7

编写一个脚本，批量创建用户账号 stu01，stu02，…，stu20，用户密码同用户名。要求在创建用户之前，先检测该用户是否存在，如果存在的话输出该用户已存在的提示。当成功创建一个用户后，要输出成功创建用户的提示。

脚本内容：

```
#!/bin/bash
for i in {01..20};do                           # 或 for i in $(seq -w 20);do
    id stu$i &>/dev/null
    if [ $? -ne 0 ];then
        useradd stu$i &>/dev/null
        echo stu$i | passwd --stdin stu$i &>/dev/null
        echo "stu$i 创建成功"
    else
        echo "stu$i 已存在"
    fi
done
```

for 循环中的取值列表若为一个有序整数值的数字序列，可以使用 seq 命令产生。

```
[root@localhost scripts]# seq 5              # 指定数字序列的尾数，首数默认为 1
1
2
3
4
5
[root@localhost scripts]# seq 2 5              # 指定数字序列首数为 2，尾数为 5
2
3
4
5
[root@localhost scripts]# seq 1 2 7    # 指定数字序列首数为 1，增量为 2，尾数为 7
1
3
5
7
[root@localhost scripts]# seq -w 10
                         # 使用 -w 选项，自动在数字之前加 0，使整个数字序列宽度相同
01
02
03
04
05
06
07
08
```

```
09
10
```

运行脚本：

```
[root@localhost scripts]# bash adduser.sh
stu01 创建成功
stu02 创建成功
…
stu20 创建成功
```

视频

程序控制语句-范例8

范例 8：批量删除用户。（for 循环，continue）

编写一个脚本，删除用户账号 stu01，stu02，…，stu20，其中 stu08 和 stu18 除外。

脚本内容：

```
#!/bin/bash
for i in {01..20};do
    [ $i = "08" -o $i = "18" ] && continue    # 字符串比较 = 两侧要留有空格
    userdel -r stu$i &>/dev/null
done
```

运行脚本：

```
[root@localhost scripts]# bash deluser.sh
[root@localhost scripts]# id stu01
id: stu01: no such user
[root@localhost scripts]# id stu08
uid=1008(stu08) gid=1008(stu08) groups=1008(stu08)
[root@localhost scripts]# id stu18
uid=1018(stu18) gid=1018(stu18) groups=1018(stu18)
```

视频

程序控制语句-范例9

范例 9：while 语句遍历文件的使用。

编写一个脚本，根据 /etc/passwd 文件中的用户信息，依次向每个用户问好，并输出对方的 uid。以 root 用户为例，应输出“Hello root，your UID is 0”。

脚本内容：

```
#!/bin/bash
while read i;do
    user=$(echo $i | cut -d: -f1)
    uid=$(echo $i | cut -d: -f3)
    echo "Hello $user, your UID is $uid"
done < /etc/passwd
```

运行脚本：

```
[root@localhost scripts]# bash hello_user.sh
Hello root, your UID is 0
Hello bin, your UID is 1
Hello daemon, your UID is 2
```

视频

程序控制语句-范例10

范例 10：shift 语句的使用。

编写一个脚本，计算多个整数值的和，需要计算的各个数值在执行脚本时作为命令行参数由用户给出。

脚本内容：

```
#!/bin/bash
sum=0

```

```
if [ $# -eq 0 ];then
     echo "没有参数"
     exit
fi

while [ $# -gt 0 ];do                              # 当位置参数的个数大于0时执行循环
     sum=$[$sum+$1]
    shift                                          #shift 2 则一次移动两个参数
done
echo "sum=$sum"
```

运行脚本：

```
[root@localhost scripts]# bash sum_shift.sh
没有参数
[root@localhost scripts]# bash sum_shift.sh 1 3 5 7
sum=16
```

思维导图小结

视频

程序控制语句-小结

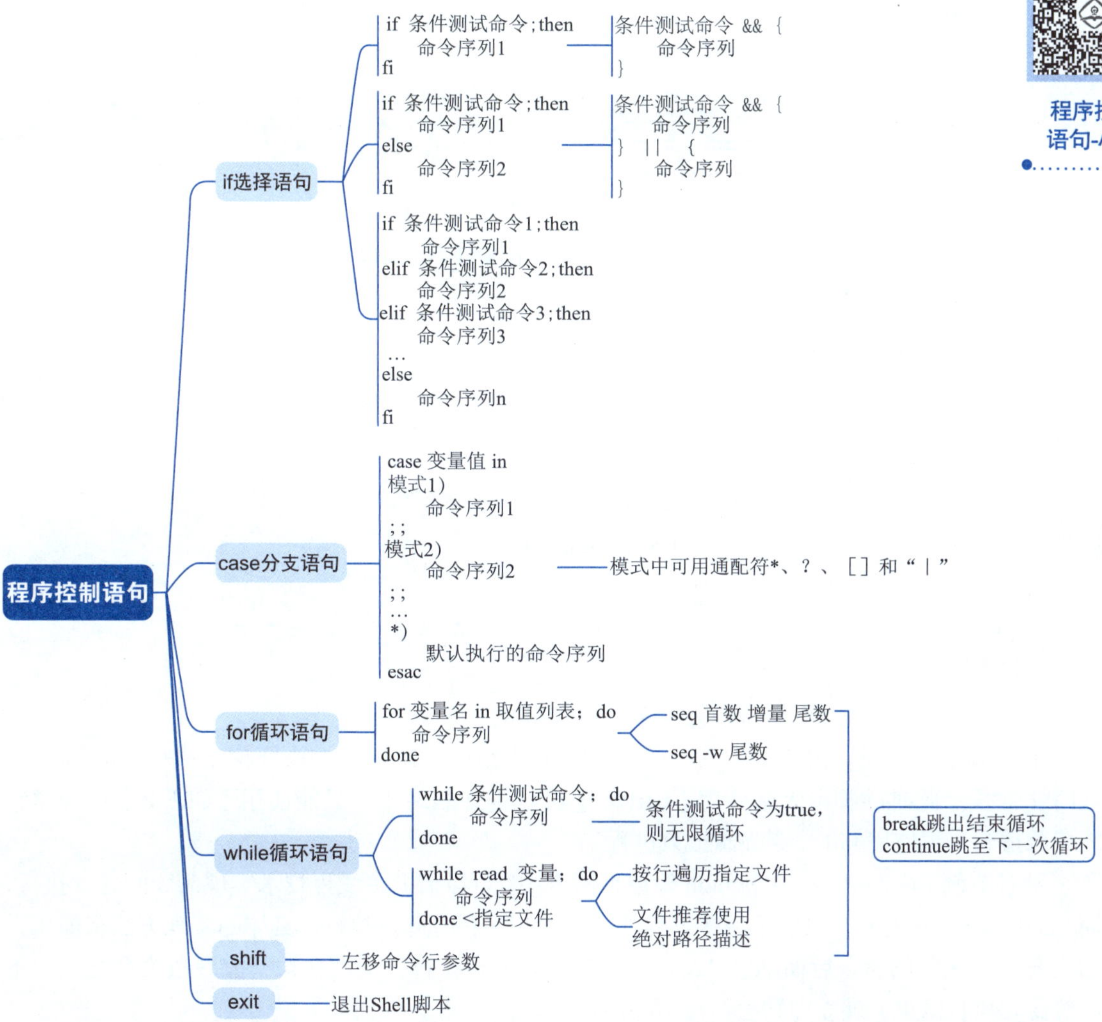

11.9 多任务并发执行

视频

多任务并发执行

正常情况下，Shell 脚本中的命令是串行执行的，一条命令执行完才会执行接下来的命令。当要循环执行的命令之间没有依赖关系，且整个循环执行的耗时比较长时，可以采用并发执行的方式，从而大幅提高 Shell 脚本的执行效率。

以 root 用户环境练习以下内容。

范例 1： 不采用多任务并发执行方式，找出 192.168.10.0/24 网络中当前在线的主机。

将 VMware 上运行的 CentOS 7.9 系统设置使用 192.168.10.0 子网，如图 11-1 所示。

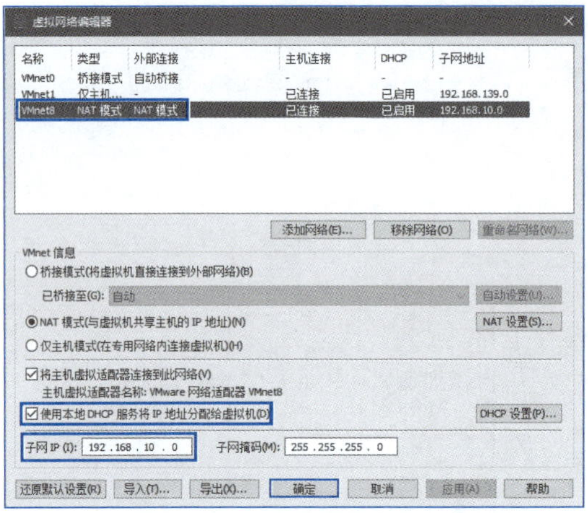

图11-1 在VMware上配置使用的网段

脚本内容：

```
#!/bin/bash
for i in $(seq 254);do
    ip="192.168.10.$i"
    ping -c 2 $ip &>/dev/null && echo "$ip 主机在线 "
done
```

运行脚本：

```
[root@localhost scripts]# bash ping.sh
192.168.10.2 主机在线
^Z                                                    # 按【Ctrl+Z】组合键挂起
[1]+  Stopped                  bash ping.sh
[root@localhost scripts]# jobs -l
[1]+  9808 Stopped                  bash ping.sh
[root@localhost scripts]# kill -9 9808
```

上述脚本执行时，由于需要对 192.168.10.0 网络中的 254 个 IP 地址轮流执行 ping 命令，耗时非常长。此时的脚本无法使用【Ctrl+C】组合键强制终止，只能使用【Ctrl+Z】组合键转入后台挂起，再使用 kill 命令强制结束进程。

针对范例 1 中的问题，在 Python 等编程语言中，可以借助多线程技术实现命令的并发执行，而 Shell 不支持多线程，只能采用多进程的方式实现多任务并发执行。具体的实现方法很简单，即在要并发执行的命令后面加上“&”，将其转入后台执行，从而在执行完一条命令之后，不必等待其执行结束，就立即转去执行下一条命令。

例如：

```
#!/bin/bash
for i in $(seq 10);do
    echo $i &
done
echo "OK"
```

运行上述脚本：

```
[root@localhost scripts]# bash concurrent.sh
OK
[root@localhost scripts]# 6
7
2
3
4
8
9
10
5
1
```

可以看到，并发执行时不能保证命令的执行顺序，且应该在整个 for 循环执行结束之后再执行的“echo OK”命令反而在脚本运行时一开始就被执行了。

为解决上述问题，可在 Shell 脚本中使用 wait 命令，从而让循环体中的所有命令都并发执行完后再执行 for 循环后面的命令。

```
#!/bin/bash
for i in $(seq 10);do
    echo $i &
done
wait
echo "OK"
```

再次运行脚本：

```
[root@localhost scripts]# bash concurrent.sh
7
8
3
4
5
9
10
1
6
2
OK
```

范例 2：采用多任务并发执行方式，找出 192.168.10.0/24 网络中当前在线的主机。

脚本内容：

```
#!/bin/bash
for i in $(seq 254);do
    ip="192.168.10.$i"
    ping -c 2 $ip &>/dev/null && echo "$ip 主机在线 " &
done
wait
```

运行脚本：

```
[root@localhost scripts]# bash ping.sh
192.168.10.2 主机在线
192.168.10.128 主机在线
```

注意： 当需要并发执行的命令数量特别多，尤其是所执行的命令占用的系统资源非常多时，可能会将整个系统的资源全部耗尽，从而影响其他程序的运行。针对该问题，可以限制并发执行的进程数量，但此技术内容相对复杂，超出 Shell 脚本基础编程范围，在此不再展开介绍（读者可自行阅读面试演练 11）。

思维导图小结

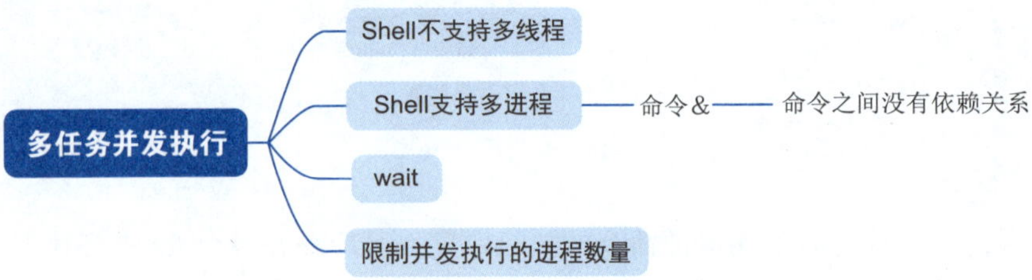

11.10 自定义函数的使用

视 频

自定义函数的使用

在 Shell 脚本中使用自定义函数，可模块化脚本中的代码功能，增强 Shell 脚本代码可读性，其使用方式为先定义后调用。

（1）定义

定义函数的语法格式为：

格式1	格式2

function 函数名{
　命令序列
}
	函数名(){
	　命令序列
	}

（2）调用

```
函数名  [参数1  参数2 …]
```

调用函数时，可以没有参数，即直接使用函数名调用该函数；也可以向函数中传递参数，参数为位置参数（$1，$2，…，如 fun1 $1 $2）或实参（如 fun1 5 2）。

以 root 用户环境练习以下内容。

范例： 编写脚本，以 rpm 方式自动安装 MySQL。

脚本内容：

```
#!/bin/bash
#检查当前用户是否为 root 用户
check_root(){
    if [ $UID -ne 0 ];then
        echo "报错：运行该脚本必须是 root 用户，请使用 root 用户运行该脚本！"
        exit 1
    fi
}

```

```
#配置采用rpm安装方式使用的MySQL版本
MYSQL='mysql-5.7.29-1.el7.x86_64.rpm-bundle.tar'
#配置MySQL的rpm安装包所在目录
SRC_DIR='/root/soft'

#检测指定目录下是否有MySQL安装包
check_rpm(){
    cd $SRC_DIR
    if [ ! -e $MYSQL ];then
        echo "缺少${MYSQL}"
        exit 2
    else
        return
    fi
}

#安装MySQL
install_mysql(){
    echo "=====Step1：卸载Mariadb====="
    rpm -e --nodeps $(rpm -qa | grep mariadb)
    if [ $? -eq 0 ] ;then
        echo "Mariadb卸载成功"
    fi
    echo "=====Step2；安装MySQL====="
    tar -xvf $MYSQL
    rpm -ivh $(ls | grep mysql-community-common)
    rpm -ivh $(ls | grep mysql-community-libs)
    rpm -ivh $(ls | grep mysql-community-client)
    rpm -ivh $(ls | grep mysql-community-server)
}

#启动MySQL
start_mysql(){
    echo "=====Step3：启动MySQL并开机自启动====="
    systemctl start mysqld.service
    if [ $? -eq 0 ] ;then
        echo "MySQL启动成功"
    fi
    systemctl enable mysqld.service
    if [ $? -eq 0 ] ;then
        echo "MySQL已设置开机自启动"
    fi
}

#设置防火墙放行MySQL服务
firewall_mysql(){
    echo "=====Step4：防火墙放行MySQL服务====="
    firewall-cmd --permanent --add-service=mysql
    firewall-cmd --reload
    if [ $? -eq 0 ] ;then
        echo "防火墙已放行MySQL服务"
    fi
    firewall-cmd --list-all
}
#以初始MySQL密码登录MySQL
login_mysql(){
    echo "======Step5：登录MySQL======"
    echo "1-登录后需重新设置密码："
    echo "set password='MySQL_123456';"
```

```
69     echo "2-设置允许MySQL的root远程登录："
70     echo "use mysql;"
71     echo "update user set host='%' where user='root';"
72     echo "flush privileges;"
73     echo "3-退出MySQL："
74     echo "exit;"
75    OLD_PASSWORD=$(awk '/A temporary password/{print $NF}' /var/log/mysqld.log)
76     mysql -uroot -p${OLD_PASSWORD}
77 }
78 
79 check_root
80 check_rpm
81 install_mysql
82 start_mysql
83 firewall_mysql
84 login_mysql
```

说明：

（1）脚本中第 11、13 行的 MYSQL、SRC_DIR 为全局变量，在整个脚本范围内可用。

（2）脚本中第 75 行 OLD_PASSWORD 为局部变量，仅在自定义函数 login_mysql() 内可用。该变量保存的是 MySQL 首次安装后用于 MySQL 管理员 root 登录的临时密码，该临时密码在 MySQL 日志文件 /var/log/mysqld.log 中，可使用 awk 命令截取出来。

```
[root@localhost scripts]# grep "password" /var/log/mysqld.log
2022-12-08T07:46:54.497939Z 1 [Note] A temporary password is generated for root@localhost: dC%ptLxkx8%i                    #该行的最后一列为临时密码
```

（3）Shell 脚本中运行的命令，只能是 Shell 命令行中可运行的命令。在 login_mysql() 自定义函数中，通过 mysql 命令登录 MySQL 数据库后，即进入 MySQL 数据库的命令行，不再是 Shell 命令行。在登录后如何重新设置密码？如何设置允许 MySQL 的 root 管理员远程登录？这些 MySQL 命令行的操作，可输出相应操作提示信息，供脚本使用者参考。

运行脚本：

```
[root@localhost scripts]# bash mysql_install.sh
=====Step1：卸载Mariadb=====
Mariadb卸载成功
=====Step2；安装MySQL=====
mysql-community-embedded-devel-5.7.29-1.el7.x86_64.rpm
mysql-community-test-5.7.29-1.el7.x86_64.rpm
mysql-community-embedded-5.7.29-1.el7.x86_64.rpm
mysql-community-embedded-compat-5.7.29-1.el7.x86_64.rpm
mysql-community-libs-5.7.29-1.el7.x86_64.rpm
mysql-community-client-5.7.29-1.el7.x86_64.rpm
mysql-community-server-5.7.29-1.el7.x86_64.rpm
mysql-community-devel-5.7.29-1.el7.x86_64.rpm
mysql-community-libs-compat-5.7.29-1.el7.x86_64.rpm
mysql-community-common-5.7.29-1.el7.x86_64.rpm
warning: mysql-community-common-5.7.29-1.el7.x86_64.rpm: Header V3 DSA/SHA1 Signature, key ID 5072e1f5: NOKEY
Preparing...                          ################################# [100%]
Updating / installing...
   1:mysql-community-common-5.7.29-1.e ################################# [100%]
warning: mysql-community-libs-5.7.29-1.el7.x86_64.rpm: Header V3 DSA/SHA1 Signature, key ID 5072e1f5: NOKEY
Preparing...                          ################################# [100%]
Updating / installing...
   1:mysql-community-libs-5.7.29-1.el7 ################################# [ 50%]
```

```
    2:mysql-community-libs-compat-5.7.2  ################################# [100%]
 warning: mysql-community-client-5.7.29-1.el7.x86_64.rpm: Header V3 DSA/SHA1
Signature, key ID 5072e1f5: NOKEY
 Preparing...                         ################################# [100%]
 Updating / installing...
    1:mysql-community-client-5.7.29-1.e ################################# [100%]
 warning: mysql-community-server-5.7.29-1.el7.x86_64.rpm: Header V3 DSA/SHA1
Signature, key ID 5072e1f5: NOKEY
 Preparing...                         ################################# [100%]
 Updating / installing...
    1:mysql-community-server-5.7.29-1.e ################################# [100%]
 =====Step3: 启动MySQL并开机自启动=====
 MySQL启动成功
 MySQL已设置开机自启动
 =====Step4: 防火墙放行MySQL服务=====
 success
 success
 防火墙已放行MySQL服务
 public (active)
   target: default
   icmp-block-inversion: no
   interfaces: ens33
   sources:
   services: dhcpv6-client mysql ssh
   ports:
   protocols:
   masquerade: no
   forward-ports:
   source-ports:
   icmp-blocks:
   rich rules:

 ======Step5: 登录MySQL======
 1-登录后需重新设置密码:                                   #登录后的操作提示信息
 set password='MySQL_123456';
 2-设置允许MySQL的root远程登录:
 use mysql;
 update user set host='%' where user='root';
 flush privileges;
 3-退出MySQL:
 exit;
 mysql: [Warning] Using a password on the command line interface can be insecure.
 Welcome to the MySQL monitor.  Commands end with ; or \g.
 Your MySQL connection id is 2
 Server version: 5.7.29

 Copyright (c) 2000, 2020, Oracle and/or its affiliates. All rights reserved.

 Oracle is a registered trademark of Oracle Corporation and/or its
 affiliates. Other names may be trademarks of their respective
 owners.

 Type 'help;' or '\h' for help. Type '\c' to clear the current input statement.

 mysql> set password='MySQL_123456';
 Query OK, 0 rows affected (0.00 sec)

 mysql> use mysql;
 Reading table information for completion of table and column names
```

```
You can turn off this feature to get a quicker startup with -A

Database changed
mysql> update user set host='%' where user='root';
Query OK, 1 row affected (0.00 sec)
Rows matched: 1  Changed: 1  Warnings: 0

mysql> flush privileges;
Query OK, 0 rows affected (0.00 sec)

mysql> exit;
Bye
[root@localhost scripts]#
```

思维导图小结

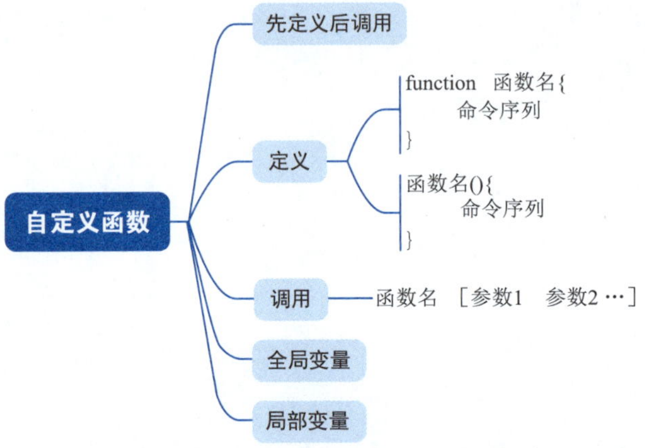

拓展阅读 中国“龙芯”

龙芯（Loongson）是一款由中国自主研发的通用中央处理器（CPU），它起源于1996年中国科学院计算技术研究所的项目，标志着中国在微处理器设计领域的一项重大突破。龙芯项目的初衷是为了实现中国在计算机核心部件上的自主可控，减少对外部技术的依赖。

龙芯处理器采用MIPS架构，并在其基础上进行了大量自主设计与创新，包括后来发展出的LoongISA指令集架构。龙芯公司购买了MIPS指令集的相关授权，并在此基础上进行了大量的自主知识产权研发，设计出了符合中国市场和国家战略需求的一系列处理器产品。

龙芯处理器分为多个系列，包括但不限于：

（1）龙芯1号系列：主要用于嵌入式应用领域，特点是低功耗、高集成度，适用于物联网设备、智能终端、工业控制等领域。

（2）龙芯2号系列：速度逐渐提升，可应用于瘦客户端、工业自动化设备等中低端场景。

（3）龙芯3号系列：是更高性能的处理器系列，面向桌面、服务器、高性能计算等市场，已成功研发出多核处理器产品，如龙芯3A和3B系列，具备较高的性能功耗比，能在一定程度上与国际主流处理器相抗衡。

龙芯处理器的发展历程见证了中国在芯片设计和制造领域不断提高自主创新能力的过程。随着技术迭代，龙芯处理器的性能不断提升，生态建设也在逐步完善，其产品不仅在国内市场上推广使用，也在一定范围内实现了市场化运作，为中国信息产业的自主可控和信息安全提供了重要支撑。

实践练习 11

以 root 身份在 Xshell 上远程登录 VMware 上 CentOS 7.9 系统后，练习以下内容：

1. 假设变量 tel 用于存放电话号码，请判断 tel 中的数据是否全部是由 11 位数字组成（不包含除数字以外的其他字符），如果是的话则输出 yes。

2. 提取根分区的磁盘使用率，并判断是否超过了 95%，如果是的话则输出 warning。

3. 编写一个 Shell 脚本，要求当用户执行脚本时必须要输入一个参数，而且参数必须是大小写字母、数字、逗号、下划线这些字符的任意组合，不能包含除这些字符之外的其他字符。如果用户输入的参数不符合要求，则直接退出脚本。如果符合要求，则输出 yes。

4. 编写一个 Shell 脚本，判断用户输入的 IP 地址是否正确。IP 地址的规则是 n1.n2.n3.n4，其中 n1 的取值区间为 [1,255],n2 和 n3 的取值区间为 [0,255],n4 的取值区间为 [1,254]。

5. 编写一个 Shell 脚本，监测系统内存的使用情况。如果可用内存的容量低于 500 MB，就将可用内存的容量以及日期、时间等信息记录到 /root/mem.txt 文件中。

6. 编写脚本程序用于监测系统服务 httpd 的运行状态，要求如下：

（1）当服务状态失常时，在“/var/log/htmon.log”文件中记入日志信息。

（2）自动将状态失常的 httpd 服务重新启动。

（3）结合 crond 计划任务服务，每周一至周五每隔 15 min 执行一次监测任务。

7. 编写一个 Shell 脚本，可以计算从 1 到任意数之间各整数的累加和，需要计算的数值由用户在执行脚本时作为命令行参数给出。

8. 编写一个 Shell 脚本，循环提示用户输入字符串，并将每次输入的内容保存到临时文件“/tmp/input.txt”中，当用户输入“END”字符串时退出循环体，并统计出 input.txt 文件中的行数、单词数、字节数等信息，统计完后删除临时文件。

9. 用 while 循环实现以下目标

（1）创建 10 个用户，用户名格式为 user[0-9]。

（2）密码与用户名相同。

（3）所有用户都属于 users 组。

10. 编写一个脚本，在一个目录下的所有文件（不含目录）的文件名后面加上“.bak”。

11. 编写一个脚本，判断 192.168.10.0/24 网络中当前在线的主机有哪些（能 ping 通就认为在线）。

12. 假设在文件 /root/ip.txt 中已经存放了大量不连续的 IP 地址（编写脚本生成），要求编写脚本对这些 IP 地址依次通过 ping 命令进行探测，并输出在线主机的 IP 地址。

面试演练 11

编写一个脚本，实现判断 192.168.1.0/24 网络中当前在线的 IP 有哪些，能 ping 通则认为在线（并发处理并控制并发量）。

附　录

文　本

附录A
MySQL安装
及远程连接

文　本

附录B
从Nginx官
网YUM安装
Nginx

文　本

附录C
面试演练题
目解析

参考文献

[1] 燕彩蓉，万永权 . Linux 系统与大数据应用 [M]. 北京：高等教育出版社，2019.
[2] 夏辉，杨伟吉，金鑫 . Linux 系统与大数据应用 [M]. 北京：机械工业出版社，2019.
[3] 鸟哥 . 鸟哥的 Linux 私房菜：基础学习篇 [M]. 4 版 . 北京：人民邮电出版社，2018.
[4] 老男孩 . 跟着老男孩学 Linux 运维：核心基础篇（上）[M]. 北京：机械工业出版社，2019.
[5] 曲广平 . Linux 系统管理初学者指南：基于 CentOS 7.6[M]. 北京：人民邮电出版社，2019.